多年冻土区输变电工程建设
关键技术研究与实践

刘志伟　薛远峰　袁　俊　　著
段　毅　樊柱军　程东幸

中国建筑工业出版社

图书在版编目（CIP）数据

多年冻土区输变电工程建设关键技术研究与实践 /
刘志伟等著. — 北京：中国建筑工业出版社，2023.12
ISBN 978-7-112-29098-7

Ⅰ．①多… Ⅱ．①刘… Ⅲ．①多年冻土 - 冻土区 - 输
电 - 电力工程 - 工程管理 - 研究②多年冻土 - 冻土区 - 变
电所 - 电力工程 - 工程管理 - 研究 Ⅳ．①TM7②TM63

中国国家版本馆 CIP 数据核字（2023）第 168234 号

　　本书系统总结了我国多年冻土区输变电工程建设中的岩土工程与地基基础技术，汇集了大量冻土科
研和岩土工程勘测、地基基础设计、原型试验及冻土监测成果，论述了输变电工程地基基础稳定性与多
年冻土环境的关系，以及特殊基础形式、病害治理、热防护与环境保护要求等，提出了维持多年冻土区输
变电工程地基基础长期稳定的对策。全书分 2 篇 17 章，上篇"多年冻土岩土工程与地基基础"，对多年
冻土区输变电工程建设中可能遇到的岩土工程问题与地基基础设计进行了论述；下篇"多年冻土区输变
电工程案例"，实录了我国多年冻土区输变电工程科研、岩土工程勘测、地基基础设计、冻土监测等内容，
对多年冻土区输变电工程勘测、设计、施工和运营有重要参考价值。

　　本书可供冻土工程技术人员和高等院校相关专业的师生参考。

责任编辑：杨　允　刘颖超　李静伟
责任校对：党　蕾

多年冻土区输变电工程建设关键技术研究与实践

刘志伟　薛远峰　袁　俊　段　毅　樊柱军　程东幸　著
*
中国建筑工业出版社出版、发行（北京海淀三里河路 9 号）
各地新华书店、建筑书店经销
国排高科（北京）信息技术有限公司制版
建工社（河北）印刷有限公司印刷
*
开本：787 毫米×1092 毫米　1/16　印张：21¼　字数：459 千字
2023 年 12 月第一版　　2023 年 12 月第一次印刷
定价：**89.00** 元
ISBN 978-7-112-29098-7
（41603）

序

提到冻土，相信许多人都有耳闻，其中不少人还有实地感受。在我国青藏高原和广袤的北方地区，一进入冬季，气温急降，地面开始冻结变硬，露天农事活动基本停止，休养生息波澜不惊的自然休眠状态就此开启，待来年春暖花开、大地复苏，再开启生命勃发的全新一幕。相较一般公众，专业人士知道，年复一年的地表冻结消融现象一定具有内在的机制在驱动，再往深部的永冻层必然有着自己的生存法则；不同地方不同类型的冻土工程，多多少少都会遇到不同的工程技术问题，深究之下，似乎熟悉实则陌生、看似有形却不好捉摸的冻土工程雾障需要一步步破解，更多的冻土工程奥秘也就随之得到揭示和把控，我想冻土工程的责任和乐趣大抵如此。

在工程建设领域，将具有特殊的成分、状态和结构特征，隐藏特定不良工程性质的一大类土称之为特殊性土。冻土就属于特殊性土大家族的一员，其特殊之处就在于它的形态、强度、性能可以呈现天壤之别，且其性状随地面温度而变化，随人类活动而变化，随地球环境而变化，还会随时间延展而变化，正因如此，若将冻土说成是特殊性土中的特殊土一点也不为过。简单说来，冻土冻结时呈固态，坚如岩石；冻土融化时呈松散态、半流态或液态，软如豆腐甚似豆花。这种两极变化反映了冻土的灵敏性、相变性、多面性、时异性和复杂性。对这些性状作深入研究，了解冻融机理、摸透相变规律、掌握相互作用、确定性能指标、斟酌设计方案、提出工程措施等，无疑是冻土工程建设需要认真对待并一个一个加以解决的问题。

近二十年来，结合冻土区多个大中型输变电工程的建设需要，本书的作者们及其所在单位，联合国内相关科研力量，对我国多地的冻土开展了大量调查研究和勘探测试工作，系统性打通了涉及冻土工程的勘察—设计—施工—运行技术全流程，有力支持了这些工程的建成投运，并都通过了多年运行监测的验证。这本专著是作者们对其完成的冻土工程中所积累的丰富工程资料、科研成果和学术认识的再总结、再提升、再凝练，集理论性、资料性、经验性、应用性于一身，对业界内的读者们可以起到一定的帮助和启发作用，尽管其中一些观点和提法可能不够完善或需要商榷，但瑕不掩瑜，本人还是乐意为之作序并予推荐！

全国工程勘察设计大师

2023.8.1

前　言

我国是世界上主要的多年冻土国家之一，多年冻土区主要分布在东北高纬度地区的大兴安岭、小兴安岭和松嫩平原北部及西部高山和青藏高原。2008年以前，我国在多年冻土区和深季节冻土区已建成多项输变电工程，但仍然缺乏大规模建设高电压等级输变电工程的经验和系统研究的成果。随着国家西部大开发战略的实施，西电东送、东北振兴建设的推进，在多年冻土区和深季节冻土区输变电工程的建设规模和电压等级逐步提高，工程建设面临着冻土勘测与基础设计、冻土基础施工、生态环境保护及冻土基础长期稳定等系列工程问题。2007—2011年，青藏直流联网工程的规划建设是迄今为止世界上最高海拔、高寒地区建设的规模最大的输电工程，沿线自然环境恶劣、地质条件复杂、生态环境脆弱，穿越多年冻土区长度超过550km，该工程对多年冻土的研究获得了高寒多年冻土区输电线路岩土工程与地基基础关键技术研究与应用的系统性成果。随后在青藏高原相继建成330kV玉树联网工程和青海拉脊山750kV输电工程、新疆天山区建成750kV伊利—库车输电工程及东北地区大兴安岭、小兴安岭地区输变电工程，各参与单位系统完成了冻土工程的科研、勘测、设计、施工和监测维护项目，逐步积累了冻土地区高电压输变电工程建设的宝贵经验，掌握了多年冻土区输变电工程勘测、设计、施工和监测等关键技术，形成了成套的技术标准。

本书多年冻土岩土工程与地基基础部分，对多年冻土区输变电工程建设中可能遇到的岩土工程问题与地基基础设计进行了阐述，论述了输变电工程地基基础稳定性与多年冻土环境的关系，以及特殊基础形式、病害治理、热防护与环境保护要求等，提出了维持多年冻土区输变电工程地基基础长期稳定的对策。主要成果贡献体现在以下几个方面：

（1）全面总结提升既往输变电工程的勘测设计经验和科研成果，建立了一套勘测—设计—施工—监测全过程冻土工程技术体系，对疆电外送、西藏电网、东北电网、蒙东电网、中巴联网及东北亚电力联网工程的建设无疑会起到极大的推动作用，同时促进全国的电网建设和提升冻土工程的勘测设计水平。

（2）根据全球气候变化特征、冻土退化与热稳定性、地基基础与多年冻土的相互作用关系，结合多年冻土区已运行塔基的变形特征，分解提炼了冻胀、融沉、流变移位、差异变形等为多年冻土区输变电基础主要的工程问题，可为工程建设提供技术指导。

（3）从输电线路冻土区的路径选择（走廊选择、路径选择、特殊区段路径优化）、塔位选择（依冻土特性的塔位选择、依交通便利性的塔位选择、冻土环境与塔位选择）、不同微地貌形态下路径与塔位选择、不稳定及稳定冻土区的选线选位以及关键塔位的选择与保护等多个方面研究并系统化提出了多年冻土区输电线路选线选位技术，为多年冻土区合理的线路路径优化、科学的塔基定位提供了理论指导和依据。

（4）从"保护冻土"的理念出发，统筹研究冻土特性、现场环境和线路工况，通过对比研究现场钻探、物探测试结果，分析冻土区勘测方法的特点以及在区分不同方法适应性及合理选用的基础上，依地形地貌、地层结构、冻土类型等系统提出了多物探、少钻探、区段性测温、轻便型勘探结合、代表性取样、室内重点试验的冻土综合勘探作业模式，建立了多年冻土区输电线路"轻迹化"的岩土工程勘察技术体系。

（5）在分析输变电基础与多年冻土相互作用的基础上，从制约基础选型的因素、基础设计原则以及冻土微地貌考虑，提出了适用于输变电工程的几种基础形式，率先在国际上选择相似比为1∶5和1∶10的斜坡锥柱基础进行了模型试验，开展了锥柱式、装配式、管桩和灌注桩基础真型试验。在此基础上，针对性采用了锥柱基础、预制装配式基础、桩基础、掏挖基础等多种基础形式，采取了相应的地基处理防冻胀、融沉措施及热棒主动降温等病害整治措施，形成了从基础埋深、地基处理与保护、施工季节与工序等方面的成套技术，具有明显的集成性、先进性和科学性，为冻土工程建设的诸多创新做出了贡献。

（6）从施工阶段的热扰动和塔基变形、运行初期的回填土质量和回冻状态监测以及运行阶段的地温和变形长期监测等内容系统提出了全生命周期的稳定性分析方法和建议，可为输变电工程的安全性评价提供技术支撑。

（7）分析了多年冻土在衰退和冻融循环过程中工程破坏典型案例，总结了多年冻土输变电基础设计与地基处理、施工与环境保护方面的经验教训，并从保护冻土长期稳定性的角度出发，提出了输变电工程回填材料选用、基坑开挖、施工降排水、地基基础设计、施工降温防范、施工信息反馈、生态环境保护等一系列建议和工程措施，对后期的工程建设施工起到很好的指导作用。

本书多年冻土区输变电工程案例部分，实录了我国不同地理环境的青藏高原多年冻土、新疆天山高山多年冻土和东北高纬度多年冻土三大冻土区域9项输变电工程的实践成果，包括了多年冻土区输变电工程科研、岩土工程勘测、地基基础设计与施工、冻土监测等内容。工程实录内容是10多年来电力行业众多科研、勘测、设计、施工和运营单位技术成果的集中体现，经过了工程实践的检验，具有对工程初期到运维阶段全过程的指导作用，对多年冻土区输变电工程勘测、设计、施工和运营等均具有重要参考价值。

本书由刘志伟统稿，并负责第1、2、3、4、7、8和17章的编写，薛远峰负责第13～16章的编写，袁俊负责第5、6章的编写，段毅负责第9、10章的编写，樊柱军负责第11、12章的编写，程东幸将完成的冻土工程科研成果资料倾囊相授并进行了全书文稿校审。

本书编写过程中得到西北电力设计院有限公司、黑龙江省电力设计院有限公司领导和同事的支持与帮助，全国工程勘察设计大师刘厚健对冻土科研和输变电工程勘测设计倾注了大量心血，并对本书的编写进行了全面的指导和帮助。在青藏高原和西部高山区冻土工程科研、勘测设计和资料收集中得到了原中国科学院寒区旱区环境与工程研究所（现更名为中国科学院西北生态环境资源研究院）童长江、俞祁浩、刘永智，甘肃省电力设计院王国尚，青海省电力设计院魏占元、刘常青，陕西省电力设计院有限公司岳英民，中铁西北科学研究院有限公司杨永鹏、蒋富强、魏永梁，西安建筑科技大学许健、胡卫兵、赵杰，青海送变电工程有限公司李涓的大力支持与帮助。在东北高纬度地区冻土工程科研、勘测设计和资料收集中得到了吉林大学张喜发，哈尔滨工业大学徐学燕、于皓琳，牡丹江恺瑞电力设计有限公司刘英乔，黑龙江省佳木斯地质工程勘察院有限公司张革非的大力支持与帮助。此外，黑龙江省电力设计院有限公司苏恩龙、李永辉、李世清、单禹、李冠铭等参与资料提供并协助完成原因分析和处理，多年冻土区输变电工程业主、设计、施工、监理、检测和监测等单位工程技术人员和建设者们付出了艰辛的汗水，提供了支持和相关资料。对于本书编写过程中所用参考文献的作者们和项目报告的完成者们致谢。

本书不仅可供冻土工程勘测设计人员使用，也可供项目管理、工程施工、监理人员使用，亦可供高等院校相关专业的师生参考。

由于水平有限，书中难免有不妥之处，敬请读者批评指正！

目 录

多年冻土岩土工程
与地基基础

第 1 章

绪 论

1.1 全球多年冻土的分布

冻土是指温度低于 0℃且土中水结冰，土体处于冻结状态的土（岩）。冻结状态持续 2 年或 2 年以上的冻土为多年冻土。从多年冻土的分布和形成条件来看，全球多年冻土可分成两大类：一是处于高、中纬度的大陆多年冻土；二是处于中、低纬度的高山和高原多年冻土。全球多年冻土区主要在北半球，分布在欧亚大陆、北美洲大陆及北冰洋中的岛屿（包括格陵兰岛、冰岛等）。在南半球，多年冻土主要分布在南极洲及其周围岛屿和南美洲南端的火地岛和马尔维纳斯群岛[1]。

位于北极圈附近的俄罗斯、中国和北美大陆北部的加拿大、美国，是世界上多年冻土分布最广的几个国家。俄罗斯多年冻土分布面积约 $1 \times 10^7 km^2$，占俄罗斯国土面积的 58%，是世界上多年冻土分布最多的国家；其次为加拿大，多年冻土面积约 $4.9 \times 10^6 km^2$，占加拿大国土面积的 49%；我国多年冻土面积约 $2.15 \times 10^6 km^2$，占国土面积的 22.4%，在世界多年冻土国家中排第三位，其中，高海拔多年冻土面积居世界之最[1]。美国多年冻土面积约 $1.4 \times 10^6 km^2$，占美国国土面积的 15%，集中分布在阿拉斯加地区。此外，在挪威、瑞典、芬兰、冰岛、智利、蒙古等国家也有零星冻土分布。

1.2 我国多年冻土的分布及特征

我国的多年冻土，主要分布在东北高纬度地区的大兴安岭、小兴安岭和松嫩平原北部及西部高山和青藏高原[1]，以大片连续多年冻土、大片岛状多年冻土、山地多年冻土为主，本书中根据地理环境不同按高原多年冻土、高山多年冻土（西北）和高纬度多年冻土（东北）三大冻土区域进行论述。

1.2.1 高原多年冻土

高原多年冻土主要分布在我国青海和西藏地区的青藏高原上，多年冻土类型主要有大片连续多年冻土、岛状多年冻土、多年冻土融区及季节冻土区，少冰冻土、多冰冻土、富冰冻土、饱冰冻土及含土冰层等冻土类别均有分布。根据有关资料，可明显地分出 3 个条带：昆仑山北坡至唐古拉山南麓（即藏北高原大部分）多年冻土在平原上呈连续分布；扎加藏布江河谷两侧呈大片连续分布；雅鲁藏布江河谷往南至喜马拉雅山呈零星分布。多年冻土的分布以羌塘高原为中心向周边展开，羌塘高原北部和昆仑山是多年冻土最发育的地区，多年冻土基本呈连续或大片分布。随着地面海拔降低，地温向周边地区逐渐升高，过渡为岛状多年冻土区。由青藏公路穿过的惊仙谷北口往南直至唐古拉山南边的安多附近，地段内除局部有大河融区和构造地热融区外，多年冻土基本连续分布。连续多年冻土带由此向西、西北方向延伸，直至喀喇昆仑山。由安多往南至藏南谷地为岛状冻土带。在青藏公路以东地区，地势自西向东降低，但由于存在阿尼玛卿山、巴颜喀拉山和果洛山等海拔 5000m 以上的山峰，片状、岛状多年冻土与季节冻土并存，在横断山区为岛状山地多年冻土[2]。

对高原多年冻土，一般来说平均海拔每升高 100m，冻土厚度增加 20m 左右。依目前实测资料可知，青藏高原海拔 4500～4900m，最大冻土层厚度为 128.1m（估计 5000m 以上地区的冻土层厚度将会更大）。青藏高原腹地工程走廊多年冻土在不同程度上受纬度、坡向及其他地理因素的影响，如风火山东大沟：西南坡冻土厚度分别为 72.8m、71.0m，沟底冻土厚度为 94m，而东北坡冻土厚度分别为 122m、137m、146m。由此可见，坡向对局部地区的冻土厚度有很大的影响和控制作用，同时坡向对冻土的作用随纬度的升高而增强。冻土地貌特征见图 1-1、图 1-2。

图 1-1　坡脚高含冰率冻土地带　　　　　　　　　图 1-2　沼泽地段

高原多年冻土具有如下特征：

（1）多年冻土的分布和特征受海拔高度控制，即具有明显的垂直地带性。

（2）多年冻土的分布下界受海拔高度控制。随着海拔高度的增加，多年冻土的年平均地温降低，厚度和面积增大，连续性提高。

（3）多年冻土的分布受纬度控制。在青藏高原，从北往南，随着纬度的降低多年冻土的分布下界升高。据统计，纬度每降低 1°，多年冻土下界上升 80～100m。沿青藏公路，多年冻土的北部界限出现在 4150～4300m；南部界限出现在 4640～4680m。

（4）多年冻土的厚度受海拔高度和纬度控制。多年冻土厚度从 5～25m 变化到 60～

130m，一般在 30～60m。据统计，高度每上升 100m，多年冻土厚度增加 15～20m。往南每推进 150km，厚度减少 10～20m。

（5）多年冻土的年平均地温受海拔高度和纬度控制。高原多年冻土的年平均地温一般在 −2.5～0℃，最低 −3.0℃。高度每上升 100m，多年冻土的年平均地温下降 0.6～1.0℃；自北往南每推进 150km，多年冻土的年平均地温上升 0.5～1.0℃。

我国高原多年冻土的分布及特征见表 1-1。

我国高原多年冻土的分布及特征　　　　　　表 1-1

地区	峰顶海拔高度/m	多年冻土面积/×10⁴km²	多年冻土下界高度/m	年平均气温/℃	多年冻土年平均地温/℃	多年冻土厚度/m
昆仑山	6488～7723		3900～4200	<−2.5	−2.5～−0.2	60～120
喀喇昆仑山	8611		4400			60～130
昆仑山—唐古拉山北坡间						
丘陵地带	4700～6305			<−4.0	−2.5～−1.5	0～60
高平原及河谷地带	4500～4650	150.0		−4.0～−3.0	−1.5～0	<20
唐古拉山南坡	4500～4780		4600～4700	−4.5～−2.0	−2.0～0	30～60
巴彦喀拉山—阿尼玛卿山	5202～6282		4150～4400			
冈底斯山—念青唐古拉山	6656～7111		4800～5000			7～49
喜马拉雅山	7060～8849	7.5		<−2.5		
横断山	6168～7556	0.7		<−2.2		

1.2.2　高山多年冻土

高山多年冻土主要分布于祁连山、天山、阿尔泰山等高海拔山系。这些地区地势高耸、起伏剧烈、气候严寒、冰川作用强烈，冰缘现象广泛分布，冻土发育受海拔和纬度制约十分显著。同一山系随着海拔升高，冻土分布呈现出由季节冻土—岛状冻土—片状冻土—连续冻土逐渐过渡的分布模式；同时，坡向的不同也会引起冻土的差异，比如研究发现祁连山相同海拔高度上南、北坡冻土厚度相差 30m 左右，天山相同海拔南坡冻土温度比北坡高 2℃左右，冻土厚度相差约 80m。

高山多年冻土的分布下界随纬度的降低而升高，其特征表现为：

（1）阿尔泰山：位于北纬 46°～49°，海拔高度 2200～2800m 分布高山岛状多年冻土，该区年平均气温为 −6.7～−5.4℃，多年冻土年平均地温为 −1～0℃，厚度从几米至 19m，上限埋深 1～2m；海拔 2800m 以上，为高山大片连续多年冻土带，年平均气温为 −8.4℃，多年冻土年平均地温低于 −2.0℃，厚度大于 20m，最厚达 100m 以上。

（2）天山：我国境内天山位于北纬 40°～45°，南北宽 100～140km，东西长达 1700km 余。多年冻土下界的海拔高度北坡为 2700～2900m，南坡达 3100～3250m。天山岛状多年冻土的年平均地温为−1.0～−0.1℃，厚度16～32m，上限埋深2.5～3.5m，随着海拔高度的增加，气温降低，岛状多年冻土逐渐过渡到大片连续多年冻土，多年冻土的年平均地温由−0.1℃逐渐降低至−2.0℃。至海拔3900m高度，年平均地温可达−3.9℃，多年冻土厚度可达200m以上。

（3）祁连山：位于北纬36°～40°，高山岛状多年冻土的分布下界为3450m。南坡海拔3600m以上，北坡海拔3900m以上，便进入连续多年冻土区。随着海拔高度的升高，多年冻土的年平均地温降低，厚度增大。据有关勘探资料，在海拔3480～4033m，多年冻土的年平均地温从−0℃变化至−2.0℃；多年冻土厚度从7m变化至139m。据统计，在海拔3550～3700m，海拔高度每升高100m，多年冻土年平均地温降低约0.2℃，多年冻土厚度增加约8m；在海拔3700～4200m，海拔高度每升高100m，地温降低约0.5℃，多年冻土厚度增加约20m。岛状多年冻土的年平均地温为−1.5～−0.1℃，厚度5～35m。

我国高山多年冻土的分布及特征见表1-2。

我国高山多年冻土的分布及特征　　　　　　　　　　　表1-2

地区	峰顶海拔高度/m	多年冻土面积/×10⁴km²	多年冻土下界高度/m	年平均气温/℃	多年冻土年平均地温/℃	多年冻土厚度/m
阿尔泰山	4374	1.1	2200～2800	< −4.4	−4.0～0	16～200
天山	3963～7435	5.3	2700～3100	< −2.0	−3.9～−0.1	5～140
祁连山	3616～5808	8.5	3500～3900	< −2.0	−2.3～−0.1	7～139

在这种高耸的山地地形中，各种基岩多有出露，古代冰川和现代冰川在地貌的塑造和冻土的发育过程中起到重要作用，阿尔泰山雪线高度在2800～3350m共有冰川400余条，天山雪线高度在3600～4300m共有冰川8900余条，祁连山中共有冰川近2900条，在许多山间盆地、谷地中容易发现相伴共生的寒冻风化物、冰川堆积物和冻土分布，但很少连接成片。

天山地区景观的垂直分带性较明显，从低山带至中山带以至高山带，常可依次出现荒漠-半荒漠、森林-草原、亚高山-高山草甸以及冻漠。有的地方，森林带之上有灌丛带，有的地方则缺失森林带。一般来说，多年冻土下界位于森林带之上的草甸带内。如哈希勒根和图拉苏地区，多年冻土下界就位于云杉林或灌丛带以上的80m左右。天山南侧及中部一些缺失森林带的地方，多年冻土下界就处在半荒漠与高山（亚高山）草甸带之间。在多年冻土区内往往地表较潮湿，植被发育，冻土现象（如泥流阶地、热融滑塌、冻胀草丘和冻融分选作用的各类产物）都较明显，而在季节冻土区，地表较干燥，植被较稀疏，地表形态也较单调。邱国庆等（1983）用地面调查、航空相片判释和部分勘探资料验证等方法编绘出天山地区冻土分布图。

不同于地形平坦、多年冻土工程地质区段相对单一的青藏高原，高山区由于主要以高山大岭为主、地形复杂，多年冻土工程地质区段相对较短，从谷地中心向坡麓地带，冻土类别和冻土地貌复杂多变，多年冻土主要以岛状为主。同时，由于受冰川及寒冻风化作用强烈影响，冰川堆积物分布非常广泛（图 1-3），且现代冰川作用的冷生现象非常发育（图 1-4）。

图 1-3 岩屑坡（冰川堆积物）

图 1-4 石环（现代冰川冷生现象）

1.2.3 高纬度多年冻土

我国高纬度多年冻土主要分布在东北的大、小兴安岭地区，处于欧亚大陆高纬度冻土区的南部地带，其冻土分布明显受纬度地带性控制。冻土分布连续性随纬度降低而变差，由大片连续分布至岛状分布；类型主要为零星冻土区—岛状冻土区，部分为连续多年冻土；地形以丘陵山地为主，虽然海拔不高，但是由于纬度较高，又受西伯利亚高压气流影响，致使年平均气温低，冻结期长，年平均气温−2.8℃，极端最低气温达−52.3℃（1969 年）。冻土区的年平均气温和地温自北向南升高；大约纬度每低 1°，气温升高 1℃，年平均地温升高 0.5℃。冻土在区域中的面积分布由 70%～80%减至 5%以下；冻土厚度由 50～100m降至 5～20m。多年冻土均发育在低洼地、岸边沟深坡陡的谷底，地表积水、塔头草生长茂盛、草炭及泥炭发育的沼泽化湿地，苔草、藓类、赤杨、沼柳、丛桦、落叶松等植物群落生长的缓坡当中。岛状冻土区分布范围，南北宽达 200～400km，这是在纬度地带性制约下同时又受局部岩土、植被、地表水等影响的结果，冻土地貌特征见图 1-5，老头树、苔藓、杜鹃及草甸存在的地方有厚层地下冰（图 1-6～图 1-9）。

(a) 地貌（一）

(b) 地貌（二）

(c) 地貌（三）　　　　　　　　　　　(d) 地貌（四）

(e) 厚层冰　　　　　　　　　　　　(f) 含土冰层

图 1-5　高纬度地区多年冻土地貌

图 1-6　老头树　　　　　　　　　　图 1-7　苔藓

图 1-8　杜鹃　　　　　　　　　　　图 1-9　草甸

据文献及勘测资料，高纬度地区多年冻土的南界大致与全年平均气温为 0℃的等温线相吻合，即多年冻土的分布范围大体相当于北纬 48°以北的地区。结合前人研究成果，东北高纬度地区冻土分带与分区情况见表 1-3。

东北高纬度地区冻土分带与分区　　　　　表 1-3

冻土分带		冻土分区	年平均气温/℃	冻土厚度/m
I	大片连续多年冻土		低于−5	一般 50~80，最厚 130
II	岛状融区多年冻土	II 1　大兴安岭北部区	−5~−3	20~50
		II 2　大兴安岭阿尔山地区	−4~−3	20~30
III	岛状多年冻土	III 1　呼伦贝尔高原区	−2.5~−0.5	5~15
		III 2　大兴安岭西坡区	−3.5~−2.5	10~20
		III 3　大兴安岭东坡区	−2.5~−0.4	5~20
		III 4　小兴安岭低山丘陵区	−1.0~0	5~15
		III 5　松嫩平原北部区	−1.0~0	小于 10
IV	季节性冻土		大于 0	

高纬度多年冻土具有如下特征：

（1）多年冻土的分布和特征受纬度控制，即具明显的纬度地带性，南界位于内蒙古阿尔山，北界向北延伸进入俄罗斯境内。自南而北，随着纬度的升高，年平均气温降低，多年冻土的年平均地温降低，多年冻土厚度增加，分布面积逐渐增大。多年冻土的连续性由零星分布、岛状分布，逐渐向大片连续分布变化，多年冻土中的融区逐渐减少。

（2）多年冻土的特征还受海拔高度影响。在西北部的大兴安岭中、高山地区，多年冻土比东南部的小兴安岭低山丘陵区更为发育。西北部中、高山区的多年冻土，其年平均地温较低、厚度较大、连续程度较高。

（3）多年冻土面积从南往北从 10%~20%增至 70%~80%。

（4）多年冻土年平均地温从南往北从−1.0~0℃变化至−2.0~−1.0℃，最低可达−4.0℃。

（5）多年冻土厚度从南往北从 5~20m 增至 60~70m，最厚可达 150m 以上。

（6）地温年变化带厚度一般 12~16m，以 14~15m 居多。

（7）受冬季逆温层的影响，在同一局部地区，植被发育的山间低地、沟谷阶地、沼泽湿地地段，多年冻土往往最为发育，地下冰和泥炭发育、地温低、冻土厚度大，而在高地和山顶，多年冻土则处于衰退状态或缺失。

1.3　多年冻土与输变电工程

国外对冻土的研究和关注主要集中在北半球高纬度的一些国家和地区，如加拿大、美国（阿拉斯加州）、挪威、瑞典、俄罗斯等，其研究领域可概括为冻土的分布与融化区划、冻土与全球气候变化、冻土与生态系统以及冻土与湿地水文的关系等，理论研究成果多，重大建设工程较少。

西方国家在多年冻土区进行输变电工程建设的历史远早于我国。美国、加拿大于二十世纪初就开始了超高压输电线路的建设，并在多年冻土区建设有多条不同等级输电线路，甚至在北极地区也有输电线路工程的建设。美国的冻土地区主要分布在阿拉斯加州，该州地广人稀，电网系统电压比较低。加拿大的冻土地区主要分布在极地地区，输电线路则集中在南部人口较多、与美国相邻的圣劳伦斯河流域。加拿大的高压电网由超过 16×10^4km 的高压线组成，其中相当部分穿越冻土地区。因此，美国、加拿大在多年冻土区有关输电线路的建设方面已经积累了较为丰富的经验，如针对不同等级输电线路塔基结构形式的选择、塔基基础的设定、工程的施工、塔材的选择、环境的保护等都取得了较为成功的经验[3]。

我国多年冻土研究起步较晚，开始于二十世纪五六十年代，主要是与当地建设、林业开发等紧密结合而开展的。后来随着对青藏高原和大兴安岭岛状冻土、季节冻土以及多年冻土的分布范围、冻土埋深等进行深入的勘察和研究，使我国的冻土研究进入了长足发展阶段，尤其是青藏铁路的成功建设是我国多年冻土研究成就的集中体现，使我国在冻土学计算理论、试验理论、试验物理学等领域取得了重大成果，而且已经走在世界前列。

2008 年以前，我国在多年冻土区和深季节冻土区已建成多项输变电工程，但仍然缺乏大规模建设高电压等级输变电工程的经验和系统研究的成果。2007 年，国家电网公司开展青藏直流联网工程的规划建设工作，该项目是迄今为止世界上最高海拔、高寒地区建设的规模最大的输电工程，沿线自然环境恶劣、地质条件复杂、生态环境脆弱，穿越多年冻土区长度超过 550km，面对的突出困难是高原高寒区多年冻土基础的设计、施工，冻土工程问题成为关键技术障碍之一。结合冻土区域特点选用合适的基础形式，采用先进有效的施工工艺和方法，有效组织现场施工管理，并做好冻土基础稳定措施，是保证工程长期安全稳定运行的关键。青藏直流联网工程的规划建设给电力工程冻土勘察、设计带来了机遇，也带来了新的挑战，也为冻土科学研究和实践开辟了新领域。但是，当时国内尚无高原冻土输电线路工程建设的相关经验，同时，输电线路基础与多年冻土相互作用的原理与青藏铁路、青藏公路等工程不同，我国以往在青藏铁路、青藏公路建设中获得的成功经验大部分不适用于本工程。青藏直流联网工程的工程规模、杆塔尺寸、基础作用力均远大于美国、加拿大的冻土线路，在美国阿拉斯加地区广泛使用的钢管桩基础、拉线塔及拉线基础不适用于青藏联网工程[3]。与已建成的青藏铁路、公路相比，输电铁塔基础置于多年冻土活动层和永冻层中，而公路、铁路以路垫的形式铺设于活动层上，对多年冻土的影响在水热交换方式、热辐射等方面有很大的差异（图 1-10）。在多年冻土区铺设路垫可以起到保护冻土、稳固地基的作用，而置身于多年冻土中的铁塔基础，易把外界热量导入多年冻土层中，引起地基强度降低和产生流变效应，进而导致冻土的热稳定性发生变化，因此，埋置于多年冻土层中铁塔基础的安全风险明显大于公路、铁路路垫。鉴于多年冻土的冻胀、融沉及反复冻融问题严重影响基础工程的勘察、设计、施工和评价，为了解决线路基础工程可能遇到的这些难题及问题，提高铁塔基础的稳定性和安全性、多年冻土区输电线路岩土工程勘测方法的选择与实施、路径优化与塔位选择、地基基础方案与设计等都显得非常迫切，而且这些研究成果的获得必将为后续多年冻土区线路工程的建设和运维带来技术支撑和设计指导。为此，西北电力设计院有限公司联合中国科学院冻土工程国家重点实验室共同开展了冻土课题的研究，获得了高寒多年冻土区输电线路岩土工程关键技术研究与应用的系统性成果。在高纬度多年冻土区，黑龙江省电力设计院有限公司依托漠河 220kV 变电站、220kV 塔河—漠河送电线路，联合吉林大学、哈尔滨工业大学开展了系统性、综合性的冻土地基及基础研究，取得了高纬度多年冻土物理力学性质指标，观测了高纬度多年冻土的地温分布规律，进行了灌注桩基础数值试验，提出了高纬度多年冻土区灌注桩基础的设计原则和方法。随后 330kV 玉树联网工程、750kV 伊利—库车输电工程及东北地区大兴安岭、小兴安岭地区输变电工程相继建设（表 1-4），各参与单位系统完成了工程的科研、勘察、设计、施工和监测维护，逐步积累了冻土地区高电压输变电工程建设的宝贵经验，掌握了冻土地区输变电工程勘察、设计、施工和监测等关键技术。

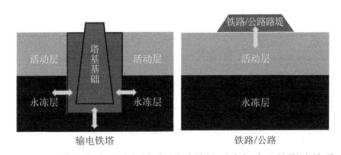

图 1-10　输电线路基础与铁路/公路路基对多年冻土的影响关系

　　国内已投运的冻土地区输变电工程在黑龙江、内蒙古高纬度冻土地区以 66kV、220kV 和 500kV 为主，青藏高原高海拔冻土地区和新疆高山冻土地区以 110kV、220kV、330kV 和 750kV 为主。

　　国内外冻土地区主要输变电工程见表 1-4。

国内外冻土地区主要输变电工程　　　　　　　　　表 1-4

国家	电压等级	工程名称
加拿大	±450kV	纳尔逊河输电工程
	115kV	维克托矿输电工程
俄罗斯	220/500kV	新乌连戈伊—塔尔科萨列输电工程
	220kV	新乌连戈伊—潘戈德河和新乌连戈伊—奥列尼亚河输电工程
	110kV	霍尔莫戈尔斯卡亚—列特尼亚亚河输电工程

国家	电压等级	工程名称
俄罗斯	110kV	文加布尔—佩斯恰纳亚输电工程
	110kV	新乌连戈伊—GRES 输电工程
美国	138kV	费尔班克斯—希利输电工程
	230kV	费尔班克斯—希利输电工程
	138kV	北极—卡尼变电站
	69kV	北极—卡尼变电站
	345kV	希利—阿拉斯加威洛输电工程
	115kV	安克雷奇—基奈地区输电工程
中国	750kV	伊利—库车输电工程
	750kV	青海拉脊山输电工程
	±500kV	呼伦贝尔—辽宁输电工程
	500kV	伊冯线、冯大线
	±400kV	青海—西藏直流联网工程
	330kV	玉树联网工程
	220kV	塔河—漠河输电工程
	220kV	漠河—兴安输电工程
	220kV	塔河—兴安输电工程
	220kV	伊新输电线路新建工程
	200kV	奇让线
	200kV	海拉尔—牙克石输电工程
	220kV	牙克石—扎兰屯输电工程
	220kV	漠河变电站
	220kV	塔河变电站
	220kV	兴安变电站
	110kV	青藏铁路输变电工程
	110kV	牙克石—免渡河—乌奴耳输电工程
	110kV	大庆地区龙任线
	110kV	当雄—那曲—安多输电工程
	66kV	伊图里河—阿里河输电工程
	66kV	根河电网

在研究多年冻土工程性能的同时，根植于多年冻土中输变电基础工程结构的稳定性及

安全性成了科学家和工程师们面临的难题。国内在 2008 年以前架设的 110kV 大庆地区龙任线、220kV 奇让线、220kV 海拉尔—牙克石、500kV 伊冯线等输电线路基础冻胀失稳、基础桩顶抬升、电杆倒塌、铁塔倾斜、主材弯曲断裂等事故也时有发生。影响多年冻土中基础工程安全和稳定性的原因很多，如路径优化的合理性、塔基位置的稳定性、基础形式与冻土工程地质条件的适宜性等。刘厚健等（2008）从微地貌的角度提出了架空输电线路选线、选位与选型的指导体系；程东幸等（2009）探讨了多年冻土区输电线路的冻土工程地质问题及对策；俞祁浩等（2016）研究了多年冻土区输电线路工程的设计和建设；刘厚健等（2008）对多年冻土区塔基基础形式及地基处理等进行了系统研究并于 2015 年编制了《多年冻土区架空输电线路岩土勘测导则》Q/DG 1—G005—2015。在认真总结我国冻土地区工程经验，参考有关国际标准和国外先进标准的基础上，管顺清等（2015）编制了《冻土地区架空输电线路基础设计技术规程》DL/T 5501—2015。在梳理总结电力行业十几年来冻土地区输电线路的勘测经验和科研成果，并学习吸收国内外冻土研究成果基础上，刘志伟等（2020）编制了《冻土地区架空输电线路岩土工程勘测技术规程》DL/T 5577—2020，建立了一套勘察—设计—施工—监测全过程冻土岩土工程技术体系，对疆电外送、西藏电网、东北电网、蒙东电网、中巴联网及东北亚电力联网工程的建设无疑会起到极大的推动作用，同时对促进全国的电网建设和提升冻土工程的勘测水平都具有积极的意义。

1.4 多年冻土区输变电工程建设面临的工程问题

随着国民经济的不断发展，电力资源已经成为社会生活不可或缺的重要组成部分，人们正常生活的运转、信息的获取以及社会的长治久安都离不开电力资源的服务，尤其对处于相对偏远的西藏、新疆、内蒙古等少数民族地区，稳定的电力资源供应更具有重要的政治意义和社会意义。随着国家西部大开发战略的实施和西电东送建设的推进，在多年冻土区和深季节冻土区输变电工程的工程建设规模和电压等级逐步提高，工程建设面临的主要工程问题有：

（1）冻土勘察与基础设计：多年冻土具有热稳定性差、厚层地下冰和高含冰率冻土所占比重大、对气候变暖反应极为敏感以及水热活动强烈等特性，输变电工程的路径（场地）选择、工程冻害和不良冻土现象勘察、地基基础设计、冻害防治措施等，尤其是地基基础所面临的冻胀、融沉、差异性变形、流变移位（平面滑移）变形问题。

（2）冻土基础施工：多年冻土区海拔高、寒冷、气压低、缺氧严重，给人工作业造成了极大的挑战，施工机械显著降效，在工程建设中要加强作业人员的生理健康及安全防护措施；多年冻土基础施工过程中的施工季节安排、设备运输和基坑开挖、桩基成孔、负温混凝土灌注和养护、基坑回填等关键点质量控制。

（3）生态环境保护：多年冻土区分布高寒荒漠、高原草甸、沼泽湿地、高寒灌丛等不同生态系统，生态环境极其脆弱、敏感，破坏扰动后很难恢复，在施工便道布设、植被防护和恢复等方面需要采取针对性的措施。

（4）冻土基础的长期稳定：基础的稳定性是输变电工程安全运营的关键，合理分析基础病害和人工活动、气候变暖、冻土退化等对基础稳定性的影响，建立长期的冻土工程监测系统，预测、预报基础病害并提前制定安全预案、采取合理的维修养护措施以及保证整个工程的安全运营等都具有重要意义。

第2章

多年冻土的工程性质

2.1 多年冻土形成与分类

冻土是在岩石圈—土壤—大气圈之间的热质交换过程中形成的。多年冻土的保存与发展，取决于地表与地中的热交换。自然界的地理地质因素都参与这一过程，影响和决定冻土的形成和发展。气候对冻土起着重要的作用。在一个接触层热交换周期中（寒季和暖季），当地表放出的热量大于等于吸收的热量时，多年冻土得以保存和发展。否则，多年冻土将衰退和消亡。多年冻土是在特定气候条件下，大气圈与地表之间长期相互作用的结果。在我国东部季风区、西北干旱区和青藏高寒区这三大气候区中都有冻土分布。

年平均气温是一个地区辐射条件和大气环流的影响结果，它的分布受纬度、经度和海拔高程的制约，且有良好的相关关系。在这三度空间的变化规律中，海拔高程是决定青藏高原等西部地区年平均气温的最显著因素，其次是纬度，经度列第三。尽管青藏高原属于中低纬度的高原，但在平均海拔4000m以上的高亢地势、近代冰缘气候影响下，形成一个气候干寒的独特高寒环境，使高原上广泛发育着多年冻土，并影响着多年冻土的分布。

冻土类型根据多年冻土分布的连续程度，分为大片多年冻土、岛状融区多年冻土和岛状多年冻土。按冻结状态的持续时间分为瞬时冻土、季节冻土和多年冻土三种类型。由于瞬时冻土存在时间很短，工程中作为建（构）筑物基础的地基影响小，对工程影响较大的主要是季节冻土和多年冻土。因冻土中含有地下冰，使得冻土的工程地质性质与普通土有本质上的差别。衡量冻土中含冰多少的指标，有质量含冰率、体积含冰率和相对含冰率之分，根据含冰率及其特征将多年冻土划分为少冰冻土、多冰冻土、富冰冻土、饱冰冻土和含土冰层五种类型。少冰冻土、多冰冻土统称为低含冰率冻土，富冰冻土、饱冰冻土和含土冰层统称为高含冰率冻土。由于目前在野外尚无可靠便捷的体积含冰率的测试方法，故采用冻土的总含水率，按表2-1划分。野外工作中，通过目测岩土体中体积含冰率和冻结状态特征、融化过程特征，可进行快速和较为准确的冻土分类，对输电线路勘测具有较好的操作性和适用性，见表2-2。

此外，根据冻土中的易溶盐含量或泥炭化程度划分为盐渍化冻土和泥炭化冻土。冻土中含易溶盐的质量与土骨架质量的百分数为冻土盐渍度。当碎石类土或砂类土、粉土、粉质黏土、黏土的盐渍度分别超过 0.10%、0.15%、0.20%、0.25%时，称为盐渍化冻土。冻土中含植物残渣和泥炭的质量与土骨架质量的百分数为泥炭化程度。当碎石类土或砂类土、粉土或黏性土的泥炭化程度分别超过 3%、5%时，称为泥炭化冻土。

多年冻土工程类型 表 2-1

多年冻土工程类型		冻土总含水率/%			标识符号
		碎、砾石土	砂土粉土	黏性土	
低含冰率冻土	少冰冻土	<10	<14	$< \omega_P$	S
	多冰冻土	10~15	14~21	$\omega_P < \omega < \omega_P + 4$	D
高含冰率冻土	富冰冻土	15~25	21~32	$\omega_P + 4 < \omega < \omega_P + 15$	F
	饱冰冻土	25~44	32~65	$\omega_P + 15 < \omega < \omega_P + 35$	B
	含土冰层	>44	>65	$> \omega_P + 35$	H

注：本表不包含盐渍土、泥炭土、腐殖土、高塑性黏土。

多年冻土定名及其野外鉴别特征 表 2-2

冻土名称	体积含冰率 i_v/%	粗粒土		细粒土	
		冻结状态特征	融化过程特征	冻结状态特征	融化过程特征
少冰冻土	$i_v < 10$	整体状构造，结构较为紧密，仅在孔隙中有冰晶存在	融化过程中土的结构没有变化	整体状冻土构造，肉眼看不见冰层，多数小冰晶在放大镜下可见	融化过程中土的结构没有变化，没有渗水现象
多冰冻土	$10 \leqslant i_v < 20$	有较多冰晶充填在空隙中，偶尔可见薄冰层及冰包裹体	融化后产生的密实作用不大，结构外形基本不变，有明显渗水现象	以整体状冻土构造为主，偶尔可见微冰透镜体或小的粒状冰	融化过程中土的结构形态基本不变，但体积有缩小现象，有少量渗水现象
富冰冻土	$20 \leqslant i_v < 30$	除孔隙被冰充填满外，可见冰将矿物颗粒包裹，使卵砾石相互隔离或可见较多的冰透镜体	融化过程中发生明显的密实作用，并有大量水分外渗，土表面可见水层	以层状冻土构造为主，冻土中可见分布不均匀的冰透镜体和薄冰层	融化过程中有明显的密实作用，并有较多水分渗出
饱冰冻土	$30 \leqslant i_v < 50$	卵砾石颗粒基本为冰晶所包裹或存在大量的冰透镜体	融化过程中冻土构造破坏，水土（石）产生密实作用，最后水土（石）界限分明	以层状、网状冻土构造为主，在空间上冰、土普遍相隔分布	融化中即失去原来结构，发生崩塌，呈流动状态。在容器中融化后水土界限分明
含土冰层	$i_v \geqslant 50$	冰体积大于土颗粒的体积	融化后，水土（石）分离，上部可见水层	以中厚层状、网状构造为主，冰体积大于土的体积	融化后完全呈流动体

2.2 多年冻土的赋存

多年冻土的存在和分布是地质历史和近代气候的产物。在高纬度和高海拔地区，严寒的气候（年平均气温低于 0℃）条件，是多年冻土生成和保存的基本条件，岩性、土壤水分、地质构造、地形、水体、植被、冰川、地中热流和环境因素等影响冻土的发育。

（1）岩性

岩性对冻土发育的影响主要表现在组成岩石的成分。岩石成分和性质主要通过其热物理性质和含水率来影响多年冻土发育。导热系数、热容量和相变热随着岩石性质和含水率而变化，它们直接影响着多年冻土层的厚度。在其他条件相同的情况下，坚硬岩石的导热系数均大于松散层，坚硬岩石的冻土层厚度是松散层的 1.3～1.5 倍，高原上的黏土及粉质黏土的年平均地温比砂砾石及基岩低 1～3℃。在山间谷地、河漫滩及阶地、阴坡地带往往沉积粉质黏土、粉土以及沼泽湿地的泥炭、苔藓等，多年冻土的地温和厚度都比山顶、河床的碎石、砾石层低且厚。

（2）土壤水分

土层中含水程度高低，直接影响着土层的热学性质。一方面，在干密度相同条件下，土的导热系数随着含水率增大而增大，达到液限含水率后，水在土中就起着主导作用，而趋于一个定值。另一方面，水分结冰发出大量的相变潜热，从而使相同条件下冻结速度和深度都大为减小。正因如此，含冰率多的多年冻土层融化深度比含冰率少的冻土层浅，沼泽湿地保存着较厚的多年冻土层。但是，当土层中的水分出现流动时，就可以带来大量的热量，使多年冻土融化。

（3）地质构造

地质构造对多年冻土的影响是多方面的。在青藏高原等西部地区，构造的影响显得更为突出。青藏高原的纬向与经向构造体系的一系列行迹，包括褶皱、断裂、隆起、凹陷、节理、片理等，加上新构造运动，对高原多年冻土有很大的影响（樊溶河，1982）。其一，控制着地下水的运动和分布规律；其二，构成青藏高原山脉与盆地、谷地相间的地形格局，控制着河流等水文网的分布与发育；其三，晚近构造十分活跃，升降差异形成不同的沉积物质，断陷盆地中沉积巨厚的湖相沉积物，低山丘陵沉积物较粗，造成冻土发育的差异性，年平均地温相差可达 0.7～3.0℃。

（4）地形

地形对多年冻土分布的影响是多方面的，在西部高山、高原多年冻土区起着重要作用。高山地带的气温较低，降低多年冻土年平均地温，具有厚度较大的多年冻土层（表2-3）。河谷平原地带的气温较高，多年冻土厚度相对较小。同一地段，坡向控制着直接太阳辐射，使朝南坡向接受热量多，积雪融化早，土层相对干燥；北坡受热最少，土层较潮湿，植被相对较发育。因而北坡多年冻土下界海拔高度较低，冻土较发育（表2-4）。

多年冻土地温带分布 表2-3

带 名		年平均地温/℃	多年冻土厚度/m		带界处的年平均气温/℃		分 布 地 带	
			东北	西北	东北	西北	大兴安岭、小兴安岭	青藏高原
I	极稳定带	< −5.0		>150	< −6.0	−8.5	高纬度大片多年冻土带，阴坡，沼泽化	高山地带
	稳定带	−5.0～−3.0	>100	100～150	−4.5	−6.5		中高山地带

续表

带　名		年平均地温/℃	多年冻土厚度/m		带界处的年平均气温/℃		分布地带	
			东北	西北	东北	西北	大兴安岭、小兴安岭	青藏高原
Ⅱ	亚稳定带	−3.0～−1.5	50～100	60～100	−3.5	−5.5	岛状融区多年冻土带	低山及沼泽泥炭中
	过渡带	−1.5～−0.5	20～50	40～60	−2.5	−3.5		高平原、低山丘陵及河谷地带
Ⅲ	不稳定带	−0.5～0.0	10～20	20～40	0.0	−2.5	岛状冻土带	河谷及岛状多年冻土地带
	极不稳定带	±0.0	0～10	0～20				

风火山东大沟多年冻土特征
表 2-4

地　点	海拔/m	年平均地温/℃	多年冻土厚度/m
西南坡	4712.8	−2.2	72.8
	4705.6	−2.0	71.0
沟底	4676.7	−2.8	94
东北坡	4689.2	−3.7	122
	4700.0	−4.0	137
	4710.5	−4.4	146

（5）水体

河流流水对冻土地温的影响：多年冻土区的河流流水常常给冻土层带来大量的热量，与多年冻土层间产生热交换，使周围冻土层地温升高，产生融化。河流流水的热侵蚀作用强弱取决于河流流量的大小、水温高低与水流流速快慢等。流量越大，流速越快，水温越高，对河床和岸边多年冻土的热侵蚀作用越大，反之亦然。在青藏高原和大小兴安岭，大河流域河床和一级阶地（黑龙江）下均没有多年冻土。河床下砂砾层厚度大，透水性强，土层导热系数较大，河水的热作用传递大且很深。由于饱水的砂砾石具有较大热容量和潜热，是很好的保温层，使之具有较大的热惰性。河流水流同时具有侧向热侵蚀作用，在河两侧的漫滩、低阶地地段也常常受河水的影响，多年冻土地温较高，甚至升高而融化。

湖泊等积水对多年冻土地温的影响：积水水体的成因、存在的时间、大小、水体与地下水的水力联系等对水下的多年冻土温度场变化具有重要意义。水体下面多年冻土的温度变化状况是随水体深度而变化的。青藏高原存在各种成因的湖泊，有常年积水的深水湖泊，也有季节性积水浅水湖泊，前者多为地质构造导致的，与地下水有着密切水力联系，多为深层地下水补给，水温较高，湖底无多年冻土存在。在季节性积水的浅水湖泊，湖底冻土的温度变化取决于水体表面的热交换、水的对流和冻结。夏季，水面反射率不大，太阳辐射能在水中透射相当大的深度，这有助于辐射吸收，使湖底多年冻土升温。冬季，水面冻结时，水体热容量和潜热大，结冰放热起到保温层作用，延迟和缩短了水体地下土层的冷却降温。当水体完全冻结后，冰的导热率急剧增加，使冰体河下伏的土层冷却降温。

基岩山地、山间盆地、河谷以及构造、第四系沉积物等都会造成地下水的埋藏、补给、径流、排泄和水化学类型等方面的差异，因而对多年冻土的发育与保存产生较大的影响。断裂带的温泉地热形成构造融区，以至形成带状融道，影响周边地带的多年冻土分布，减小冻土厚度。山岭与盆地、谷地的相间地形格局，控制着水文网的发育。河谷地带的地下水径流、排泄及河水的热力作用形成河流融区，融蚀多年冻土，影响着多年冻土发育、保存。在一些与构造有关的大湖泊（如青藏高原的雅兴错、巴斯错湖）底下和周围，都受地表水和地下水的共同热力作用，可形成直径几百米以至 2～3km 的湖泊融区。人类活动造成的热力影响，使多年冻土上限变化而加速冻结层上水的径流、排泄，进而使冻土的分布和厚度发生变化。

（6）植被

大量观测表明，植被改变着地表的形状，减小地面较差和降低地面温度，使季节融化深度大大减小。高原的高山草甸地带，草被层呈丘状、斑状、鳞状、片状、稀疏散状，覆盖度依次减小（90%～20%），相应地减小地面温度年较差 4.1～1.5℃。因此，植被较为发育的地带，都处于土颗粒较细、含水率较大的山间洼地和山前缓坡地区，多年冻土较为发育，冻土低温较低、厚度较大、地下冰较为发育。

（7）冰川

西部高山、高原有 30000 多条冰川分布。冰川的存在要求降水量大和低温条件，冻土的发育与保存更取决于低温条件。大多数冰川的雪线高度都高于多年冻土分布下界高度，一般相差 600～1200m，且随着纬度降低此差值减小。一方面，冰雪与冰川表面具有较大的反射率，减少太阳吸收辐射，对下卧冰层与冻土层起着冷却作用。另一方面，冰川覆盖对下伏的冻土层又起着保温作用。根据同一山区、相同海拔高度上冰川活动层下界（16m 深处）温度和多年冻土年变化深度处地温的比较，在阿尔泰山地区，冰川主要起着保温作用，其他地区的冰川主要起着冷却作用。

（8）地中热流

深部地温和地中热流是影响多年冻土层发育的下边界条件。当多年冻土层下限融土层的热流值大于冻土层的热流值时，冻土层温度将升高，发生自下而上的融化。

（9）环境因素

自然环境中的季节冻结与融化深度，在一段时期内是相对稳定的。随着冻土地区经济发展和工程建设，必然要扰动和破坏自然生态环境，改变土层表面的性状，导致土层与大气间的热交换量变化，增大了土层的吸热，加大了季节融化深度。如砍伐森林、铲除植被、排除或造成积水、黑色沥青路面修筑、路堤高度过低和过高、城镇的热岛效应等，都使土

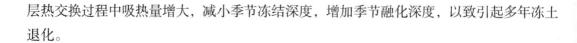

层热交换过程中吸热量增大，减小季节冻结深度，增加季节融化深度，以致引起多年冻土退化。

2.3　多年冻土温度特性

气温是冻土生存和发育的能量条件，纬度与海拔的变化都直接影响着多年冻土的分布和热稳定性。根据多年冻土年平均地温与年平均气温的相关资料分析表明，可用年平均气温作为多年冻土生存的判别指标。年平均气温越低，多年冻土年平均地温越低，分布面积越广，厚度就越大。因此，选择多年冻土年平均地温作为描述冻土的地带性分布主要特征，不仅能反映多年冻土年平均地温、厚度和平面分布的连续性，还可反映多年冻土的稳定状态。在评价全球气候转暖对多年冻土的影响时，也可按年平均气温的变化来确定多年冻土地温和地下冰的相应变化。

多年冻土年平均地温是反映多年冻土稳定性的重要指标，它决定了土的热交换动态和冻结过程的特点，并影响冻土的物理力学和热学性质。年平均地温低，冻土的储冷量大，受扰动后不易融化，稳定性好；年平均地温高，冻土的储冷量小，受气候、植被、人为活动等因素变化影响后，多年冻土反应敏感，易发生融化。据青藏公路、青藏铁路实践经验表明，多年冻土年平均地温高于$-1.5℃$时，多年冻土基础仅采用简单工程措施是不能保证基础稳定的，必须采取综合治理的方法才能解决。

冻土依地温可分为高温冻土（$\geq -1.0℃$）和低温冻土（$< -1.0℃$）。多年冻土年平均地温（T_{cp}）是表征冻土稳定性最重要的指标，反映了多年冻土的稳定状况、多年冻土的地带性分布特点以及气候变化对多年冻土地温及地下冰生存和发展等的影响。多年冻土的地温分区按多年冻土年平均地温（T_{cp}），可分为以下 4 种类型：

（1）$T_{cp} \geq -0.5℃$时，属高温极不稳定冻土区；

（2）$-1.0℃ \leq T_{cp} < -0.5℃$时，属高温不稳定冻土区；

（3）$-2.0℃ \leq T_{cp} < -1.0℃$时，属低温基本稳定冻土区；

（4）$T_{cp} < -2.0℃$时，属低温稳定冻土区。

多年冻土的年平均地温划分中尚需考虑施工与运行期的气候变化和人类活动的影响。

多年冻土温度场及其状态是评价冻土地基热稳定性的重要依据。在冻土研究的早期，由于受到经费限制，通常由人工在现场通过温度计测量冻土温度，但这种测量无法获得冻土温度连续的变化过程，在很大程度上限制了冻土学的发展。随着研究及经济水平的发展，目前常用热敏电阻、热电偶等方法制成测温探头，并将其埋设于钻孔中，对冻土温度开展连续的长期观测，其观测结果对于揭示冻土现象、研究冻土的发育及其变化都具有重要意义。年变化深度内多年冻土地温曲线有 4 种类型，如图 2-1 所示。

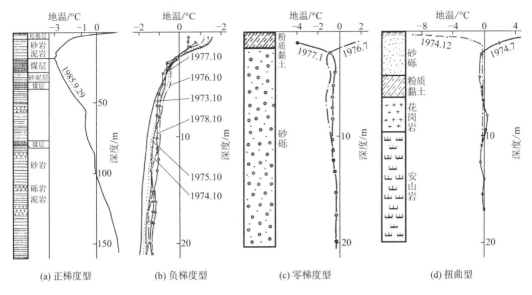

图 2-1　多年冻土层地温变化曲线

（1）正梯度型地温曲线：这种曲线主要出现在陡坡、谷底及盆地底部。具有该地温曲线的土体，总体表现为在浅层土体放热，有利于冻土的发育；深层土体受下限以下融土内热流作用，处于吸热状态，导致冻土下限将逐渐抬升，处于退化状态。总体上，出现这种温度状态的冻土稳定性较好。

（2）负梯度型地温曲线：目前，受气候变暖的影响，这种曲线较为常见，主要表现为吸热及自上而下的退化状态。另外，在人类活动影响较为强烈的区域，也会出现这种地温曲线。

（3）零梯度型地温曲线：这类地温曲线自冻土上限至年变化深度以下一定深度内冻土温度变化很小，或者基本不变。主要分布在由正梯度向负梯度过渡的区域。

（4）扭曲型地温曲线：这类地温曲线随深度时而为正梯度、时而为负梯度，且正负温交替出现。这种地温曲线的出现可能受到地层不均匀性（包括含水率、裂隙发育状况、矿化度等因素）的影响。

2.4　多年冻土的融沉特性

融沉是指厚层地下冰及高含冰率冻土层，由于埋藏浅，在地温升高或人工活动影响下，发生融化下沉的现象。冻土的融沉性大小是由冰的含量决定的，冻土构造与冰的胶结特性是决定冻土融化时融沉性质变化的因素。在局部集中热源侵蚀作用下，冻土地基的融沉往往具有塌陷性和迅速发展性，如果伴有已融土体的挤出，就具有突陷性。融沉主要发生在多年冻土区高含冰率地段，其引起的破坏与冻土含冰率、多年冻土层上限及基础的热状态等因素有关。冻土融沉常以热融滑塌、热融沉陷、蠕动泥流等形式表现，可使基础发生倾覆、剪切变形或破坏。如伊图里河—阿里河 66kV 线路大兴安岭地区输电铁塔就是由于差异性融沉导致铁塔发生严重倾斜，影响了输电线路的安全运行。据统计，青藏公路破坏路段中的80%以上是由于融沉引起的，其中个别严重路段沉降量达60～80cm。

评价冻土融化时非常重要的指标是冻土的含冰程度，也就是冻土的体积含冰率。体积含冰率与土体的组合关系构成冻土的冷生构造，决定了冻土的融化压缩沉降量。实践表明，影响冻土融化下沉的因素主要有含水率、土体干密度及土颗粒成分等。

（1）含水率

融化过程中，冻土中的冰转变为水，在自重作用下出现排水，土颗粒产生相对位移，称为融化下沉性。试验表明，不论是粗颗粒冻土还是细颗粒冻土，其融化下沉都是随含水率的增加而增大的。试验资料表明（吴紫汪等，1981；朱元林等，1982），当含水率小于和等于土体塑限含水率时，融化过程中会出现微小的热胀性，而当超过塑限含水率时，冻土融化下沉特性就比较明显。

从工程角度考虑，融化下沉系数在0～1%范围内，地基土的微弱变形不至于引起建（构）筑物的变形破坏，超过该范围之后就可能引起建（构）筑物的变形，对应这个界限的冻土含水率就可称为"起始融化下沉含水率"。由此可知，引起冻土融化下沉的含水率是超出起始融化下沉含水率的那部分冰体，即冻土的总含水率与起始融沉含水率的差值。

（2）土体干密度

冻土的融化下沉实质上是冻土融化过程中土体孔隙缩小。如果没有冰的扩胀作用，冻融过程不会引起土体结构的变化。当土体的孔隙比小于某个数值，冻土融化过程不出现下沉现象，或者融化下沉系数小于1%时，土体密度为最佳密度，或称为起始融沉干密度（ρ_{do}）。试验表明，当冻土的干密度小于最佳密度时，冻土融化下沉特性随着干密度（ρ_d）的减小而逐渐增大。

（3）土颗粒成分

土体的固体颗粒成分对冻土融化下沉特性的影响，主要是不同颗粒成分的土在冻结过程中的水分迁移能力。细颗粒土的水分迁移强烈，特别是粉土、粉质黏土等，可以产生不同厚度的冰包裹体，形成层状等冻土构造，融化时可以出现较大的下沉量。在相同的有效融沉含水率情况下，粉土、粉质黏土的融化下沉系数最大，其次是黏土，砾石土最弱。

粗颗粒土的水分迁移能力取决于粉黏粒含量，在充分饱水条件下，粗颗粒土的融化下沉量随着粉黏粒含量的增加而增大。当粉黏粒含量小于12%时，融化下沉量的增大较为缓慢，一般不超过4%。当粉黏粒含量大于12%时，融化下沉就急剧增大。

由于冰的存在使冻土具有独特的工程性质，使之在自然和人类工程活动的热力作用下，容易发生融化下沉。一般情况下，冻土地基的融沉变形量主要受多年冻土地基的融沉系数及冻土潜在的融化深度所控制。冻土层的平均融化下沉系数δ_0可按式(2-1)计算：

$$\delta_0 = \frac{h_1 - h_2}{h_1} = \frac{e_1 - e_2}{1 + e_1} \times 100(\%) \tag{2-1}$$

式中：h_1、e_1——冻土试样融化前的高度（mm）、孔隙比；

h_2、e_2——冻土试样融化后的高度（mm）、孔隙比。

根据土融化下沉系数δ_0的大小，多年冻土可分为不融沉、弱融沉、融沉、强融沉和融陷五种类别。地基土融沉等级、融沉类别可按表 2-5 划分，为冻土融沉特性的判别提供科学依据。

多年冻土融沉性分类   表 2-5

土的名称	总含水率ω/%	融化下沉系数平均值δ_0/%	融沉等级	融沉类别
碎（卵）石，砾砂、粗砂、中砂（粒径小于 0.075mm 颗粒含量均不大于 15%）	$\omega < 10$	$\delta_0 \leqslant 1$	I	不融沉
	$\omega \geqslant 10$	$1 < \delta_0 \leqslant 3$	II	弱融沉
碎（卵）石，砾砂、粗砂、中砂（粒径小于 0.075mm 颗粒含量均大于 15%）	$\omega < 12$	$\delta_0 \leqslant 1$	I	不融沉
	$12 \leqslant \omega < 15$	$1 < \delta_0 \leqslant 3$	II	弱融沉
	$15 \leqslant \omega < 25$	$3 < \delta_0 \leqslant 10$	III	融沉
	$\omega \geqslant 25$	$10 < \delta_0 \leqslant 25$	IV	强融沉
粉、细砂	$\omega < 14$	$\delta_0 \leqslant 1$	I	不融沉
	$14 \leqslant \omega < 18$	$1 < \delta_0 \leqslant 3$	II	弱融沉
	$18 \leqslant \omega < 28$	$3 < \delta_0 \leqslant 10$	III	融沉
	$\omega \geqslant 28$	$10 < \delta_0 \leqslant 25$	IV	强融沉
粉土	$\omega < 17$	$\delta_0 \leqslant 1$	I	不融沉
	$17 \leqslant \omega < 21$	$1 < \delta_0 \leqslant 3$	II	弱融沉
	$21 \leqslant \omega < 32$	$3 < \delta_0 \leqslant 10$	III	融沉
	$\omega \geqslant 32$	$10 < \delta_0 \leqslant 25$	IV	强融沉
黏性土	$\omega < \omega_P$	$\delta_0 \leqslant 1$	I	不融沉
	$\omega_P \leqslant \omega < \omega_P + 4$	$1 < \delta_0 \leqslant 3$	II	弱融沉
	$\omega_P + 4 \leqslant \omega < \omega_P + 15$	$3 < \delta_0 \leqslant 10$	III	融沉
	$\omega_P + 15 \leqslant \omega < \omega_P + 35$	$10 < \delta_0 \leqslant 25$	IV	强融沉
含土冰层	$\omega \geqslant \omega_P + 35$	$\delta_0 > 25$	V	融陷

注：1. ω为总含水率（%），包括冰和未冻水；ω_P为塑限；

    2. 盐渍化冻土、泥炭化冻土、腐殖土、高塑性黏土不在表列；

    3. 粗颗粒土用起始融化下沉含水率代替塑限ω_P。

2.5 季节融化层的冻胀特性

随着气温年周期性的变化，季节冻土区近地表层会出现一层冬季冻结、夏季融化的活动层。湿润的土体，特别是细粒土，在季节冻结过程中，伴随发生物理-化学过程，直接影响地基土的物理-力学性质，影响建（构）筑物的稳定性。

季节冻结就是年平均温度低于冻结温度的岩土产生的冻结。季节融化就是年平均温度高于冻结温度的冻土（岩）发生的融化。当大气年平均气温达到 0℃之日，并不是土体或冻土就产生冻结或融化之时，经过一段时间的气-地热交换，岩土表层达到其冻结温度后才进入冻结或融化状态。由于各类土的颗粒粒度成分、矿物成分、含水程度、土粒子被不同类型阳离子饱和情况和孔隙水中的易溶盐成分及浓度不同，它们的起始冻结温度也不同。土的起始冻结温度通常都需要由试验确定。一般情况下，塑性黏土的平均起始冻结温度为−1.2～−0.1℃；坚硬、半坚硬黏土的起始冻结温度达到−5～−2℃。

冻胀是指冻结过程中，土体中水分（包括土体孔隙原有水分及外界水分向冻结锋面迁移来的水分）冻结成冰，体积膨胀 9%，且以冰晶、冰层、冰透镜体等冰侵入体的形式存在于土体的孔隙、土层中，引起土颗粒间的相对位移，使土体体积产生不同程度的扩张变形现象。土体颗粒粒度成分、矿物成分、水分状态及其补给、冻结条件、外荷载作用及盐基等因素都对土体冻胀有着重要影响。总的来说，影响因素可总结如下：

（1）土的粒度组成：土的粒度组成主要是土固体颗粒的形状、大小以及它们之间的相互组合关系。试验表明，在一定范围内土颗粒粒径减小时，其比表面积增大，吸附水膜能量增大，冻结过程中的水分迁移量增加，使土体的冻胀性增大。但当土颗粒粒径过小（<0.005mm），达到黏土矿物时，比表面积很大，束缚水膜厚度增大，导致水分迁移量减小，冻胀性就减弱，未冻水量却增大很多，也就抑制了冰透镜体的生长，冻胀力也相应减小。一般情况下，颗粒粒径为 0.005～0.074mm 的粉黏粒具有最大的冻胀性，按粒径大小，土体冻胀力可按如下顺序排列：粉土>粉质黏土>黏土>砾石土（粉黏粒含量>12%）>细砂、中砂>粗砂。

（2）水分含量：在一定的土质条件下，冻结前的土中水分及冻结过程中的水分迁移量是土体冻胀性强弱的基本要素之一。试验研究表明，只有当土体中含水率超过一定界限值时才会产生冻胀现象。在无外界水源补给的封闭体系中，土体干密度为 1.5～1.7g/cm³ 时，细颗粒土的冻胀系数随含水率的增加而增大，最终趋于一个稳定数值；粗粒土的冻胀性与土中含水率的关系也非常明显。土体冻胀系数随土体饱和度增大而增加。据统计，地下水位越浅，土体的冻胀量就越大。

（3）土中温度：温度对土体冻胀的影响主要反映在土体温度的冷却程度和冷却速度。在一定条件下，土体冻胀的起始和终止温度都是特定的。土体的冻结温度取决于土体的颗粒成分、含水率、颗粒的矿物成分、孔隙水的溶液浓度。研究表明：同一种土质，土体的冻结温度随着土中含水率的增大而升高。据统计，黏性土和砂土的剧烈冻胀土温分别为−7～−1℃、−3～−0.5℃，此范围内可完成全部冻胀量的 80%～90%。冬季期间地表温度的变化使土体冻结过程中出现温度梯度，产生水分迁移，土体冻结过程中的冻结速率是温度从另一方面影响土体的冻胀性。土体中冻结锋面移动速度表明了冻结前缘的温度降低值，即冷却速度。只有冻结前缘的温度不断降低，才能诱导水分不断向冷锋面迁移，使分凝冻胀持续地发展,形成厚而密的分凝冰层。冻结速度的快慢,反映冻结冷锋面上的冰析量多少。

（4）土中盐分：寒冷地区,土中的盐分直接影响土的渗透性、冻结温度、冻土中的未冻水含量,从而影响土冻结过程中的热质迁移,改变冻土中的冰-水相成分含量、冰-水-冰的界面性状、冻土的冻胀性与强度性质等。试验表明,随着土中盐分的增加,其冻胀性减弱。

（5）土体密度：大量的试验结果表明,三相或二相介质的土体密度对其冻胀性的影响是不同的。一般情况下,三相体系土体密度增加,只是缩小孔隙,并不改变含水率,但却改变土体的饱水程度。在同一土质、水分条件下,土体的密度较小时,随土体密度增大,土的饱和度也增大,冻胀性则随之增强,到某一适宜密度时冻胀可达到最大值。

（6）矿物成分：对于砂类土和粗粒土来说,不存在矿物成分对其冻胀性的影响,它们在冻结过程中的水分迁移处于排水状态。水分迁移影响的结果,往往在细颗粒土中剧烈地表现出来。黏性土中,除了含有砂粒和粉粒外,都含有较多的黏土颗粒。这三种粒组对土体的工程性质有着重要影响,黏粒起着主导作用。黏土颗粒的矿物成分以及它的离子交换能力,决定着它们同水相互作用的积极性。这种能力与不同粒组矿物成分的晶格构造和移动性有关。黏土矿物是黏性土粒组中最常见的矿物,一般分为蒙脱石、水云母和高岭石三大组。根据黏性土矿物类型,单质黏性土的冻胀性强弱按下列顺序排列：高岭土>伊利水云母土>蒙脱土（Орлов, B O, 1977）。

季节冻土冻胀性的基本规律：

（1）土颗粒粒径大于 0.1mm 的饱和粗颗粒土,冻结过程不存在水分向冻结锋面迁移的可能性,大部分情况是出现排水现象。粒径小于 0.1mm 时,土体就会发生冻胀。颗粒粒径为 0.005～0.074mm 的粉黏粒具有最大的冻胀性。土体冻胀性越大,冻胀力值也越大。在相似条件下,粗颗粒土的冻胀力最小,以致接近于零；黏土等的冻胀力也较小；土颗粒粒径为 0.005～0.05mm 为主的粉土、粉质黏土的冻胀力最大。

（2）在同一地点,冻胀量沿冻结深度的分布是不均匀的。表层（1/3 的最大冻结深度）占总冻胀量的 30%～36%；中间（2/3 的冻结深度）占 50%～53%；下层占 10%～16%。一般来说,达最大冻结深度的 50%～70%,其冻胀量达到峰值,冻胀量占总冻胀量的 80%～90%。根据冻胀量沿冻结深度分布的规律,最大冻胀量出现在 1/5～4/5 的最大冻结深度的部位,所以将 2/3（无地下水补给情况）以上的冻结深度列为"强冻胀带"。

（3）外荷载对地基土冻胀性有明显的抑制作用。强夯可以有效抑制土体冻胀。然而,一般建筑物的均布荷载是难于达到地基土不发生冻胀的"中断压力"。

随着气温降低,土体冻结深度增加,土体的冻胀量也随之增加,其过程大致可分为 3 个阶段：

（1）冻胀剧烈增长阶段：冻胀量随冻结深度增加而剧烈增长,可以持续到 2/3～4/5 的最大冻结深度。多年冻土区约为 2 个月,季节冻土区可持续 3～4 个月。

（2）冻胀缓慢—稳定阶段：仅管冻结深度继续增加,但是冻胀量的增长却是缓慢的,并逐渐处于相持在已有的冻胀量级水平。这个阶段通常可保持到翌年地表开始融化之时。多年冻土区约为 3 个半月，季节冻土区仅为 1 个半月。

（3）冻胀量下降阶段：土体温度已回升，地表开始融化，冻胀量相应地开始下降。当季节冻结层完全融化后，冻胀量也完全消失。多年冻土区大致为 5 个月，季节冻土区为 2~3 个月。

冻胀性大小由土体原有孔隙水及迁移来水分冻结成冰情况所决定，其量化值通常以冻胀量来表示。冻土层的平均冻胀率 η 可按式(2-2)计算：

$$\eta = \frac{\Delta z}{h' - \Delta z} \times 100(\%) \tag{2-2}$$

式中：Δz——地表冻胀量（mm）；

$\qquad h'$——冻结层厚度（mm）。

季节冻土和多年冻土季节融化层土的冻胀性根据土冻胀率的大小，可划分为不冻胀、弱冻胀、冻胀、强冻胀和特强冻胀五种类别，地基土冻胀等级、冻胀类别按表 2-6 划分。

季节冻土与季节融化层土的冻胀性分类　　　　　　表 2-6

土的名称	冻前天然含水率ω/%	冻前地下水位距设计冻深的最小距离h_w/m	平均冻胀率η/%	冻胀等级	冻胀类别
碎（卵）石，砾砂、粗砂、中砂（粒径小于 0.075mm 颗粒含量均不大于 15%），细砂（粒径小于 0.075mm 颗粒含量不大于10%）	不饱和	不考虑	$\eta \leqslant 1$	I	不冻胀
	饱和含水	无隔水层时	$1 < \eta \leqslant 3.5$	II	弱冻胀
	饱和含水	有隔水层时	$\eta > 3.5$	III	冻胀
碎（卵）石，砾砂、粗砂、中砂（粒径小于 0.075mm 颗粒含量均大于 15%），细砂（粒径小于 0.075mm 颗粒含量大于10%）	$\omega \leqslant 12$	> 1.0	$\eta \leqslant 1$	I	不冻胀
		≤1.0	$1 < \eta \leqslant 3.5$	II	弱冻胀
	$12 < \omega \leqslant 18$	> 1.0			
		≤1.0	$3.5 < \eta \leqslant 6$	III	冻胀
	$\omega > 18$	> 0.5			
		≤0.5	$6 < \eta \leqslant 12$	IV	强冻胀
粉砂	$\omega \leqslant 14$	> 1.0	$\eta \leqslant 1$	I	不冻胀
		≤1.0	$1 < \eta \leqslant 3.5$	II	弱冻胀
	$14 < \omega \leqslant 19$	> 1.0			
		≤1.0	$3.5 < \eta \leqslant 6$	III	冻胀
	$19 < \omega \leqslant 23$	> 1.0			
		≤1.0	$6 < \eta \leqslant 12$	IV	强冻胀
	$\omega > 23$	不考虑	$\eta > 12$	V	特强冻胀
粉土	$\omega \leqslant 19$	> 1.5	$\eta \leqslant 1$	I	不冻胀
		≤1.5	$1 < \eta \leqslant 3.5$	II	弱冻胀
	$19 < \omega \leqslant 22$	> 1.5			
		≤1.5	$3.5 < \eta \leqslant 6$	III	冻胀

续表

土的名称	冻前天然含水率ω/%		冻前地下水位距设计冻深的最小距离h_w/m	平均冻胀率η/%	冻胀等级	冻胀类别
粉土	$22 < ω ≤ 26$		> 1.5	$3.5 < η ≤ 6$	III	冻胀
			$≤ 1.5$	$6 < η ≤ 12$	IV	强冻胀
	$26 < ω ≤ 30$		> 1.5			
			$≤ 1.5$	$η > 12$	V	特强冻胀
	$ω > 30$		不考虑			
黏性土	$ω ≤ ω_P + 2$		> 2.0	$η ≤ 1$	I	不冻胀
			$≤ 2.0$	$1 < η ≤ 3.5$	II	弱冻胀
	$ω_P + 2 < ω ≤ ω_P + 5$		> 2.0			
			$≤ 2.0$	$3.5 < η ≤ 6$	III	冻胀
	$ω_P + 5 < ω ≤ ω_P + 9$		> 2.0			
			$≤ 2.0$	$6 < η ≤ 12$	IV	强冻胀
	$ω_P + 9 < ω ≤ ω_P + 15$		> 2.0			
			$≤ 2.0$	$η > 12$	V	特强冻胀
	$ω > ω_P + 15$		不考虑			

注：1. $ω_P$为塑限，$ω$为冻前天然含水率在冻层内的平均值（%）；

2. 盐渍化冻土不在表列；

3. 塑性指数大于 22 时，冻胀性降低一级；

4. 粒径小于 0.005mm 的颗粒含量大于 60% 时，为不冻胀土；

5. 当碎石类土的填充物大于全部质量的 40% 时，其冻胀性按填充物土的类别判定；

6. 隔水层指季节冻结、季节融化活动层内的隔水层。

2.6　多年冻土的力学性质

冻土是一种"低温水化岩石"。在低温条件下，冻土的瞬时强度很高，可与一般混凝土相比，具有岩石的物理和力学特性。冻土融化时，结构失去稳定，土体强度降低，甚至完全损失，同时产生大量下沉。冻土力学特性的主要影响因素是冻土中冰和未冻水的含量。冻土的强度主要来自冻土的黏聚力，其大小取决于土的种类、冻土温度和含冰率[4]。与一般岩石的力学特性相比，冻土的力学性质具有如下特点：

（1）冻土的力学性质是不稳定的；

（2）长期荷载作用下，冻土具有明显的流变性；

（3）坚硬冻土是不可压缩的，但高温塑性冻土则是可压缩的；

（4）冻土融化时，其结构是不稳定的，具有大的下沉性和压缩性。

在冻土工程中，冻土力学方面关注的指标主要有：冻结强度、冻土的流变特性以及冻融土的抗剪强度；冻胀量、冻胀力及冻胀率，其中冻胀力主要包括法向冻胀力、切向冻胀力及水平冻胀力；融沉系数与融化压缩系数；地基承载力等。

1）抗剪强度

对于冻土，由于存在冰和未冻水，故冻土的强度指标是变化的。冻土的抗剪强度除与冻土骨架的矿物组成、结构构造有关外，还与冻土温度及外荷作用时间有关，其中负温的影响十分显著。据青藏高原风火山地区资料，在其他条件相同的情况下，冻土温度$-1.5℃$时的长期黏聚力$c = 82kPa$，而$-2.3℃$时$c = 134kPa$，相应的冻土极限荷载P_u为420kPa和690kPa。

实践表明，用球形压模试验可更有效测定冻土的抗剪强度。用球形压模仪测定的黏聚力是冻土抗剪强度的一个综合指标，它既考虑了黏聚力，又在一定程度上考虑了内摩擦力。

融化地基土的抗剪强度主要受细粒土含量、地基土的密实度及含水率控制。在融化状态下，粗颗粒土的抗剪强度受其细粒土的含量影响，抗剪强度随地基土密实度的增大而增大，地基土的抗剪强度随含水率的增加而降低。

青藏直流联网工程沿线地基土原状冻土直剪试验c、φ值见表2-7。冻结重塑土直剪试验c、φ值见表2-8。原状融化土直剪试验c、φ值见表2-9。重塑融化土直剪试验c、φ值见表2-10。通过分析直剪试验结果可知，由于原状土和重塑土存在结构、微裂隙及冰晶体的不均匀分布等差异特性，使样品在受力过程中，出现不同特性的应力集中现象，导致两者的剪切应力-应变曲线出现明显不同，而且相同状态下，原状土的剪切强度要远低于重塑冻土。因此，在重塑样品试验结果的应用过程中，力学参数的取值还需进一步深入研究。

原状冻土直剪试验成果　　　　　　　　　　　　表2-7

含冰率		饱冰	富冰	多冰
c/kPa	粉质黏土	232.4	185.3	171.0
	粉土 A	273.6	—	—
	粉土 B	331.0	—	—
	粉砂	106.0	—	—
$\varphi/°$	粉质黏土	30.1	31.8	37.3
	粉土 A	40.0	—	—
	粉土 B	39.8	—	—
	粉砂	47.4	—	—

冻结重塑土直剪试验成果　　　　　　　　　　　　表2-8

含冰率		饱冰	富冰	多冰
c/kPa	细砂密实	409.2	173.5	80.7
	粉砂密实	77.0	142.0	72.0
	粉质黏土密实	299.5	246.9	206.0
	细砂松散	224.0	16.0	66.5
	粉砂松散	87.0	11.4	5.0

续表

含冰率		饱冰	富冰	多冰
c/kPa	粉质黏土松散	85.0	154.0	40.4
$\varphi/°$	细砂密实	54.8	46.4	33.4
	粉砂密实	31.7	13.3	24.0
	粉质黏土密实	35.6	26.7	50.2
	细砂松散	17.6	21.6	33.1
	粉砂松散	34.4	37.9	38.3
	粉质黏土松散	28.1	25.6	41.4

原状融化土直剪试验成果　　　　　　　　　　表 2-9

含冰率		饱冰	富冰	多冰
c/kPa	粉质黏土	0	0	0
	粉土 B	0	0	0
	粉土 A	0	0	0
	粉砂	0	—	—
$\varphi/°$	粉质黏土	25.4	29.3	31.8
	粉土 B	30.5	33.6	36.1
	粉土 A	28.9	29.9	32.2
	粉砂	32.9	—	—

重塑融化土直剪试验成果　　　　　　　　　　表 2-10

含冰率		饱冰	富冰	多冰
c/kPa	细砂密实	0	0	0
	粉砂密实	0	0	0
	粉质黏土密实	4	7.7	7.9
	细砂松散	0	0	0
	粉砂松散	0	0	0
	粉质黏土松散	13.0	0.5	0.6
$\varphi/°$	细砂密实	26.8	27.6	27.1
	粉砂密实	34.5	34.3	32.9
	粉质黏土密实	29.7	27.2	26.5
	细砂松散	29.9	30.2	26.1
	粉砂松散	33.8	33.7	32.3
	粉质黏土松散	29.2	29.2	28.8

青藏直流联网工程通过原状土和重塑土抗剪强度试验分析，可获得如下认识：

（1）总含水率：试验研究表明含水率是影响冻土抗剪强度的主要因素之一。冻土中的水包括未冻水和冰，冰是其中的重要组成部分。冻土中的冰具有强烈的流变性，甚至在极小的应力下，都会出现黏塑性变形（流动变形），从而决定了冻土性质的不稳定性。对于不饱和的土，冻土强度随含水率的增大而增大，当含水率达到饱和后，随着含水率的增加，冻土强度反而会降低。

（2）土颗粒成分与大小：土的颗粒成分是影响冻土抗剪强度的重要因素。在其他条件相同时，粗颗粒愈多，冻土抗剪强度愈高，反之则低，这是由于土中所含结合水的差异造成的。在粗砂、砾砂和砾石等粗颗粒土中结合水含量较少，形成冻土后几乎无未冻水，冻土强度高。在黏性土中，其颗粒较细、比表面积大，含有大量的吸附水和薄膜水，吸附水一般不易冻结，因而黏性土中的未冻水含量高，冻土强度低。

（3）密实度：密实度是影响冻土抗剪强度的重要因素，由试验可以看出，松散状态下的强度远小于密实状态。而密实状态下重塑土的密度和原状土是接近的，因此若土样制备过程中采取相对松散的状态指标，获得的抗剪强度指标有可能偏于保守。

（4）冻融状态：冻结状态下各种土质的抗剪强度要远高于融化状态下的抗剪强度。土体在冻结后的强度与负温几乎呈线性关系。冰的存在使冻土成为一种对温度极为敏感的岩土介质，且冻土本身也具有流变性。虽然土体冻结时的强度相当于次坚石，但是融化后将成泥浆状，从而严重丧失承载能力，极易导致工程结构物失稳与失效。受全球气候转暖的影响，多年冻土不可避免地要发生退化，保持多年冻土的冻结状态尤为重要。

玉树联网工程在饱冰、富冰、多冰三种冻土类别下，对沿线典型的角砾、砾砂、粉土及粉质黏土四种岩性的地基土进行抗剪试验，冻结状态下地基土的黏聚力见表2-11，融化地基土的抗剪强度见表2-12。试验研究表明：冻土中含冰率的多少是影响冻土抗剪强度的主要因素之一。由于冻土中的冰具有强烈的流变性，甚至在极小的应力下，都会出现黏塑性变形（流动变形），从而决定了冻土性质的不稳定性。对于不饱和的土，冻土强度随含水率的增大而增大；当含水率达到饱和后，随着含水率的增加，冻土强度反而会降低。

冻结地基土的黏聚力　　　　　　　　　　　　表2-11

岩性	饱冰冻土/kPa	富冰冻土/kPa	多冰冻土/kPa
角砾	36～82	70～104	21～22
砾砂	24～30	16～47	29～33
粉质黏土	25～100	47～74	15～40
粉土	21～27	32～84	44～79

不同含水率地基土融化状态下的抗剪强度　　　　　　表2-12

岩性	含水率<10%		含水率10%～20%		含水率>20%	
	c/kPa	φ/°	c/kPa	φ/°	c/kPa	φ/°
角砾	8.5	29.8	7.5～8.0	27.5～27.9	11.0～12.5	30.5～31.1
砾砂	4.0	29.2	1.5～6.9	24.5～32.7	2.0～4.5	22.0～31.9

续表

岩性	含水率<10%		含水率10%～20%		含水率>20%	
	c/kPa	φ/°	c/kPa	φ/°	c/kPa	φ/°
粉质黏土	10.0～20.0	27.3～35.0	12.0～28.0	21.5～28.9	23.5～25.4	27.8～28.7
粉土	11.5	34.2	10.0～12.6	27.7～28.3	—	—

2）冻胀试验

土冻结时的水分迁移过程使水分得以相对集中，是引起冻胀的基本原因。冻胀受土的类型、水分补给条件、含水率、土中盐分、冻结速率、外压力的制约，是产生某些冻土现象和建筑物冻害的主要原因之一。

冻胀量室内试验采用原状土融化后形成的扰动土样制备的试样进行，青藏直流联网工程主要研究了输电线路沿线3种典型土质类型（粉土、粉砂、细砂）及3种冻土含冰类型（多冰、富冰、饱冰）重塑土在开放（补水）条件下的冻胀率，并对不同岩性、不同条件下的冻土冻胀力进行了分析。不同初始含水率及干密度细砂土在开放（补水）条件下的冻胀试验结果见表2-13。由试验结果可知，所有试验条件下细砂土的冻胀率均较小（小于1%），基本属于不冻胀土类型。不同初始含水率及干密度粉砂土在开放（补水）条件下的冻胀试验结果见表2-14，所有试验条件下粉砂土的冻胀率均较小（小于1%），基本属于不冻胀土类型。但考虑到本次试验时间较短，且与规范给出的数值相差较大，还需结合工程现场试验确定。

重塑细砂冻胀试验结果　　　　　　　　　　表 2-13

试样编号	初始含水率/%	干密度/（g/cm³）	试后含水率/%			冻胀率/%	冻土类型
			上	中	下		
S-1	9.6	1.66	15.8	14.4	9.8	0.66	少冰冻土
S-2	9.6	1.78	9.7	10.3	12.1	0.40	
S-3	15.4	1.71	14.7	16.7	12.4	0.23	多冰冻土
S-4	19.5	1.30	24.5	25.2	15.2	0.80	富冰冻土
S-5	23.8	1.32	22.7	24.3	20.6	0.49	
S-6	28.0	1.19	25.9	22.8	19.9	−0.12	饱冰冻土

重塑粉砂冻胀试验结果　　　　　　　　　　表 2-14

试样编号	初始含水率/%	干密度/（g/cm³）	试后含水率/%			冻胀率/%	冻土类型
			上	中	下		
F-1	10.0	1.69	10.8	17.4	13.9	0.59	少冰冻土
F-2	10.0	1.96	19.3	20.8	13.9	0.41	
F-3	15.0	1.89	15.7	13.4	14.7	0.37	多冰冻土
F-4	20.0	1.75	23.8	19.0	15.2	0.47	富冰冻土
F-5	24.1	1.30	28.0	24.0	23.8	0.45	
F-6	27.9	1.17	26.6	22.3	19.0	0.65	饱冰冻土

不同初始含水率及干密度粉土在开放（补水）条件下的冻胀试验结果见表2-15（由于试验时间所限，表中所列冻胀率为试样冻结120h内的冻胀率）。由结果可知，所有试验条件下当粉土的初始含水率在塑限附近时（15%～20%），其冻胀率最大，为特强冻胀土类型。随着初始含水率的进一步增大，冻胀率有所减小，但均为强冻胀或冻胀土类型。工程设计中必须给予高度重视，并采取有效防治措施。

重塑粉土冻胀试验结果　　　　　　　　　　　　　　表 2-15

试样编号	初始含水率/%	干密度/（g/cm³）	试后含水率/%			冻胀率/%	冻土类型
			上	中	下		
N-1	15.3	1.60	15.6	17.3	39.3	12.30	少冰冻土
N-2	14.9	1.90	15.2	18.4	72.4	26.58	
N-3	19.9	1.73	21.1	27.1	83.2	37.87	多冰冻土
N-4	24.9	1.64	28.6	24.2	54.7	20.91	富冰冻土
N-5	30.5	1.51	34.0	28.5	34.4	7.01	
N-6	35.2	1.00	48.8	38.5	59.4	11.10	饱冰冻土

玉树联网工程对沿线的角砾、砾砂、粉土及粉质黏土在不同含水状态下基土的冻胀率进行汇总，见表2-16。从冻胀试验分析可知：在补水条件下，土体的冻胀率是在一定的含水率区间内，随着含水率的增加而增加的；在相同密度及含水率工况下，细粒土的冻胀率总体呈现出比粗粒土大的特性；对于同一类型的地基土，在相同饱和度条件下，随着密度增加，土体的冻胀率有减小的特性。

不同含水率下地基土的冻胀率（单位：%）　　　　　　　　　表 2-16

岩性	含水率<10%	含水率10%～20%	含水率>20%
角砾	10.9～21.5	23.1～32.1	12.7
砾砂	4.6～18.3	13.3～19.4	8.7～33.7
粉质黏土	—	31.8～34.3	13.1～49.8
粉土	21.8～28.3	10.9～37.1	27.0～44.4

3）融沉试验

冻土融沉是指冻土融化时的下沉现象，包括与外荷载无关的融化沉降和与外荷载直接相关的压密沉降，融化压缩是冻土力学的重要特性之一。在多年冻土区，地基土的融化下沉作用往往是引起工程建（构）筑物沉降的主要原因。大量的试验研究表明，冻土的融沉系数取决于土的含水率、干密度及孔隙比等因素。

青藏直流联网工程根据沿线冻土特点，主要研究了输电线路沿线3种典型土质类型（粉质黏土、粉土、细砂）及3种冻土含冰类型（多冰、富冰、饱冰）原状土在无荷载条件下自上而下融化时的融沉系数和融化后在外荷载作用下的压缩系数。不同初始含水率及干密度砂土在上端恒温条件下的融化压缩试验结果见表2-17，不同初始含水率及干密度粉土在上端恒温条件下的融化压缩试验结果见表 2-18，不同初始含水率及干密度粉质黏土在上端恒温条件下的融化压缩试验结果见表 2-19。由试验结果可知，冻土的融沉系数随着含水率的增大而增大，随着干密度的增大而减小；砂土的融化压缩系数随着含水率的增大而增大；粉土和粉质黏土的压缩系数随着含水率的增大而减小。

冻结原状砂土融化压缩试验结果　　　　　　表 2-17

土质类型	冻土类型	天然含水率/%	干密度/（g/cm³）	土样直径/mm	土样高度/mm	融沉系数/%	融化压缩系数/MPa⁻¹
砂土	富冰冻土	18.4	1.73	100	51.0	2.46	0.08
砂土	饱冰冻土	35.6	1.25	100	51.5	8.43	0.43
砂土	饱冰冻土	40.2	1.22	100	52.5	12.04	0.47

冻结原状粉土融化压缩试验结果　　　　　　表 2-18

土质类型	冻土类型	天然含水率/%	干密度/（g/cm³）	土样直径/mm	土样高度/mm	融沉系数/%	融化压缩系数/MPa⁻¹
粉土	富冰冻土	22.4	1.61	100.0	52.0	3.30	0.33
粉土	饱冰冻土	34.8	1.35	100.0	52.0	25.88	0.17
粉土	含土冰层	110.0	0.52	99.6	55.7	77.27	0.06

冻结原状粉质黏土融化压缩试验结果　　　　　　表 2-19

土质类型	冻土类型	天然含水率/%	干密度/（g/cm³）	土样直径/mm	土样高度/mm	融沉系数/%	融化压缩系数/MPa⁻¹
粉质黏土	饱冰冻土	47.4	1.13	100.0	56.0	39.33	0.23
粉质黏土	富冰冻土	26.2	1.45	99.9	51.0	3.31	0.63
粉质黏土	饱冰冻土	41.1	1.18	100.0	51.4	37.24	0.02

　　玉树联网工程沿线的角砾、砾砂、粉土及粉质黏土不同，含冰状态原状土在恒温条件自上而下融化时的融沉系数和融化压缩系数见表 2-20。通过试验发现，含冰率对各类土的融沉性影响很明显，通常情况下，含冰率越高，其融沉系数越大；地基土的颗粒组成对融沉性也有较大影响，粗粒含量越高，地基土孔隙比越大，融沉特性越明显。

不同含冰状态下地基土的融沉系数和融化压缩系数　　　　　　表 2-20

岩性	饱冰		富冰		多冰	
	融沉系数/%	融化压缩系数/MPa⁻¹	融沉系数/%	融化压缩系数/MPa⁻¹	融沉系数/%	融化压缩系数/MPa⁻¹
角砾	0.8～7.2	0.28～0.93	0.3～1.6	0.18～0.27	0.9～4.1	—
砾砂	27.4～39.1	0.31～0.55	3.0～5.1	0.20～1.66	0.3	0.26
粉质黏土	7.0～10.3	0.60～0.80	2.2～13.7	0.21～0.96	1.5	0.24
粉土	3.0～4.3	0.65～1.10	2.4～5.6	0.22～0.60	4.8	0.40

　4）冻土剪切流变

　　冻土中由于冰和未冻水的存在而具有强烈的流变性质。冻土中赋存的冰包裹体在极小荷载作用下将发生塑性流动和冰晶体的重新定向。与此同时，冻土中未冻结的黏滞性水膜的存在，造成了冻土在施加任意附加荷载时都将产生明显的流变过程，导致冻土发生蠕变及强度降低。

青藏直流联网工程主要以重塑土样品进行测试，分析了 3 种地基土类型（粉质黏土、粉砂、细砂）、3 种冻土含冰类型（饱冰、富冰及多冰）在高温（−2℃）状态下的剪切流变特性，确定了高温冻土的长期剪切强度特性。冻结粉质黏土剪切蠕变曲线见图 2-2，粉砂剪切蠕变曲线见图 2-3，细砂剪切蠕变曲线见图 2-4。试验结果分析表明：

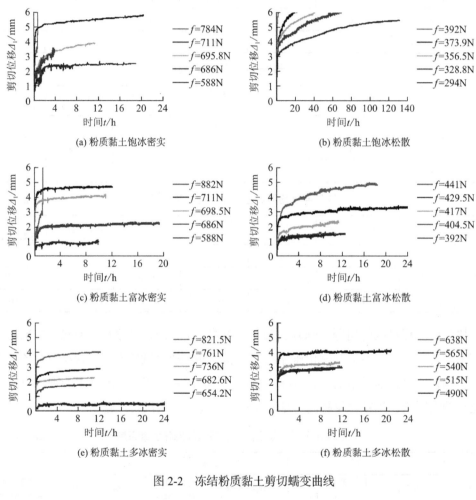

图 2-2　冻结粉质黏土剪切蠕变曲线

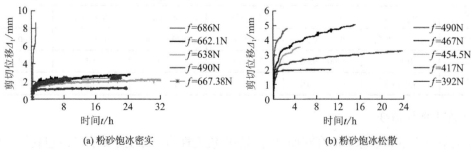

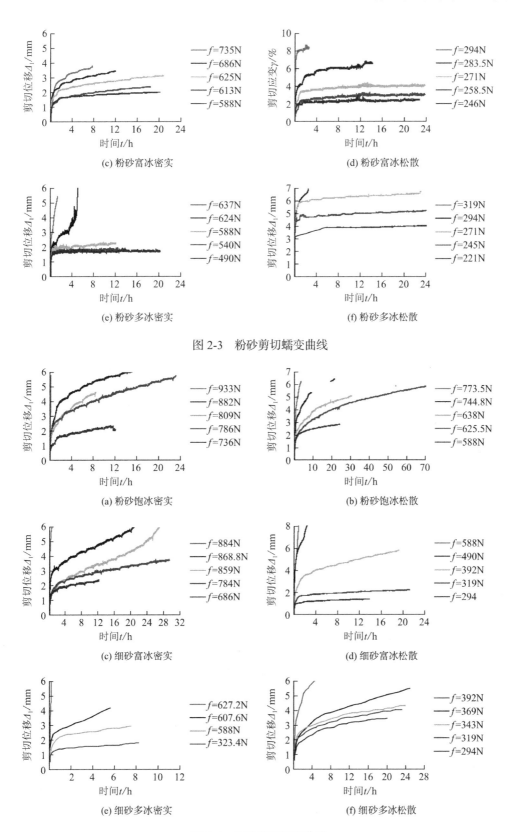

图 2-3　粉砂剪切蠕变曲线

图 2-4　细砂剪切蠕变曲线

（1）在较高的剪切荷载作用下，不同土质冻结重塑土的剪切流变过程均具有三个明显的阶段，即衰减蠕变、稳定蠕变和加速蠕变；

（2）从不同地基土、不同含冰率、不同密实度下的冻土蠕变曲线中可以看出，在剪切蠕变荷载小于达到出现加速蠕变所需要的最小荷载之前，各级剪切荷载作用下冻土稳定蠕变变形占总蠕变变形的比例大，即土样较长蠕变时间内都能保持蠕变变形速率恒定的趋势；

（3）不同地基土及不同含冰条件下，冻土的剪切强度具有随时间强烈衰减的特征，其长期抗剪强度远小于瞬时抗剪强度；

（4）不同地基土及不同含冰率下冻土的长期强度规律与冻结重塑土直剪试验结果一致，即重塑粉质黏土的长期强度最高，细砂和粉砂次之。

5）冻胀力

土体冻结时，由于冻结水分迁移和分凝冰的形成，产生冻胀应力，引起土颗粒位移。在基础区作用范围内，地表变形受到基础的约束，冻胀应力就直接或间接地作用在基础上，使建筑物发生位移和变形。土体冻胀变形受到基础约束越大，冻胀扩张应力也越大。

基础受到的冻胀力主要分为切向冻胀力、水平冻胀力和垂直冻胀力三类（图 2-5）。

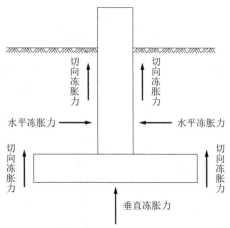

图 2-5　作用于建筑物基础上的冻胀力示意图

（1）切向冻胀力：平行作用于基础侧表面上的冻胀力。影响切向冻胀力大小的因素包括：土的类型和成分、土温随时间和深度的变化、冻结速率、未冻结水含量、基础表面类型、超载压力和基础荷载等。一般来说，当活动层冻结深度达到最大冻结深度的 1/2～2/3 时，切向冻胀力达到最大切向冻胀力总值的 80% 左右，之后随着冻结深度的增加，切向冻胀力处于缓慢增大状态。无试验资料时，切向冻胀力标准值可按表 2-21 取值。

切向冻胀力标准值　　　　　　　　　　　　　　　　　　　　　　　表 2-21

冻胀类别	弱冻胀土	冻胀土	强冻胀土	特强冻胀土
切向冻胀力标准值 τ_d/kPa	$30 \leqslant \tau_d \leqslant 60$	$60 < \tau_d \leqslant 80$	$80 < \tau_d \leqslant 120$	$120 < \tau_d \leqslant 150$

切向冻胀力会对基础产生冻拔作用，使基础埋深逐年减小，或将基础拔断/拉断（上拔作用），导致基础失去稳定性。在季节性冻土区，需要重点关注切向冻胀力对基础的影响，尤其在中深季节冻土地区，应根据地基土冻胀性适当采取减小基础侧面切向冻胀力危害的工程措施。由于地质复杂地段的土体类型、水分状况、地貌特征等随机性因素的影响，季节性冻土深度需要结合现场勘察资料、当地气象资料及"中国季节冻土标准冻深线图"综合确定。输电线路经过地区大多为高山、无人地区，气象资料相对缺乏，这时需对"中国季节冻土标准冻深线图"进行适当的修正。

（2）水平冻胀力：垂直作用于基础侧表面上的冻胀力，故也称侧面法向冻胀力。建（构）筑物的基础形式及置于冻土中的部位不同，所受到的水平冻胀力大小往往也不同。水平冻胀力通常在 1/3～2/3 基础高处达到最大。当顶部含水率较大时，水平冻胀力最大值偏于顶部。水平冻胀力与所填土土质、含水率有关。通常情况下，土质与水平冻胀力的关系是：黏土：中砂：砂土：砾石土为 1 : 0.75 : 0.67 : 0.2。无试验资料时，水平冻胀力标准值可按表 2-22 取值。冻胀作用产生水平冻胀力，当基础两侧冻胀力不平衡时，会产生水平推力，造成线路基础发生水平位移。如青藏铁路 110kV 输变电工程少数塔基发生了水平位移，最大达 13cm。

水平冻胀力标准值　　　　　　　　　　　表 2-22

冻胀等级	不冻胀	弱冻胀	冻胀	强冻胀	特强冻胀
冻胀率 η/%	$\eta \leqslant 1$	$1 < \eta \leqslant 3.5$	$3.5 < \eta \leqslant 6$	$6 < \eta \leqslant 12$	$\eta > 12$
水平冻胀力标准值 σ_h/kPa	$\sigma_h < 15$	$15 \leqslant \sigma_h < 70$	$70 \leqslant \sigma_h < 120$	$120 \leqslant \sigma_h < 200$	$\sigma > 200$

（3）垂直冻胀力：垂直作用于基础底面上的冻胀力。土质不同垂直冻胀力值亦不同，其大小排序为：粉土>粉质黏土>黏土>细砂>粗砂。水分补给条件对垂直冻胀力值的大小有着重要影响。当地下水埋深较浅时，土在冻结过程中，丰富的水量将源源不断地向冻结锋面迁移并冻结成冰，土体积的增大对基础产生了更大的垂直冻胀力。当基础埋深达 1/2～2/3 最大冻结深度时，垂直冻胀力便可减少 85%左右。输电线路基础埋深一般在活动层以下，对衔接多年冻土地基，输电线路基础底面应嵌固在多年冻土中，以消除基底垂直冻胀力作用，故垂直冻胀力对基础的作用和影响有限，工程中主要考虑切向冻胀力和水平冻胀力。

6）冻土与基础间的冻结强度

埋置于多年冻土中的基础，当地基土回冻时，土与基础冻结后接触面的剪切强度称为冻结强度。影响冻结强度的因素主要有：土的粒度成分、含水率、温度、基础材料类型、基础表面的粗糙度、荷载作用时间等。在无实测资料时，冻土与基础间的冻结强度特征值可按表 2-23 取值。

7）冻土地基承载力

冻土地基承载力，是指地基冻土的极限长期强度值（包括极限长期抗压强度和极限长期冻结强度），是由地基"载荷试验"或"极限应力状态理论"分析计算确定的冻土力学参数特征值。对于冻土,特别是冻结黏性土,在总抗剪强度中,黏聚力占主导地位,比未冻土大10倍以上。地基冻土承载力可按以下几种方法确定:

（1）利用邻近地区的建筑经验确定,可根据建筑地段的工程地质条件,综合分析确定地基承载力。

（2）可用现场静载荷试验得到地基冻土的比例界限或极限荷载,而后确定地基承载力。

（3）冻土地基承载力无实测资料时,可查有关标准的规定取值。

（4）可按理论公式计算出起始临界荷载或极限临界荷载后确定。

冻土与基础间的冻结强度特征值f_{ca}（单位：kPa）　　　　　表 2-23

融沉等级	土类	地温/℃				
		−1.0	−1.5	−2.0	−2.5	−3.0
Ⅲ	粉土、黏性土	85	115	145	170	200
Ⅱ		60	80	100	120	140
Ⅰ、Ⅳ		40	60	70	85	100
Ⅴ		30	40	50	55	65
Ⅲ	砂土	100	130	165	200	230
Ⅱ		80	100	130	155	180
Ⅰ、Ⅳ		50	70	85	100	115
Ⅴ		30	35	40	50	60
Ⅲ	砾石土（粒径小于0.075mm的颗粒含量小于等于10%）	80	100	130	155	180
Ⅱ		60	80	100	120	135
Ⅰ、Ⅳ		50	60	70	85	95
Ⅴ		30	40	45	55	65
Ⅲ	砾石土（粒径小于0.075mm的颗粒含量大于10%）	85	115	150	170	200
Ⅱ		70	90	115	140	160
Ⅰ、Ⅳ		50	70	85	95	115
Ⅴ		30	35	45	55	60

2.7　多年冻土的物理性质

冻土区别于常规融土的最本质特征是冰的存在,也就是说,通常研究的松散土体的力学体系是按三相体考虑的,当土体冻结后,冻土力学研究的则是四相体系的力学,即固体矿物颗粒、冰包裹体、未冻水及气体（水汽和空气）。冻土四相成分的相互连接关系与冻结过程中各相成分的组合排列密切相关,构成极其复杂的冻土冷生构造。这也造就了冻土区别于非冻土的一些特殊物理力学特性指标。

冻土的物理性质主要包括基本物理性质和热物理性质。冻土既具有一般土类的共性，又是一种冰胶结而具有特殊性质的多相复杂体系，与其他土类相比较，其最大的特点就是在热力学方面的不稳定性。热物理性质是冻土区别于非冻土的主要特征。

1）冻土的基本物理性质

（1）冻土总含水率：是指冻土中所有冰和未冻水的总质量与冻土骨架质量之比。即天然温度的冻土试样，在 105～110℃下烘至恒重时，失去的水的质量与干土的质量之比。

（2）冻土相对含冰率：指冰的质量与冻土中全部水的质量之比。

（3）冻土质量含冰率：指冻土中冰的质量与冻土中干土质量之比。

（4）冻土体积含冰率：指冻土中冰的体积与冻土总体积之比。

（5）冻土未冻水含率：在一定负温条件下，冻土中未冻水质量与干土质量之比。

2）冻土的热物理性质

冻土的热物理特性是指冻土传递热量、蓄热和均衡温度的能力，一般用导热系数 λ、热容量 C 和导温系数 α 来描述。导热系数是表征固体物质传递热量的能力，冻土的导热系数决定于组成冻土的矿物颗粒、冰、水和气体的导热系数，即取决于组成冻土的各相成分的导热系数，可通过现场试验和实验室试验确定，亦可根据冻土的岩性成分、干密度和含水率从有关标准中查取。热容量是表征物体蓄热能力的物理量，为 1kg 物质温度升高 1℃所需的热量（kcal/kg）。导温系数是指物体中某一点在相邻点温度变化时改变自身温度的能力，即导温系数是描述物体温度场中各点温度平衡快慢的物理量。导温系数 α 与导热系数 λ 和热容量 C 有下列关系：

$$\alpha = \lambda/C \tag{2-3}$$

式中：C——土的容积热容量（kcal/m³）。

2.8　多年冻土区的地下水

在多年冻土区，由于冻土的存在使地下水的埋藏条件和分布规律更加复杂化。多年冻土是隔水层，区域性分布的多年冻土改变了地下水的埋藏、补给、径流和排泄条件。按含水层与多年冻土层的关系，多年冻土区的地下水可分为冻结层上水、冻结层间水、冻结层下水三种类型（图 2-6）。其中，冻结层间水少见。对基础开挖影响最大的是冻结层上水。

（1）冻结层上水：埋藏于多年冻土上限以上，冻土层为冻土层上水的隔水底板；

（2）冻结层间水：埋藏于多年冻土层中；

（3）冻结层下水：埋藏于多年冻土层以下，冻土层是冻土层下水的隔水顶板。

多年冻土区地下水条件及水化学类型等均受多年冻土的制约，而地下水存在和运动又不同程度地改变着多年冻土的分布特征，两者相互制约、相互作用。

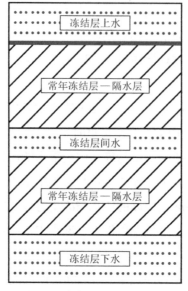

图 2-6　多年冻土区的地下水

（1）水文地质条件受多年冻土分布的制约。多年冻土层作为隔水层削弱和阻碍了地下水在水平和垂直方向的补给和运动。多年冻土分布控制着地下水的埋藏、分布及水化学特征，致使区域水文地质条件复杂化，如冻结层上水的含水层厚度、水量、水温、相态、水化学特征及水动力性质等均具有季节性的变化，在融化季节内一般具有潜水性质；而当季节融化层冻结到一定深度时，冻结层上水则具有局部承压的性质。

（2）地下水对多年冻土的影响。地下水对多年冻土层起加温作用，导致多年冻土平面分布的连续性变差和厚度变薄，并对多年冻土的形成和演化有极大的影响。地下水在运动过程中产生和释放热量，使本身含水层及邻近的多年冻土层地温升高。冻结层下水能使上覆的多年冻土层增温、减小多年冻土层厚度、增大地温梯度，如青藏高原的楚玛尔河高平原、通天河和沱沱河等盆地的冻结层下水发育，并普遍具有承压性，致使这些地段多年冻土层较薄、地温高。

地下热水可造成大片融区，如在青藏高原布曲河两侧有大量温泉出露。温泉群中最大单泉流量为 720m³/d，最高水温达 72℃，整个谷地为地热异常带，抑制了多年冻土的发育。

2.9　多年冻土上限及其变化特点

在一年四季地气热量交换过程中，地表经受季节冻结和季节融化作用的土层，称为季节冻结层和季节融化层。季节冻结层特指季节冻土区在冬季所能形成的冻结层；季节融化层特指多年冻土区在暖季所能形成的融化层，该层有时统称为季节活动层。在多年冻土区所能达到的最大深度即为季节融化深度，由于该深度以下为多年冻土，因此该深度也称为多年冻土的上限深度，简称冻土上限。

在冻土工程界，习惯上将多年冻土上限分为天然上限和人为上限。天然上限是指天然条件下，多年冻土层的顶面；人为上限是指在工程建（构）筑物影响下，地基多年冻土层的顶面。人为上限的埋深和形态与冻土工程类型和工程周围的冻土环境有关，受施工扰动时，需要适当向下延伸。

青藏高原多年冻土区根据年冻结融化过程中季节融化层的温度状况的不同特征，基本可将季节活动层的年变化过程划分为 4 个阶段，即夏季的融化过程、秋季的冻结过程、冬季的降温过程和春季的升温过程。季节融化层的发育过程一般是：严冬过后，3 月底至 4 月初气温升高，但仍在 0℃上下波动，冻土表层时冻时融，可形成 0.1～0.3m 厚的不稳定季节融化层；到 4 月中、下旬至 5 月上旬期间进入稳定融化阶段，大致在 9 月下旬至 10 月上旬（部分地区可在 10 月下旬至 11 月上旬）达到最大融化深度。与此同时，地面开始自上而下的冻结，与多年冻土上限处自下而上的冻结逐渐汇合，在 12 月下旬（有时至翌年 2 月中）季节融化层可全部冻透。由此可见，季节融化过程要历时 5～6 个月之久。

1）多年冻土上限的影响因素

多年冻土上限的大小是众多因素综合的结果，除了受海拔高度、纬度的控制和影响外，同时还受地基土类型（表 2-24）、土体含水率、含冰率、年平均气温、下垫层类型等因素的影响和控制。前者属于纬度与高度的地带性因素，后者属于局地性因素。总的趋势是，季节融化深度随纬度和海拔的升高而减小，在气候因素的影响下，一般海拔高度越高，多年冻土上限和融化深度越小。土颗粒越细，含水率及含冰率越大，季节冻结与融化深度则越小。青藏高原的细粒土，最大融化深度为 1.0～2.5m，基岩裸露的山顶、山坡一般为 3～5m，植被较发育的草皮下为 0.9～1.5m。阴阳坡向不同，接受太阳辐射热量不同，阳坡的季节冻结与融化深度均较小，阴坡则大，其差值为 0.1～1.0m。青藏高原冻土上限与各因素的关系可总结为图 2-7。

青藏直流线路沿线多年冻土上限深度　　　　表 2-24

地　段	黏性土/m	砂类土/m	碎石类土/m
西大滩	2.0～2.5	2.5～3.0	2.5～3.5
昆仑山区	1.0～1.6	1.5～2.0	1.7～3.5
楚马尔河	1.5～2.0	1.8～2.5	2.2～3.5
五道梁	1.2～2.5	1.8～2.8	2.5～3.0
可可西里山	1.5～2.4		2.0～3.5
秀水河	2.0～2.5	1.4～1.5	2.0～3.5
风火山	0.8～2.1	1.7～1.8	1.5～2.8
沱沱河	2.0～2.5	2.2～3.0	1.6～3.5
开心岭	2.3～2.5		2.4～4.0
唐古拉山北	1.8～2.5	1.6～4.2	2.0～3.0

地　段	黏性土/m	砂类土/m	碎石类土/m
唐古拉山南	1.5~2.5		2.0~3.5
扎加藏布河	1.5~2.5	2.5~3.0	2.0~3.5
头二九山地	1.5~2.5	2.5~3.0	2.5~3.5
113 道班	1.5~2.5	2.5~3.0	2.5~3.0
114 道班	1.5~2.5	2.5~3.0	3.0~3.5

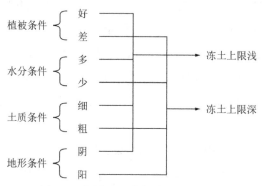

图 2-7　各影响因素与冻土上限关系

2）多年冻土上限的分布规律

季节融化层的厚度是地气热量交换强度产物，如果季节融化层底面年平均温度远低于 0℃，多年冻土处于强烈放热状态，即冻结处于不断积累状态，多年冻土上限会随之不断减少；如果年平均温度远高于 0℃，多年冻土处于强烈吸热和快速退化状态，冻土极不稳定，多年冻土上限会不断增加，并出现融化夹层。由于地表热边界条件对冻土上限具有重要控制作用，在受经纬度地带性因素影响的同时，海拔高度、岩性、含水率、坡向、植被等局地性因素也对该条件产生重要影响。正是由于影响因素的多样性，引起多年冻土上限分布的不确定性和多变性。即便在同一地区，由于地表性状的不同也会引起冻土上限的不同。

3）多年冻土上限的确定

根据不同季节测定的融化深度，通过换算可以确定冻土上限深度。确定融化深度有多种方法，工程中根据实际情况灵活选用最适合的方法，有时可同时使用几种方法相互对照比较得出精确值。

（1）挖探-冻土构造分析法：季节融化层由于受到反复的冻融作用，其水分和冻土构造具有一定的分布规律，即在上限附近形成一个富冰带，其上部为弱含冰带，在弱含冰带之上又有一个相对含冰率增多的带。一般将弱含冰带和其下的富含冰带界面处定为上限。在不同岩性、水分条件下，冻土构造特征有所不同，下面以 3 种典型土为例。

①细颗粒土为主的冻土构造：整个季节融化层和上限附近的多年冻土含冰率均较大。但上限之下土体中冰层通常是连续的（即厚层地下冰层），上限以上冰层则是非连续的，以

整体状、微层状、网状构造为主；

②砂砾石土为主的冻土构造：在上限之上一般为整体状构造和砾岩状构造，即砂砾石之间仍相接触。上限之下以包裹状构造为主，即砂砾石基本上被冰包围着，以冰为介质相互连接；

③风化岩及破碎带中的冰层构造：在上限之上岩石裂隙部分被冰充填，一般较干燥。但在上限以下裂隙多为冰充填，可见到明显的裂隙冰。冻土构造分析法可在任何时间内挖探采用。依据上述地层剖面上冻土构造和地下冰分布的差异来判定上限位置时，需要野外现场实际经验的积累和判断能力。

（2）挖探-测温法：在土层很干燥的地段，探坑内各深度的冻土构造无明显差别时，则可借助坑壁地温测量方法来判断上限位置。其做法是：在最大融化季节，将刚挖毕的探坑内的背阴侧壁清出新鲜土层剖面，立即在不同深度将温度计探头垂直插入坑壁土内 10～20cm 处，观测地温状况，利用地温变化来判断上限位置。整个操作过程动作要快，以防外界温度对天然地温的影响。

（3）挖探-查表计算法：此方法是建立在工作区及附近有长期浅层地温观测资料的基础上。首先，综合绘制出季节融化层的融化速率图（图 2-8），标出不同时段的融化深度百分率；然后，在融化季节内，在任何时间、任何地点仅需探测当时的天然融化深度，即可在图 2-8 中找出该时间的天然融化深度占最大融化深度的百分比；最后计算出其最大融深值。

（4）地球物理勘探法：在多年冻土区用于探测多年冻土层及其上限位置的地球物理方法主要有电阻率法、探地雷达法、高密度电法、浅层地震法。冻结土层与非冻结土层的含水率、含冰率不同，使其在电阻率、介电常数、地震波速度等方面具有明显差异，成为利用地球物理方法在多年冻土区确定冻土层、上限及地下冰层的应用基础。探地雷达法目前较为普遍地用以探测多年冻土上限，该方法主要在最大融深季节，即每年的 9 月底至 10 月初勘探冻土上限埋深。

（5）观测地温法：通常用直管地温表、热电偶、热敏电阻等温度探头直接连续观测不同深度处的浅层地温，绘制出地温过程线，利用 0℃（或冻结温度）的等温线来确定冻融界面位置，判定出最大季节融深和最大季节冻深。在布置地温观测场时，应同时埋置冻土器，由此可将地温观测资料和冻土器量测结果相互对比，准确地判定其最大季节冻深和最大季节融深值。

（6）冻土器测量法：目前我国气象、水文等部门通用的冻土器是仿制苏联出产的 A. И. 达尼林冻土器。如将冻土器埋置在不衔接多年冻土区或季节冻土区内可测得最大季节冻结深度，而埋置在衔接状多年冻土区内可测得最大季节融化深度。

具体做法是：在开展监测的前一年，用坑探或钻探将冻土器埋置在冻土地温观测场内，待地温恢复到施工前的平衡状态时，即可进行连续观测。在每年 9 月底至 10 月初，冻土器胶管中水、冰界面处的刻度即为场地处最大季节融化深度。在每年 4 月其胶管中冻结的冰柱停止再向下发展时，该冰柱的深度即为场地的最大季节冻结深度。

此法很直观，精度较高，但需要人工连续观测。注意冻土器胶管中灌注的水以当地冻土层上水为宜。每年秋末应对冻土器的标高进行复核或修正。

（7）植物根系指示法：多年冻土地区植物生长与冻土关系较密切，一定的植被反映了其下土层的特定热量和水分特性。由于多年冻土层直接阻碍植物根系向下生长，如大兴安岭地区兴安落叶松，树干虽很高大，但树根向下扎的很浅，只能在季节融化层内侧向延伸，故根据密集植物根系向下延伸的深度来间接判定最大季节融深值。

（8）试验分析法：季节融化层在冻结过程中产生水分重分布，其水分分别向两个冻结面（即地表冻结面及上限处冻结面）方向迁移，使中部冻结土层部位成为弱含水带。根据此规律，在挖探坑时，在不同深度取样测含水率，然后绘制垂向的含水率分布图（图2-9）。根据含水率分布曲线判断，图2-9中含水率最大段的上部10～20cm处为冻土上限。

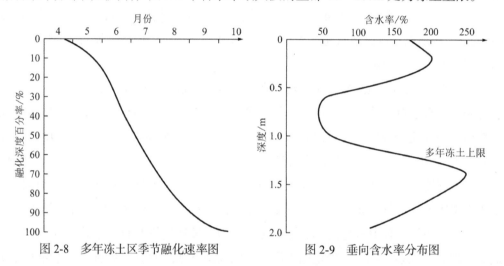

图 2-8 多年冻土区季节融化速率图　　　　图 2-9 垂向含水率分布图

（9）统计查表法：目前多年冻土内有关上限的勘测资料很多，在系统搜集前人资料的基础上，按地区分别对不同岩性、不同含水率及不同植被条件下上限值列成统计表，如得知勘测点的岩性、含水率及植被状况，可利用上述统计表格，查得相似的最大季节融深。

（10）计算法：有关确定季节融深的计算方法很多，各有其边界条件及适用范围，主要有下列几种。

①数理解析法：方法简单、方便，但选用公式时应特别注意选用那些和已知原始资料相近或类似的计算公式，以保证计算结果的精度；

②斯蒂芬解析法：精度较高，其近似解使用方便，但需要大量的气温及土层本身物理特性的资料（徐学祖和付连弟，1983）；

③库德里亚夫采夫公式：能较好地反映出冻融深度与土的岩性、温度场、雪盖、植被、地貌等的关系，使用范围广，解值较准确，至今仍在工程实践中采用；

④经验公式法：国内很多学者在不同地区、不同条件下总结出很多经验或半经验公式来计算季节融深，简单、方便，也能满足一定的精度要求，但应用时应特别注意经验公式

所适用的相关条件。

2.10　不良冻土现象

不良冻土现象是寒区内冷生作用的产物。在寒冷的气候环境下，由岩土中水分冻结与负温条件下温湿变化而产生的应力引起水分迁移，冰的形成和融化、岩土变形及位移、沉积物改造等一系列过程及其伴生的微地貌形态，这些过程通称为冷生作用，其中反复冻融作用是塑造冻土地区地表形态的主要营力。在地表形成一系列特殊的物理地貌形态称为冻土现象，而威胁建（构）筑物稳定性及对生态环境产生破损作用的冻土现象称为不良冻土现象。由于地表岩性、水分、地形、地质、植被等局部条件的差异，在反复冻融过程中则表现出不同的冷生作用营力及其相应的冻土现象。

以冻胀作用为主的不良冻土现象主要有冻胀丘、冰锥和冻胀草丘及泥炭丘等，以热融作用为主的不良冻土现象主要有热融滑塌、热融洼地或热融湖塘、融冻泥流等；因不同粒径的物质在反复冻融分选作用下而形成的不良冻土现象主要有多边形、石环、石海、石河、冻胀斑土及斑状草皮。事实上在同一地点的冻胀和融沉总是随季节变化对建筑物交替地产生作用，有时是等量的脉动，有时以某一方面为主，表现出一定的方向性（周幼吾，2000），如电线杆逐年被拔起就是冻胀和融沉交替作用的结果，但冻胀起主要作用，在冬天当土冻结时，杆受土的冻拔力的作用，与土冻成整体并随着土的冻胀而上升，杆下形成的空隙为土所充填；翌年，在融化季节，土向下融沉，而杆无法再下沉到原位，年复一年，杆就逐年被拔起以致倾倒。

不良冻土现象是冻土工程地质条件的重要因素之一，可以直接影响工程建（构）筑物的安全运营和稳定性，同时因工程建（构）筑物改变了地表条件、冻土条件、水文条件等，又可诱发次生不良冻土现象，因此搞清楚其发生、发展及分布规律具有重要的现实意义。

1）冻胀丘

由于土的差异冻胀作用形成的丘状土体，称为冻胀丘（图 2-10）。冻胀丘的生成和发育与地表水、地下水的类型有关，调查与测绘工作中应加强水文地质条件的调查工作，范围应包括其分布地段和相邻地带。以冻胀丘补给水源的类型进行分类可分为：

（1）冻土层下水补给的冻胀丘：常常形成多年性冻胀丘，规模比较大，直径数十米，高为几米至十几米，核部有巨厚冰层，顶部裂隙发育，分布于断裂带细粒土或地表层覆盖有腐殖粉质黏土、碎石、砾石土层。

（2）冻土层上水补给的冻胀丘：地势低洼，地表潮湿半沼泽化地段及河漫滩附近，冻土层上水发育，往往形成季节性冻胀丘。一般成群片状分布，个体小，直径多为数米，最大者 10m 左右。高小于 1m，表层为含腐殖质细粒土，纯冰层较薄，多为分凝冰，夏季消失。

（3）爆炸性充水（冻胀）丘：多发生于暖季，常出现于 6～8 月，气温上升，丘内压力增大，冲破上覆盖层，发生爆炸。

冻胀丘野外判别方法：

（1）窝穴状洼地的周围有环形分布的块石或土地，这可能是爆炸性冻胀丘的遗址。要特别注意其附近有无丘状地形，调查其附近地下水中 CO_2 等气体含量，以发现有无发生爆炸的潜在威胁。

（2）低地、洼地上大小不一的丘状隆起，有的是保存完整的丘形，有的已局部损坏露出地下冰、流出地下水，有的则完全消融成为有环形埂的椭圆形洼地。除了判别这些是否是现存的冻胀丘或冻胀丘遗迹外，最重要的是通过这些迹象，特别注意地下水流动方向，发现和圈定具有发生冻胀丘的潜在威胁的场地。因为这样的冻胀丘往往是游移性的，在这个具有发育冻胀丘的潜在条件场地上，一处冻胀丘消融，另一处会产生新的冻胀丘。

（3）平坦且主要由细颗粒土组成的地面上，有众多大小不等的碎石堆、石块或直立或斜立，这里可能就是碎石质冰核冻胀丘或其他类型的冻胀丘。

由于冻胀丘对工程的危害性较大，因此，在输电线路塔位选择时，既要注意绕避已有冻胀丘，又要预计到塔位施工后由于新冻土核的形成，水文地质条件的改变，产生新冻胀丘的可能性。

2）冻胀草丘与泥炭丘

由于反复冻融作用使地表草皮裂开，分离形成疙瘩状草丘，个体面积一般为 $0.3\sim0.7m^2$，高 $0.2\sim0.4m$，其间有沟槽及洼地。暖季积水或相互沟通，形成沼泽湿地，这种部位地下冰和多年冻土较发育，尤其在低洼或平坦的部位更为发育。青藏高原南部（西藏境内）比北部降水多，湿度大，所以前者更为发育；个别地段与泥炭丘共生，泥炭丘生长机理和冻胀丘有相似之处，不同点是泥炭丘内冰透镜体薄而且不纯，多属含腐殖质土或泥炭的含土冰层，冰多为分凝作用形成的。泥炭丘一般发育在地表植被较茂密，表层腐殖质比较厚的山间谷地和洼地内，一般以群体出现，往往与冻胀草丘和沼泽湿地相伴生（图 2-11）。

总之上述不良冻土现象均与地表水、地下水及地下冰有密切关系，很多地段几种冻胀现象在沼泽湿地内是共生的。总的来说，沿线南段比北段发育，山岳丘陵地段比高平原发育，同一山地坡下方比中上部发育。

图 2-10　冻胀丘

图 2-11　冻胀草丘

3）冰锥

在多年冻土地区的河滩、阶地、沼泽地及平缓山坡和山麓地带，可形成冰丘。当冰丘被冲破之后，地下水冲出地面或流出地面，边流边冻形成锥状冰体就是冰锥（图 2-12）。按成因可分为冻土层下水冰锥、冻土层上水冰锥及河（湖）冰锥。

图 2-12　冰锥

（1）冻土层下水冰锥：为断裂带上升泉流出漫溢较远处冻结形成冰幔。地貌上多处于山麓、垭口和沟口地带。

（2）冻土层上水冰锥：在山麓冰水-洪积扇前缘、坡积层缓坡的上方，以下降泉出露而形成冰锥，其规模与泉水流量有关。

（3）河（湖）冰锥：当冬季河水表面结冰后，过水断面逐渐变小，河（湖）水流动受到限制而渐具承压性。其上层冰结的越厚，则下部的过水断面越小，流水受压越甚，当压力增加到一定程度时，就冲破了上覆冰层的薄弱点而外溢，外溢的水冻结后就形成了河冰锥。

冰锥野外判别方法：

（1）基岩山坡上有泉水出露的地方，或者在夏季没有泉水出露，但有明显水流痕迹（如大片锈斑）的地方，很可能是冬季的泉冰锥场，要特别注意张性断裂和压性断裂相交的地方发生泉冰锥的可能性。

（2）河岸见侧方侵蚀现象，新鲜的侵蚀槽大致沿河谷纵向延伸，其所处位置较高，有时不同的高度上都有新鲜的侧蚀槽，甚至有时下游的侧蚀槽高于上游，这样的河沟在冬季可能发育过河冰锥，也有可能出现过凌汛。

（3）洪积扇前缘或沼泽化湿地上泉水出露处，都可能是冬季的冰锥场，但冬季的冰锥不一定在夏日的泉眼上。

（4）除注意尚存的各类冰锥外，要特别注意在夏季调查时已经不存在冰锥但具备在秋冬季发生冰锥的地方。

冰锥大多是由承压水造成的，因而在输电线路塔位选择中应特别注意易产生承压水的地质条件，如地面由陡坡进入缓坡地段。地下水出露地面或泉水溢出后冬季随流随冻，也可形成规模较大的覆盖式冰锥场。尤其在人为活动破坏地下水径流条件下，也可促进冰锥的发展和形成新的冰锥。因此，在工程施工中开挖取土等施工开挖问题都可能会引起冰锥的产生。在前期选择性避让同时，对于后期施工建设也需要注意，避免人为性诱发因素。

4）厚层地下冰

厚层地下冰是指厚度大于 0.3m 的冰层（图 2-13）。厚层地下冰融化时产生大的下沉量会引起工程建筑物的严重变形和破坏，也可引起热融滑塌和热融沉陷。在多年冻土分布区，以下一些地段可能发育厚层地下冰。

(a) 青藏高原厚层地下冰   (b) 大兴安岭巨厚地下冰

图 2-13 厚层地下冰

（1）与陡坡毗连的缓坡，其上植被发育程度较好，因为这样的缓坡既有较细的沉积物又有较丰沛的水分补给来源，容易形成地下冰。

（2）两个洪积扇之间的三角形交界洼地，有良好的地下水补给条件和粗细混杂的沉积物，容易形成地下冰。

（3）山间洼地、空冰斗内，地面遍布粗颗粒土，其上出现石环、拔石、石河、冻胀丘，雨后、雪后地表潮湿，春夏汽车行走时甚至出现翻浆或陷车现象，这说明它的下面必有隔水层，如果不是基岩就是地下冰。因为，只有存在隔水层，才有可能使主要由粗颗粒土组成的季节融化层保持潮湿，并有各种冰分选物生成。

（4）潮湿的低地和缓坡上植被浓密，有冻胀丘、冻裂隙或热融沟分布，这里通常有厚层地下冰发育。

（5）沿山坡分布有与细土带相间平行分布的石条，在石条内，石块直立或斜立，石条下可能有地下冰发育。

（6）青藏高原上的长江河源高平原上，由细颗粒土组成的地面上覆盖着大小不等的碎石堆（泥岩泥灰岩冻胀丘），这里常有厚层地下冰发育（当地公路融沉较明显证明了该点）。

（7）在高纬度多年冻土区，植被发育、覆盖率高，冻土多分布于山前坡地、丘陵台地、河谷、山谷及洼地等地段，老头树、杜鹃花、苔藓以及缓坡坡脚等植被稀疏的地段往往是冻土发育的标志。

（8）山坡下有三角形堆土，山坡上有阶梯状呈下宽上窄或不规则形的融沟，其最上部呈单个或多个圈椅状，尽管这时已看不到地下冰出露，但应考虑这里可能是在土的自埋作用下恢复稳定的热融滑塌体，其下面附近可能有厚层地下冰。

（9）由倒石堆转化而成的叶状石冰川（宽度大于长度），具有挤压平台、弧拱和前缘堤，这样的石冰川往往具有分布不均匀的冰核和胶结冰。

（10）漂石、块石组成的冰碛陇上，在暖季，一些地段地面干燥、草绿但覆盖度低，另一些地段潮湿、草黄绿但覆盖度较高并有拔石、翻浆等现象。后者很可能是地下冰发育地段。

（11）新鲜的冰碛陇，其坡度很大甚至超过天然休止角，冰碛陇上时见窝穴状陷坑，这里很可能有不均匀的埋藏冰川冰。

厚层地下冰不容易绕避，对温度变化十分敏感，因此对工程的影响很大，如基础下沉、翻浆冒泥等。因此，厚层地下冰地段基础既要采用适宜的换填和隔热保温处理措施，又要选择合理的施工季节，并在施工中搭建遮断太阳直接辐射的临时设施，保证厚层地下冰的稳定性。

5）热融滑塌

热融滑塌是由于斜坡厚层地下冰因人为活动或自然因素，破坏其热量平衡状态，导致地下冰融化，在重力作用下土体沿地下冰顶面发生溯源向上牵引式或坍塌沉陷式位移过程的地质现象（图 2-14）。易引发热融滑塌的因素一般包括地形位置、松散土层性质、破坏条件等，多发生在 10°～25° 的坡度，饱水后摩擦系数很低的土体，顺着地下冰面或冻土层面往下滑动。滑塌体一般长 30～250m，宽 20～100m 不等。分布于丘陵山地，特别是地下冰发育的山坡如青藏高原昆仑山垭口、五道梁、可可西里、北麓河、风火山等。在进行调查时，需查明其形成原因是天然的还是人为因素引起的、发生时间、目前处在哪一发展阶段、发生地点的地形坡度、坡向、植被状况、地下水和地表水分布情况、松散层物质成分、融冻滑塌体的规模、类型、发展速度以及滑塌体同多年冻土上限的关系。

热融滑塌不仅危害工程建设，同时破坏冻土局部地区的生态平衡。热融滑塌体在塔基下方时可使塔基底失去稳定性，塔基边坡坍塌。滑塌体在塔位上侧时，则有可能掩埋塔基。对于输电线路塔位附近发现的热融滑塌区，应采取避让措施。

6）热融沉陷与热融湖塘

由于自然营力或人为活动，地表植被和多年冻土的热平衡状态遭到破坏，使冻土或地下冰部分融化，造成地表下沉形成凹地，称为热融沉陷；当凹地积水时，称为热融湖塘（图 2-15），一般发育在山间谷地、盆地及高平原上，调查过程中，需鉴别其发展趋势或发展阶段。输电线路走径途经该区时应选择避让，如无法避让该区域，则应在选择具体塔位时避免塔基位置处于热融湖塘和热融沉陷上，并且留有一定余量。

图 2-14 热融滑塌

图 2-15 热融沉陷与热融湖塘

7）融冻泥流

在细颗粒堆积物较厚和地下冰发育，且坡度小于 16° 的缓坡上，地表土层经过反复冻融，结构变的松散，当土层中含水率增加到饱和状态时，在重力作用下沿冻结面顺坡向下蠕动称为融冻泥流（图 2-16）。融冻泥流作用的产生包括两个过程：第一是冻爬过程，即斜坡土体冻结时沿坡面法线方向隆起，融沉时沿垂直方向回落而产生的向坡下移动，通常在冻结过程中，土体含水率逐渐增大，并发生冻胀和蠕动；第二是在融化过程中，季节融化层饱水在重力作用下进一步沿山坡向下蠕动的过程。融冻泥流一般发生在活动层内，由于各部分运动速度的不同，形成各种形态的产物：泥流阶地、泥流舌等。融冻泥流发生在山前缓坡坡面上，是坡地主要的冰缘过程和形态，在青藏高原沿线昆仑山、五道梁、北麓河、风火山、开心岭、温泉等地具有广泛的发育和分布。融冻泥流除本身在重力作用下徐徐顺坡蠕动外，来自上方坡面的地表水流稀释融土层，也将促使其向下流动，所以融冻泥流运动速度比热融滑塌要快，具有一定的突发性，输电线路走径途经该区时应采取避让措施。

(a)   (b)

图 2-16 融冻泥流

8）冻土沼泽与冻土湿地

冻土沼泽、冻土湿地指多年冻土区某些植被覆盖良好的山前平缓低地或洼地，由于地下水的出露和多年冻土层的隔水作用，使之积水而成的潮湿地段，称为冻土沼泽湿地（图 2-17）。由于沼泽洼地中细粒土发育，植被茂盛，常有泥炭层存在，腐殖质含量高，且水分充足，因此通常是高含冰率冻土存在的地段，是含土冰层存在的一个良好标志。

冻土沼泽湿地是在冻土区适宜的水热环境下形成的，冻土沼泽的发育又促进了冻土层的形成和发育，按其水源供给和演变过程可分为低位、中位和高位沼泽。

在青藏高原多年冻土区，主要为低水位草炭-泥炭沼泽，往往是冻胀草丘发育区，主要分布在五道梁山北坡、风火山、开心岭山，青藏高原南部沼泽比北部多，湿度也是南部大。在泉水出露凹地，潮湿草洼地及厚层泥炭潮湿地段，由于水分和植被的保温作用，多年冻土上限埋深较浅，一般存在厚层地下冰，容易造成基础融化下沉和压缩下沉及冻胀病害。在东北高纬度多年冻土区，河谷、山谷及洼地等地段分布老头树、杜鹃花、苔藓等植被往往是冻土发育的标志。在输电线路工程中对冻土沼泽、冻土湿地多采用避让的方式，因此在前期选线阶段需要重点关注并调查和测绘其分布范围及界限，通过时需注意上部草炭和泥炭层的压缩问题，保护植被，做好防排水措施。

在多年冻土区遇有地表潮湿、富水、植被茂密、分布厚度较大的泥炭层的山前坡地、山间洼地、平川等情况时，需按冻土沼泽、冻土湿地开展调查与测绘工作，一般包括下列内容：

（1）冻土沼泽、冻土湿地分布地段的地形地貌、地表植被类型与覆盖度、分布范围、汇水面积；

（2）地层结构、岩土性质、多年冻土类型、泥炭层和软弱地层的厚度及分布特征、天然上限深度；

（3）地下水的类型、补给、径流、排泄条件，沼泽、湿地地表径流条件及其与地表水体的关系。

9）寒冻风化与寒冻裂缝

寒冻风化强烈发育于冻融区与雪蚀作用区之间，主要的典型冰缘现象形态表现为寒冻风化-重力作用、雪蚀作用等。

（1）寒冻风化-重力作用：在正负温频繁交替过程中，岩石节理裂隙中水分冻结膨胀，以及岩石中不同矿物颗粒差异膨胀及收缩而导致岩石破碎的过程。这类冰缘现象在我国的大小兴安岭、青藏高原东南山地、喜马拉雅山、阿尔泰山、天山、祁连山、昆仑山等干旱半干旱地区均较为发育，通常形成的冰缘现象类型为岩堆、石海、石河、岩屑坡等。

岩屑坡又称"岩屑堆"或"石流坡"，是主要由重力作用和坡面微弱冲刷作用所形成的非地带性地貌形态，见图 2-18。寒冻风化作用所产生的岩屑坡和石海主要由大块的岩石块体、碎岩屑及部分粗颗粒土组成，具有空隙较大、整体松散、稳定性差等特点，对工程影响最为严重。岩屑坡对塔基的影响主要是由于施工中破坏了它的原有稳定性，导致岩屑坡在自重作用下向坡体下侧滑动或滚落危害杆塔的安全。另外，寒冻风化作用产生危岩、崩塌对布设于其下方的杆塔也会构成直接威胁，因此在选位过程中尤其要关注其微地貌部位。

图 2-17　冻土沼泽与冻土湿地

图 2-18　岩屑坡

（2）雪蚀作用：其发生机制与寒冻风化类似，但由于水分参与充分，节理裂隙中水分冻结体积膨胀而导致岩石崩解破碎的作用要强于温差波动而引起岩石破碎的作用。这种作用主要发生在雪岩附近的积雪山坡洼地的周边，其主要形态有雪蚀洼地、高夷平阶地、雪崩槽、岩屑堆、雪蚀洼地-泥流扇等。

冰蚀地貌主要为冰斗、刃脊、角峰、冰川槽谷等，不同的冰蚀地貌分布在不同的海拔高度与部位，通常刃脊、角峰分布在平衡线以上。由于冰川融化而使冰川携带的碎屑物质堆积下来，形成冰碛物。冰川作用地貌对塔基的影响主要为冰碛物、角峰和刃脊（图 2-19、图 2-20）。在冰碛土形成过程中，冰碛物所处位置及其与山岳地形的关系而形成的特殊地貌形式称为冰碛地貌，按冰碛物与冰斗的相对位置将其分为斗内冰碛物和斗外冰碛物，以基碛、侧碛堤和终碛堤最为常见和典型。在选位中明确其具体部位，不同部位有不同的工程关注问题，冰碛物在不同位置需要考虑稳定性、蠕变性、颗粒物质、藏冰情况等，如角峰和刃脊是以基岩出露为主，主要关注岩石风化速率、边坡防护、基础选型等。

图 2-19　冰碛物

图 2-20　角峰和刃脊

冬季强烈冷却时，冻土体表面常常因强烈收缩而开裂形成有序或无序的裂缝，称为寒冻裂缝。裂缝上部宽 20~40mm，其贯入深度随地温的不同而不同，有时可穿透活动层或贯入多年冻土 5~6m。冻土与冰在温度降低时收缩而开裂的冻缩开裂作用，是产生寒冻裂缝的主要因素之一。寒冻裂缝的大小和深度主要取决于岩性、年平均地温、温度梯度、温度校差等。寒冻裂缝在风力等其他外营力的参与作用下，又可形成土楔、砂楔、冰楔。这些冰缘形态类型在青藏高原多分布于平缓的地貌部位，如山间盆地、低级阶地、河漫滩、山前缓坡等。

2.11　冻土工程地质综合评价

结合输变电工程的特点和已有工程经验，可按表 2-25 进行冻土工程地质综合评价，重点考虑冻土类型、融沉等级、冻胀等级和冻土现象，地下水状况、岩土类型作为辅助内容。

多年冻土区工程地质综合评价　　　　　　　　　　　表 2-25

冻土工程地质地段	评价原则
良好	多年冻土区中的融区，Ⅰ级冻胀；少冰冻土和多冰冻土，Ⅰ级融沉；未见冻土现象；主要岩性为基岩的强风化带、碎石土、砂砾石土
较好	富冰冻土，Ⅱ级融沉和Ⅲ级融沉，Ⅱ级冻胀和Ⅲ级冻胀；冻土现象不发育；主要岩性为碎石土、砂砾石土、含砾粉质黏土及基岩的强风化带
不良	冻土中含有薄层状、中层状地下冰，属富冰、饱冰冻土，Ⅳ级融沉，Ⅳ级冻胀；冻土现象发育；主要岩性为碎石土、含砾粉质黏土、粉质黏土、黏土
极差	多为饱冰冻土和含土冰层，Ⅴ级融沉，Ⅴ级冻胀；地下水位埋藏浅，地表沼泽化，冻土现象极为发育；主要岩性为含砾粉质黏土、粉土及湖相沉积物的风化带

第 3 章

多年冻土区输变电工程病害

多年冻土具有热稳定性差、厚层地下冰和高含冰率冻土所占比重大、对气候变暖反应极为敏感以及水热活动强烈等特性，输变电工程地基基础面临冻胀、融沉、差异性变形、流变移位（平面滑移）变形及不良冻土现象等工程问题或冻土病害。此外，多年冻土的反复冻融循环对基础材料的耐久性将产生极大影响，造成混凝土结构病害。

3.1 冻胀

冻胀是指冻结过程中，土体中水分（包括土体孔隙原有水分及外界水分向冻结锋面迁移来的水分）冻结成冰，体积膨胀 9%，且以冰晶、冰层、冰透镜等冰侵入体的形式存在于土体的孔隙、土层中，引起土颗粒间的相对位移，使土体体积产生不同程度的扩张变形。冻胀取决于土体的粒度成分、矿物成分、含水率、温度及冻结条件等。冻胀性大小由土体原有孔隙水及迁移来水分冻结成冰的情况所决定，其量化值通常以冻胀量来表示。

输变电工程的冻胀问题主要是对基础的冻拔、倾覆或者剪切变形等。在内蒙古呼伦贝尔冻土地区，输变电工程多次发生建（构）筑物的冻胀破坏，分析其原因均属基础设计或施工不当造成的。主要案例如下：

（1）呼伦贝尔根河市位于大兴安岭地区，其 110kV 变电站于 2003 年建成并在当年投产。2005 年因冻胀导致主建筑墙体开裂、设备支架倾斜（图 3-1），严重影响了变电站的正常运行。对这次冻害事故的调查分析表明，在基础设计中，虽然考虑了将基础埋置深度设置在标准冻结深度之下，但是未采取消除切向冻胀力的措施。

（2）海拉尔—牙克石 220kV 输电线路工程于 1997 年 12 月建成投产，2003 年位于东大泡子附近的 N29 号塔灌注桩基础因冻胀导致桩顶与铁塔倾斜、连梁与桩身连接处开裂，影响线路正常运行，造成了经济损失。对该次冻害事故的调查分析表明，基础入土深度满足正常设计荷载和切向冻胀力验算所需的设计深度，且在东大泡子附近与 N29 号塔位地质条件相同且采用相同塔型、灌注桩桩长相同的其他 4 个杆塔基础运行正常，均未发生此类冻害事故。N29 号塔灌注桩基础冻胀事故发生的主要原因是该灌注桩基础施工时，桩身在冻结深度范围内出现约 2.0m 的扩大头，在法向冻胀力作用下造成桩基向上拱起（图 3-2）、倾斜开裂，影响线路正常运行。2003 年，将 N29 号塔灌注桩基础向大号处移位，并按原设计重新施工后，运行至今状态良好，再未发生冻害事故。实践证明，在强冻胀地段灌注桩基础施工时，保证冻结深度范围内桩身光滑、不出现扩大头现象，是灌注桩基础稳定的必要条件之一，应引起施工单位的高度重视。

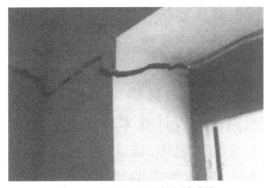

图 3-1　根河 110kV 变电站冻胀

图 3-2　海拉尔—牙克石 220kV 输电线路冻胀

（3）伊图里河—阿里河 66kV 线路穿行于呼伦贝尔市境内的大兴安岭地区，该线路于 1976 年建成投产。在强冻胀的沼泽地及山凹地下水位较高的地区，由于在冻融循环的反复作用下，使杆塔严重倾斜，基础向上拱起，铁塔主材弯曲断裂（图 3-3），严重影响线路的正常运行。该工程施工时未对地基土采取抗冻胀措施是造成这次冻害事故的主要原因。

(a) 基础向上拱起　　　　　　　　　　　　(b) 铁塔主材弯曲断裂

图 3-3　伊图里河—阿里河 66kV 输电线路冻胀

（4）500kV 兴黑输电线路工程位于小兴安岭西北部的黑河地区，于 2009 年投产运行。0576 号塔位于沼泽地，采用灌注桩基础，设计桩长 11m，桩径 1200mm。2019 年，对通过沼泽地带的塔位进行倾斜测量，塔位四个塔腿上拔高度为 850～1000mm，倾斜值 10.02‰，属于严重缺陷（图 3-4）。2020 年 12 月，对塔位移位后重新施工桩基础进行处理。

图 3-4　500kV 兴黑输电线路 0576 号塔桩基础冻胀上拔

（5）图 3-5 为某工程灌注桩基础被冻胀拔起，后来采取重新制作新桩和移塔措施。

图 3-5　被冻胀拔起的灌注桩基础

3.2　融沉

　　融沉是指厚层地下冰及高含冰率冻土层，由于埋藏浅，在地温升高或人工活动影响下发生融化下沉的现象。冻土的融沉性大小是由冰的含量决定的，冻土构造与冰的胶结特性是决定冻土融化时融沉性质变化的因素。在局部集中热源侵蚀作用下，冻土地基的融沉往往具有塌陷性和迅速发展性，如果伴有已融土体的挤出，就具有突陷性。融沉主要发生在多年冻土区高含冰率地段，其引起的破坏与冻土含冰率多寡、多年冻土层上限及基础的热状态等因素有关。冻土融沉常以热融滑塌、热融沉陷、融冻泥流等形式表现，可使基础发生倾覆、剪切变形或破坏。如大小兴安岭地区 500kV 兴黑线路（图 3-6）及伊图里河-阿里河 66kV 线路输电铁塔即是由于差异性融沉引起铁塔发生严重倾斜，影响了输电线路的安全运行；玉树联网工程某铁塔基础，施工阶段由于热量导入，使基础底部地温要明显高于周围地层，回填土在冻融循环过程中出现明显的下沉，裂缝和融沉现象比较明显，引起塔基差异变形（图 3-7）；图 3-8 为某工程塔基回填土不密实，雨水侵入冻土融化而沉降。220kV 兴安变电站主控制楼建筑及隔离开关、断路器电气设备等产生沉降，其中主控制楼最大沉降值 240mm，见图 3-9～图 3-12。

图 3-6　563 号塔 B 腿主材变形

图 3-7　塔基周边回填土融沉

(a)

(b)

图 3-8　回填土不密实，雨水侵入冻土融化而沉降

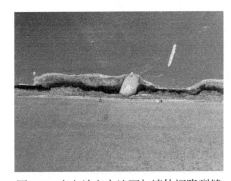
图 3-9　变电站室内地面与墙体沉降裂缝

图 3-10　变电站室内地面破坏

图 3-11　变电站隔离开关融沉变形

图 3-12　变电站断路器融沉变形

3.3　差异变形

差异变形是指铁塔基础置于不同冻土构造类型、不同冻土岩性以及含冰率和地温不同的地基土上时，由于地基土的冻胀、融沉特性不同而造成基础不同步变形的现象。造成冻土差异性变形的原因，大致可以分为：

（1）冻土构造：根据工程实践可知，冻土构造相当复杂，在砂砾石、碎石土中常见有包裹状、透镜状等构造，在黏性土中常见整体状、微层状、微网状、层状、厚层状、斑状、基底状及脉状构造，岩层破碎带中见有网状、脉状冰等。这些冰层与土体组成非常复杂的冻土构造，往往表现出不同的冻土工程性质。

（2）工程地质条件：由于受地层岩性、地形地貌、植被覆盖条件、地基土成因类型、沉积环境等众多因素的影响，造成冻土地基环境中含冰率的差异性。调查显示，很多情况下，近在咫尺，但由于含冰率的不同，冻土工程特性却差之千里。

冻土作为一种受地温和含冰率控制的特殊土体，当大量的水分从液相转入固相时，土体便发生冻胀，尤其是在分凝作用下转入固相时，土体的冻胀更明显；当水从固相转变为液相时，土体便发生融化下沉。如果土体在冻结过程中均匀冻胀、在融化过程中均匀下沉并且是基本等量的，则这种情况下对冻土区的工程没有多大危害。但通过实践发现，冻胀和融沉一般都是不均匀的。土体在冻结时和它挟持的物体（例如石块、桥墩和桩基础等）冻结在一起并共同胀起，由于某些原因，在土体融化时，这些物体不能回到原位（如物体被冻拔时所留下的空间被其他土体占据），加之受土的机械组成、土的密实程度、土的含水率、土的冻结速率及土体与地下水位的距离等不同因素影响，造成冻土的强烈分异性和复杂性，使土体在一个或若干个冻融循环过程中出现明显的差异性胀缩，危及工程建（构）筑物的安全稳定性。

冻土的强烈分异性和复杂性反映在铁塔基础上，便是塔腿间非均匀性和非对称性的差异变形，这种差异可能是几个塔腿的变形方向相同但幅度或步调不同，也可能是方向不同且幅度与步调更不同，比如铁塔根开大和冻土分异性明显是影响平原区铁塔基础差异变形的主要因素。青藏高原由于岩土的沉积环境、特殊气候影响下风化作用的复杂性，以及水系格局的影响，可能使同一塔位的四个塔腿分别位于土体颗粒粗细程度、土体含水率等不同的地基土环境中，因而使各塔腿具有不同的胀缩环境，致使发生差异性变形；再比如斜坡丘陵区，当塔基所处的坡向、坡度及坡位等不同时，冻土特性具有明显的差异，一般情况下，阴坡比阳坡地温低，含冰率高，因此阴坡冻融病害率高；而就同一斜坡丘陵来说，通常坡顶为基岩出露处，以低含冰率冻土为主，而坡中部常以富冰冻土为主，坡脚则以含土冰层多见。对于电压等级高、根开比较大的输电铁塔，在斜坡、丘陵顶部时，四个塔腿很有可能会分别位于不同冻土环境阴坡和阳坡，在斜坡中下部时，上部两个塔腿可能会位于含冰率低的冻土地基环境中，而下部两个塔腿可能位于含冰率高的冻土地基环境中，这些铁塔基础冻土环境的差异都将会引起基础的差异性变形，影响输电线路的安全运行。

青藏直流联网工程穿越青藏腹地工程走廊，是世界上首条穿越海拔最高、多年冻土区段最长、线路等级最高的输电线路工程，具有"电力天路"之称。2012 年 11 月正式投产运行。该工程施工前进行了专门冻土专题研究，施工后建立了长期监测系统，对线路的运行进行跟踪分析。该工程已经运行超过 10 年，总体运行平稳。但少数塔基存在根开变形过大、各塔腿间差异沉降明显等问题，大开挖基础的这些问题更为突出。

3.4　流变移位

冻土作为一种多组分、分散相体系，因受其中特有的冰胶结作用，使其力学行为比其他介质更为复杂。由于含有丰富的地下冰及对温度极为敏感，水分产生迁移并具有相变变化等特征，因此冻土具有长期流变效应。

冻土流变移位（或平面滑移）的原因，大致可以总结为：一是冻土中冰的流变效应由冻土中所含的冰引起，冻土中含冰率愈大，则流变性愈强，一般情况下，冻土流变包括冻土蠕变和应力松弛两个方面；二是基础平面受力的不均衡性，在斜坡、丘陵地段，随着冻土长期强度降低，塔基周围受力不均衡是水平向冻胀力和切向冻胀力引起的，或在基础施工过程中由于回填料的不均匀、不规范或密实度差异性造成。

冻土的流变移位问题对铁塔基础的影响常表现为使基础发生倾覆、剪切及扭转变形。冻土因其固体矿物颗粒、冰包裹体、未冻水及气体（水汽和空气）四相成分的不同比例与相互连接关系，构成了不同的冻土冷生构造，使得冻土强度与变形具有各向异性的特点，同时在外荷载长时间作用时，会出现应力松弛，并在一定条件下产生衰减及非衰减蠕变，既导致冰的黏塑性流动，又使冰融化且向低应力区迁移并重新结晶。而土颗粒及集合体也产生相应的位移，导致颗粒间连接的破坏，土体结构弱化，基础受剪发生变形。

冻土的流变移位对基础的影响常发生在斜坡、丘陵等地段，表现在三个方面：其一是季节活动层土体冻结过程中，基础所受的不均衡切向冻胀力引起的变形；其二是冻土在冻融交替过程中，随着长期强度的降低，活动层土体的流变或长期蠕变引起的变形；其三是由于人工开挖活动，扰动斜坡土体热平衡，使其发生滑塌对基础产生剪应力引起的变形。它可能造成斜坡塔基向下方的移位或倾斜。

昆仑山北侧山口，由于斜坡体冻土在冻融循环下发生蠕动滑移，致使早期使用的输电铁塔发生倾斜变形（图 3-13）。750kV 西宁—日月山—乌兰输电线路于 2012 年底投产运行，2017 年 1 月 1710 号塔 B 腿和 C 腿基础向坡面下方发生了较大倾斜变形，进而导致基础开裂及主材破坏（图 3-14），影响输电线路的正常运行。塔基变形的原因主要是由于厚层碎石堆积体含水率增加引起坡体不规则的蠕滑变形，地表冻融加剧了变形的发生。该塔位后来采取了改线处理，拆除原 1710 号塔，在原 1709 号大号侧 190m，1711 号小号侧 195m 选择两处地质条件良好的塔位，新建 1709 + 1 号、1710 号两基直线塔，跨越冻土蠕变区。

图 3-13　斜坡滑移与铁塔变形

图 3-14　塔基基础倾斜塔材变形

3.5　不良冻土现象

在多年冻土区，不良冻土现象（如冰锥、冰丘等）会影响基础的稳定性，是输电线路塔基面临的较为重要的问题，青藏直流输电线路沿线主要不良冻土现象如表 3-1 所示。由于工程建设破坏了冻土天然的热平衡、水文地质条件以及工程地质条件，会形成一系列的次生不良冻土现象。

多年冻土地区之所以会形成次生不良冻土现象，不仅在于多年冻土地区气候严寒，而且还有多年冻土层作为底板，使地表水的下渗和多年冻土层上水的活动受到约束的原因。次生不良冻土现象的形成原因主要包括两个：（1）工程建设严重破坏了所在地区局部的地下水径流情况；（2）地基基础对多年冻土的热平衡产生了较大的影响。其影响因素主要包括：温度场的变化、初始含水率和土的密度、水分补给条件、土的颗粒成分和矿物成分、渗透系数等。根据灾害成因、破坏形式可以分为如表 3-2 所示的几种类型。青藏直流联网工程风火山区某塔基施工过程中停工 20d 左右，施工现场没有采取相关的遮阳等防护措施，导致下部含土冰层融化，形成热融滑塌，后采取将塔基向山坡上方移位处理的措施。

输电线路沿线主要不良冻土现象一览表　　　　　　　　　　　　　表 3-1

类型	地表水、地下水活动方式	形态特征	分布情况
冻胀丘	冻结层下水侵入冻结	规模大，一般直径数十米，高数米至十余米，丘表面前期为放射状裂缝，后期四周发展为环状裂缝，然后中央融为马蹄形或漏斗状洼地	多分布在活动断裂带上升泉出露处，发育于粉质黏土、黏土地层中，多呈冻胀丘群与冰锥共生
	冻结层上水或冻结层间水冻结	多呈丘状。一般直径 2~5m，高 0.5~1m，核部冰层薄，表面覆盖层亦薄，且有不规则裂缝	多发育在山前缓坡、高平原、山间盆地、河谷地段沼泽湿地上。多与泥炭丘和冻胀草丘共生

类型		地表水、地下水活动方式	形态特征	分布情况
冰锥	河冰锥	河水和冻结层上水溢出冻结	条带状平面锥体。高度几十厘米至2m，顶部以纵向裂缝为主	分布在河谷、冲沟沟口处，河谷内较发育
	泉冰锥及冰幔	冻结层下水溢出冻结	多呈冰锥群，单个体呈圆锥状。直径5～10m，高 1～2m，其上有放射状裂缝；冰幔规模可达数十米	沿断裂带上升泉出露处呈群体分布，并有多年生冻胀丘共生
冻胀草丘及泥炭丘		冻结层上水或冻结层间水迁移冻结	地表为丘状草皮，草丘个体一般0.3～0.7m²，高 0.2～0.4m，其间有沟槽，凹地沟通，暖季常有积水，形成沼泽湿地	发育在山前缓坡，河谷阶地和盆地内，这些地段往往是地下冰发育段
热融滑塌		季节融化层的水分由固态转为液态，加之地表水作用	多呈圆椅形、带形或多头舌形。一般长 10m 至百余米，宽数十米，表面有横向裂缝，以塌落式下滑	多发育在 3°～16°的缓坡地段，地表植被覆盖完整，岩性较单一，其中以 3°～8°平缓坡地最发育
融冻泥流			多为泥流扇，泥流舌和泥流阶坎，以蠕动式缓慢流动	发育在 6°～16°细颗粒堆积物较厚且地下冰发育的斜坡上
热融湖塘及热融洼地		地下冰或高含冰率冻土融化下沉	呈圆形、椭圆形，直径数米至数百米，深度小于 5m	分布于河流盆地下冰发育地段
多边形、石环、石海、石河		季节融化层中水分反复冻融	地表土层及植被多呈多边形、斑状、环状或鱼鳞状。规模大小不等，有数十厘米至数十米，但仅限于表土层内	分布于山间洼地
冻胀斑土及斑状草皮		冻结层上水和地表径流		多分布于丘陵缓坡地段
沙丘		季节冻结层和季节融化层的水分反复冻融	沙丘高数米至数十米，长数十米至数百米。多呈新月形或长条垄岗形。可分为活动沙丘或半固定沙丘两大类	

次生不良冻土现象类型　　　　　　　　　　　　　　　表 3-2

成因类型	表现形式
热融性次生灾害	热融滑塌、热融湖塘、热融沟、热融沉陷
冻胀性次生灾害	冻胀丘、冰锥、冰幔、坡面鼓胀
冻融性次生灾害	寒冻风化、基础开裂、结构体冻裂

多年冻土温度升高而导致地下冰融化，产生大量地下水出露，斜坡上在冬季易形成以冻结过程为主的不良冻土现象，诸如冰锥、冻胀丘、冰幔等，这种以冻结过程为主的冻融灾害在冬季会严重威胁输变电工程的安全运营。青藏直流输电线路施工完成后的冬季，在位于沱沱河盆地塔基南侧发育了一冰锥。塔基位于河流阶地，地势为缓坡，地表植被稀疏。冰锥中心位于塔基南侧约 2m 处，冰锥高度约 70cm，直径约 15m。冰锥体表层为溢出地表的水冻结而成的纯冰层［图 3-15（a）］，冰层下部为隆起的表层土体，土层厚度约 30cm，并有宽度约 25cm 裂缝发育［图 3-15（b）］，土层以下为纯冰层。分析原因为工程建设改变冻土环境条件而产生冻胀丘和冰锥，施工过程对多年冻土水热过程的影响主要分为钻探过

程的直接扰动和混凝土灌注后水化热的影响，此外混凝土基础作为热的良导体，会对热传导过程起到促进作用。

(a) 2012 年 1 月　　　　　　　　　　　　　(b) 2012 年 4 月

图 3-15　塔基底部冰锥形态及季节变化过程

3.6　混凝土结构病害

冻融循环会影响混凝土和钢构件的耐久性，缩短基础工程的使用寿命（图 3-16～图 3-18）。造成混凝土冻害损伤的因素、破坏过程、破坏机理如表 3-3 和表 3-4 所示。

图 3-16　干湿冻融表层开裂剥落　　　图 3-17　内部劣化发展到　　　图 3-18　混凝土冻融
　　　　　　　　　　　　　　　　　　　　　　　表面损伤破坏　　　　　　　　　崩裂破坏

混凝土冻害内因及破坏过程　　　　　　　　　　　　　　　　表 3-3

不同阶段混凝土	内因	破坏过程
新拌混凝土	强度低、孔隙率高、含水多易发生冻胀破坏	结构物表面降温冷却时，冷流向材料体内延伸。在深处某水平位置开始冻结，一般从较粗大孔穴中水分开始，冰晶形成后从间隙吸水，发育增长，且是不可逆转的过程，水分从材料未冻水或从外部水源补给并进行宏观规模的移动。第一层孔穴中水冰冻后，在冰晶生长的过程中，材料质体受到拉应力，如果超过抗拉强度即破坏
成熟混凝土	凝胶孔、毛细孔及气泡中的水分冻结膨胀产生内力	第一阶段毛细孔中始发的冰冻，向所有方向产生的水压力引起内应力；第二阶段较大毛细孔中水分首先生成冰晶，可从小孔中吸引未冻结水使自身增长，产生静应力

混凝土冻害类型及破坏机理　　　　　　　表 3-4

冻融损伤类型		冻融破坏机理	
类型	表现	宏观机理	微观机理
混凝土内部劣化	受冻融作用时,混凝土中的水分受到冻结膨胀。反复冻融,混凝土内部结构构造产生松弛、微裂缝和剥蚀等。混凝土内部龟裂,表面劣化	材料膨胀差异使结构发生内力:使组织结构发生劣化	水压力破坏:当超过了混凝土的抗拉强度时就发生冻害
			毛细管的效果:小孔隙中未结冰的水向大孔隙渗透扩散时会产生渗透压力,当压力大于混凝土的抗拉强度,混凝土就发生劣化破坏
表面剥蚀(剥离)	随着冻融循环次数的增多,内部劣化裂纹增多,混凝土表面也逐渐出现裂缝,并进一步出现剥离	由表及里逐层冻结:多次冻融循环后,混凝土表层发生剥离,又露出新的表面层,进一步受冻剥离	充水系数:充水系数(混凝土中毛细孔水的体积与孔的体积之比)大于 0.92 时,混凝土就可能发生冻害破坏
			水的离析成层理论:混凝土的冻融破坏是由表及里,水泥石孔隙中水溶液分层结冰,冰晶增大而形成一系列平行的冷冻薄层,最后造成混凝土层状剥离破坏
崩裂破坏	在盐分存在的环境下,混凝土受冻融作用时,会产生崩裂破坏	混凝土结构温度变化:使混凝土内部发生压应力和拉应力	临界饱水度(极限充水程度):反复冻融过程中,在无滞水的自然条件下,会导致混凝土内部干燥和表层混凝土孔隙溶液的浓缩。在有滞水的条件下,融化期后被吸收。这种人工泵的作用导致混凝土迅速饱水。当达到临界饱水度时,混凝土就开始劣化

第 **4** 章

多年冻土区输变电工程岩土勘察与冻土研究

4.1 多年冻土区输电线路工程路径选择

4.1.1 选线选位的主要冻土因素

输电线路属于点线工程，不同于公路、铁路等线性工程，点的稳定性关乎整个线路的稳定，而且点具有可选择性，可根据现场冻土情况动态调整。与此同时，输电线路由于结构形式的不同，其对冻土的影响也较公路、铁路等线性工程有很大不同，线位选择不仅要考虑冻土区划因素，还受冻土类别、冻害现象影响，以及冻土微地貌形态的制约。

（1）冻土类别

一般情况下，少冰、多冰冻土地段，冻土的冻融特性较弱，是线路选择和塔基定位的良好地段；富冰、饱冰及含土冰层地段，冻土通常有比较强的冻胀、融沉特性，线路通过时要尽量选择最短距离通过。根据理论和实践调查分析可知，地基土颗粒较粗、地表植被裸露以及向阳的斜坡地段，冻土的含冰率都比较小，以少冰、多冰冻土为主，易于线路线位选择；而地基土颗粒较细、植被覆盖较好以及阴坡地段，一般情况下冻土含冰率大，对线位选择都有不利影响。

（2）冻害现象

冻害现象主要是指影响线路安全运营的各种不良冻土现象，主要包括冰锥、冻胀丘、厚层地下冰、热融湖塘、热融塌陷、融冻泥流、沼泽湿地、冰川及寒冻风化作用等。由于各种冻害现象具有迁移性、潜伏性以及季节性等特征，因此，给输电线路线位的选择带来了众多问题，如：冻拔、融沉问题、基础的流变移位问题、弧垂与地面距离问题、基础的差异性变形问题以及杆塔的档距问题等。在线路线位的选择过程中，对线路走廊内冻害现象的迁移性需要特别关注和预测。如青藏高原不冻泉移动冰丘，在二十世纪八九十年代青藏公路改扩建期间远离青藏公路，自 2000 年冬季至 2001 年春季开始形成规模较小的单个冰丘，到 2003 年冬季至 2004 年春季，移动冰丘的位置、规模和形态均发生了显著变化，且冰丘中心位置向东移动 6～8m，导致公路路基发生了明显的变形、破坏。

（3）冻土地貌

输电线路穿越多年冻土分布区，根据其地形地貌特征及对输电线路的影响关系，沿线的微地貌可分为斜坡、山麓、丘陵、山间沟谷、平原等类型。在微地貌条件下，不同地貌单元、坡度、坡向、植被、岩性以及含水率等局地因素的作用，使多年冻土具有极强的空间分布变异性，对路径和塔位选择都有明显影响。

4.1.2　选线选位的基本原则

输电线路选线选位时应深入进行调查研究，收集足够的多年冻土区气象、水文、地质和水文地质资料，查明沿线多年冻土的特点和不良冻土现象的分布范围、类型、规模和严重程度，掌握其可能对线路产生的病害及解决办法，进而提出各种可行的跨越、绕避和通过方案。工程设计和建设中应按照"遵循冻土特性、注意冻土环境保护、协调与已有工程建设的关系、加强高寒区人工作业安全、科学安排施工季节以及合理选择勘探手段"等原则，以保证路径优化的合理性及塔基定位的科学性。

1）路径适宜选择的地带

（1）选择融区、低含冰率冻土区、低温冻土区、基岩裸露或基岩埋藏较浅地段；

（2）斜坡区选择地势相对较高、粗粒土分布较广的地段；

（3）积雪和冰川区选择积雪少或雪层较薄、冰川作用影响小的地段；

（4）地表干燥、平缓、植被稀疏、向阳坡地段；

（5）地表排水条件好、地下水不发育的部位；

（6）人类活动、热扰动相对较小地段；

（7）地基处理与环境整治难度小的地段；

（8）靠近道路或交通相对便利的地段，兼顾冻土区设计、施工和运维的特殊需求。

2）路径宜避让的地带

（1）高含冰率冻土发育、多年冻土边缘、零星岛状多年冻土区、高温冻土退化地段；

（2）热融湖塘地带、融冻泥流途经地带以及热融滑塌溯源区域等冻土现象强烈发育地段；

（3）冰川作用的冰斗、寒冻风化作用的岩屑坡、石海、石河等集中发育地段；

（4）厚层地下冰发育地段；

（5）高山基岩裸露区寒冻风化强烈发育地段；

（6）汇水、积水区，泉水露头点或冰丘附近；

（7）地势相对较低的冻土沼泽、冻土湿地地段，林区草甸、塔头草、老头树等冻土标志植物生长发育区；

（8）人类活动及生态环境变化可能严重影响冻土稳定性的地段。

4.1.3　路径选择的指导体系

1）走廊选择

不管是高原、高山还是高纬度多年冻土区，当路径穿越多年冻土腹地时，走廊的选择无法避开多年冻土的影响，同时由于多年冻土发育区通常表现为气候严寒、缺氧、交通不便、生态环境脆弱等特征，因而路径的选择最好是沿着既有工程走廊（比如公路、石油管道、铁路）并行。

2）路径选择

多年冻土区由于气候异常，通常可能具有气候极为严寒、高原/高山缺氧、地质环境脆弱等特点，使勘测、施工条件极为不便，路径选择贴近既有工程走廊可以为现场各类人员提供相对有利的工作条件，减少作业人员的劳动强度，便利于工程材料的运输和施工设备的进场和维修，同时还可以减少对多年冻土区脆弱生态环境的破坏。另外，当输电线路路径选择在既有工程走廊内时，路径应选择靠地势高的一侧，以减少不良地质作用的影响。

3）不稳定冻土区段的路径选择与优化

年平均地温和含冰率是决定冻土稳定性的两个最重要因素。目前随着全球气候的变暖和人类工程活动的加剧，多年冻土年平均地温也随之升高，这将会导致多年冻土退化、厚度减小、季节融化深度增大、多年冻土的空间分布发生明显变化，不稳定性冻土区段将明显增加，因而输电线路的选线和选位过程中，对不稳定性区段的考虑既要明确现有不稳定性区段的分布特征及范围，又要考虑全球气候及人工活动背景下对不稳定性区段发展的预测。总的来说，应遵循如下原则：

（1）线路尽量减小在不稳定性冻土区段及年平均地温高于−0.5℃的高温冻土地区的长度。不稳定性冻土指易发生热扰动、水热活动强烈及冻土工程特性易发生变化的工程地段，在该区段进行工程建设不仅会由于其脆弱的工程特性给线路安全带来隐患，而且还容易引发很多次生的冷生过程灾害和热融灾害问题。

（2）应尽量减少线路在具有强冻胀性、强融沉性的冻土地段穿行。

4）稳定冻土区段的路径选择与优化

冻土区别于其他类土工程特性的主要标志是平均地温和含冰率。平均地温决定了土的热交换动态和建筑工程的特点，并影响冻土的物理力学和热学性质。年平均地温低，冻土的储冷量大，一般情况下，工程作用不易使其发生热扰动。据青藏公路、铁路实践经验证明，在年平均地温高于−1.5℃时，基础仅采用简单工程措施是不能保证其稳定的，必须采取综合治理的方法来解决；年平均地温低于−1.5℃时，采用常规方法即可保证基础的稳定。含冰率也是冻土稳定性的主要判定因素，它是产生冻融病害或者不良冻土现象的根本问题。实践可知，少冰、多冰冻土地区冻土基础稳定性比较好，而富冰、饱冰冻土和含土冰层地段，工程的轻微扰动也会给基础的稳定性产生巨大影响。因此，多年冻土区的稳定性区段主要指年平均地温低于−1.5℃的少冰、多冰冻土地段及多年冻土融区区段。在这些区段进行线路选线与优化时，应遵循如下思路：

（1）多年冻土非融区稳定性区段，一般情况下线路经过区气候严寒，可能存在海拔地势都比较高、高原缺氧严重、人工作业难度大，因此选线选位时可优先考虑作业方便、交通便利及人员劳动强度不大的地方；

（2）线路穿越河流融区稳定性区段时，跨河点必须力求选择在河道最窄、河床平直、河岸稳定、两岸地形较高（不能淹没、冲刷的地方）、地质条件较好的地段，线路与河流尽量垂直；

（3）线路穿越多年冻土融区地段时，应避免使同一塔位分别立于融土和多年冻土两种不同的地基上；

（4）线路穿越多年冻土稳定性区段时，转角塔不宜选在山顶、河岸以及坡度较大的山坡上，转角塔应尽量选择在平地或缓坡上，还应考虑铁塔相邻档距的位置，避免出现过大或者过小档距；

（5）多年冻土区稳定性区段，一般情况下海拔较高或者有河流通过，区段内空气湿度可能相对较大，容易出现覆冰引起的病害，因此路径选择和塔基定位时要注意耐张段的布设和转角塔的定位。

4.2　多年冻土区输电线路杆塔定位及变电站站址选择

4.2.1　杆塔位置选择

杆塔位置选择需顾及多方面的要求，其中从保持冻土地基长期稳定而言，要特别关注冻拔、融沉和斜坡流变的危害。设计过程中应根据地貌形态区分高-低含冰率土、粗-细粒冻土、斜坡-平地-丘顶-湖沼位置这些不同的塔基冻土地基条件，按其和设计工况的不同组合，以冻结和融化两种状态分别验算，分类对待。

1）依冻土特性的塔位选择

就冻土特性而言，塔位选择时应遵循"选高不选低、选阳不选阴、选干不选湿、选融不选冻、选裸不选盖、选粗不选细、选避不选进、选直不选折"的思路。具体说明如下：

（1）塔基宜选择在地势相对较高的地方，而不宜在山坡坡脚。

（2）当线路穿越山坡时，一般选择在阳坡立塔，尽量减少在阴坡的级数。

（3）塔位应选择在干燥、含水率小的地方，而不宜在沼泽湿地通过；当线路穿越融区、冻融过渡带及冻土区时，尽量选择在融区立塔。

（4）塔基一般定位在植被裸露的地段，植被覆盖度好的地段往往厚层地下冰发育，不宜立塔。

（5）在不同地质条件下，线路宜选择在岩石、卵石土、砾石土、粗中砂等粗颗粒地层地段位置。

（6）对于不良冻土现象发育地段，线路和塔基应尽可能避绕并保持一定距离。

（7）由于冻土蠕变的特性，在不可避免的高含冰率冻土区，线路宜以直线方式布设，避免因过多选择转角塔以及线路长期侧向受力和冻土蠕变而可能产生的塔基倾斜。

2）依冰川及寒冻风化特性的塔位选择

在冰川及寒冻风化区，塔位选择的总体原则可以概括为："选整不选碎、选盖不选裸、选避不选进、选跨不选入"。具体说明如下：

（1）在基岩裸露的山区，塔基应优先选择布设在结构整体性较好的基岩上，避开结构松散的岩石堆积体。

（2）在冰川堆积物上布设塔基时，应优先选择年代久远，表层植被发育，孔隙被细颗粒土填充且密实度高的堆积物。

（3）在冰川堆积物边界附近，应尽量将塔基布设于松散堆积物外，同时尽量选择地势较高的地段，避免出现堆积物滑塌危及塔基安全性。

（4）在冰川作用区，当线路经过冰斗、角峰、刃脊等冰蚀地貌时，线路应绕避；当无法或难以绕避时应将塔位选于立塔条件较好的角峰或刃脊上，避免在冰斗内立塔。

3）依交通便利的塔位选择

多年冻土发育区，多数情况人迹罕至、交通不便，给施工和运行带来极大不便。考虑到施工、人工作业以及交通便利等条件，塔位可作如下选择：

（1）线路在多年冻土融区穿行时，由于施工对冻土环境扰动小，施工条件相对便利，因而塔位选择以地质条件最有利的地段为主，尽量在地表干燥、植被稀疏、岩土裸露、地势向阳的斜坡顶部立塔。

（2）当线路穿行于多年冻土融区、岛状多年冻土区时，由于各类冻土类型热稳定性条件、含冰率等不同，塔位不能选在坡脚，尽量在干燥的斜坡中上部立塔。

（3）当线路穿行于热稳定性好的多年冻土区时，塔位选择可优先考虑作业方便、交通便利、人员劳动强度不大的地方。

4）冻土地基环境与塔位选择

不同岩性的土，其热物理性质、表面换热条件、持水能力及渗透性均不同，因而与之对应的冻土地基环境也不一样。一般而言，低含冰率冻土较高含冰率冻土的地基稳定性好，产生的问题易于处理。粗颗粒土由于比表面积及比表面能小，持水能力差，土中含冰率少，多以少冰冻土和多冰冻土为主，冻融病害率低；而细颗粒土，由于土的比表面积和比表面能大，持水能力强，冻融时对水分迁移和成冰结构的控制能力强，因而含冰率比较高，常以富冰和饱冰冻土为主，有些地段甚至为含土冰层，是冻融病害多发区。故塔位选择时，多以粗颗粒土地区且水系不发育的地区为宜。

5）关键塔位的选择与保护

关键塔位主要指输电线路中的耐张塔、转角塔、大跨越塔及终端塔等，其在多年冻土中的选择和保护需要得到更多的关注。

（1）转角塔和耐张塔一般不宜选择在斜坡中、下部。因为，斜坡部位的转角塔和耐张塔一般两侧存在高差，使得一侧导线垂直档距为负值时出现上拔力，另一侧垂直档距为正值时出现下压力，出现铁塔两侧应力不平衡。同时，由于冻土的流变性会加剧斜坡地段塔基的变形，因而影响铁塔的稳定性。

（2）不宜在高含冰率冻土区和多年冻土高温不稳定区布设转角塔和耐张塔，如果必须布设时，要采取一定的冻土保护措施，如块石遮阳基面、热棒、油砂、保温、隔热及砂砾石反滤层等。

（3）线路穿越高含冰率和高温不稳定冻土区时，宜尽量增加耐张段长度，减少冻土不稳定区的耐张塔和转角塔的塔基级数，而且转角塔的转角不宜过大。

（4）线路穿越岛状多年冻土区时，转角塔和耐张塔不宜立在冻土岛上，要尽量选择在融区立塔。

4.2.2　变电站站址选择

变电站站址的稳定性，取决于地基基础的热学和力学稳定。因此，选择多年冻土工程地质条件良好的建筑场地是维持多年冻土区变电站长期稳定的有力保障。多年冻土地区变电站站址的选择除了要遵循非多年冻土地区选站、选址要点外，还需关注冻土地基的长期稳定性，尤其是冻拔、融沉和斜坡流变的危害。多年冻土地区变电站建筑场地，优先选择在基岩出露或埋藏浅的地段；其次选择不冻胀或弱冻胀、不融沉或弱融沉向阳干燥的粗颗粒土和低含冰率多年冻土分布地段；避开冰丘、冰锥、热融湖塘、热融滑塌、厚层地下冰等不良冻土现象发育地段，以及不宜选择融区与多年冻土过渡带、高含冰率多年冻土分布地段和多年冻土地区的边缘地带。工程中可参考输电线路杆塔位置选择的内容，综合考虑确定。

水是影响多年冻土区变电站地基基础稳定的重要因素。地表水和地下水对多年冻土的热侵蚀，是多年冻土上基础变形破坏的重要原因。因此，变电站站址选择应充分考虑场地不受地表水和地下水影响或场地具备有利的防、排水条件，还要关注冻土环境及工程建设后冻土环境变化的影响。

4.3　多年冻土区勘测方法

4.3.1　多年冻土区勘测工作的特殊性

冻土是由颗粒骨架、水、冰和孔隙等多相介质在低温特定环境条件下形成的特殊物质，其物理性质除与土体原有物理性质密切相关外，还与所在位置的温度场、水分场和应力场等密切相关。冻土特殊的工程性质决定了其与一般地区工程勘测方法和测试技术的差异性。冻土区勘测工作的特殊性主要表现在如下几个方面：

（1）勘测对象的敏感性与多面性。冻土是由各种成分组成的非常复杂的天然多相地层，含有矿物颗粒，固、液态水，以及气体等。由于特殊的物质组成及生存环境使其易发生热扰动和具有强烈的水热活动，轻微的工程活动都将对其稳定性构成威胁。同时，由于冻土所具有的相变特性、物质迁移特性、热物理特性、体积膨胀-收缩特性以及强度（冻结强度、流变性等）等特性与常规土有明显的差异，因而给勘测工作带来巨大挑战和困难。

（2）勘测季节的特殊性与制约性。由于冻土易发生热扰动及水热活动强烈，因此根据勘测的对象和目的不同，其勘测时间也有严格的限制，具有明显的制约性。一般来说，在冬季勘测，容易调查冻结冻害问题，不易造成冻土的融化和施工滑塌，还能减少热侵蚀作用。但是，冬季由于表层冻土的冻结使得一些物探仪器高阻屏蔽难以获得理想的勘探结果，同时坚硬的地表也给一些钻探设备的使用带来较大困难；夏季由于气温高以及多变的气候环境，便于调查热融冻害问题和融化深度，但勘探测试时容易发生热量侵入及雨水入渗，影响冻土的稳定性。因此，冻土勘测作出合理的季节安排以及在不同的季节侧重于某些冻土问题，对冻土稳定性及获得合理的勘测结果都具有重要意义。

（3）勘测作业的特殊性与严格性。由于受地温和含冰率的影响，多年冻土热稳定性显得极为脆弱，轻微的热扰动都将引起冻土工程性质的改变。一般情况下，对于不同含冰率地段的冻土，勘测施工方法是不同的。少冰、多冰冻土地段，勘测施工对冻土环境的热扰动小，因此可以采用开挖的方法进行。而富冰、饱冰以及含土冰层冻土地段，由于冻土环境对热扰动十分敏感，开挖的方式会影响冻土的稳定性。因此，冻土区勘测施工过程、作业方式的选择以及具体的勘探工艺与常规地区相比具有明显的特殊性与严格性。

（4）现场环境的特殊性与严酷性。在青藏高原，由于高寒、干旱、缺氧使冻土生态环境显得极为脆弱，对扰动特别敏感，且破坏后难以恢复。因此，在青藏高原多年冻土区进行勘测、施工，合理的施工环境协调显得尤为重要。一方面冻土区大多交通不便，一些适宜的勘测设备难以到达现场，即便可以到达现场，但机械施工对冻土环境扰动大，易于破坏冻土植被和冻土的稳定性；另一方面人工作业面临气候寒冷、缺氧严重、劳动强度大、无法长时间滞留高原之上等特点。与常规地区相比，勘测现场环境具有明显的特殊性和严酷性。

4.3.2　勘测方法选择

1）勘测方法的类型

适宜于冻土区勘测的方法主要有钻探、工程物探、便携式勘探及坑探等。由于冻土区大多交通不方便，所以钻探工具和操作方法要适应冻土区特点，一般以轻便钻机为主（表4-1）。

便携式勘探一般指钢钎打入、麻花钻、钎探和洛阳铲等。

多年冻土区常用的轻便钻探工具　　　　　　　　　　表 4-1

种类	工具特征	主要优缺点	适用条件
锥探	形状很像洛阳铲，头部多呈圆管状	轻便、效率高、能取出少量土样，2~3 人操作	黏性土、砂类土及小碎石类细颗粒土、砂，用以查明冻融界面
插探	直径 6~8mm 的钢钎，上有刻度	极轻便，1 人操作，凭手感判断地层及冻土状况	沼泽湿地，黏性土，细砂类土，用以查明冻融界面
钎探	一般钢钎加大锤	可钻 3m 深，用以辅助上述 2 种方法配合使用	可钻到较硬的地层及高温多年冻土层内一定深度处，打孔后可进行测温
小型钻机	轻型钻	动力小，勘探深度 10~20m，可取样，需 3~5 人操作	在冻土、融土层内均可施钻，应用范围广，取出岩芯较完整，是冻土区普遍使用的钻探工具

物探是指地球物理探测方法。地下不同部位的地质体在形成和演化过程中，由于其所处的地质、地理、温度场、水分场等各种物理场外部环境的不同，以及地质体形成时物质来源等内部条件的不同，造成了地质体在构造、组构成分上会发生很大差异，所表现出的各种物理性质（包括地质体的电性、密度、弹性、磁性等特征）自然会有所不同，物探方法正是利用和通过对地质体的种种物性差异的勘测，间接达到对地下地质情况勘测和了解的。物探方法种类较多，但是经过大量实践验证可知，四极电测深、面波、高密度电法及地质雷达在冻土区效果较好，更适宜于选用。

2）勘探方法的特点及冻土适宜性

冻土区钻（坑、槽）探方法的特点是可以精确了解研究区冻土的场地特征，明确冻土的地层岩性、冻土的含冰特征、冻土上限、季节冻土冻结深度等，可以达到详细了解场地的工程地质条件，为解决冻土区地基基础的工程地质问题提供设计参数和岩土资料。开展钻（坑、槽）探工作一方面对冻土环境的破坏比较明显，另一方面对作业人员劳动强度的要求比较高，同时有些地段因交通不便，钻机及其他机械设备要进场工作，还需另外开辟通道，这就使得钻探工作与冻土环境保护和人工作业等有了紧密联系，使其工作的开展受到极大限制。但是，为了查清冻土的工程地质条件及工程地质问题，钻探工作的开展从工程安全性来说是少不了的。因此，根据冻土区钻探技术的特殊要求，为了保证质量、节省人力、提高效率，就必须合理选择钻探设备和仪器，尽量做到环保和轻便。总之，钻（坑、槽）探工作效率较低，勘探成本高，成果提供周期较长，不能及时提供资料，且对场地有损创作用，对冻土稳定不利，因此一般只宜在一些关键地方采用。

物探方法具有速度快捷、成本低、勘探剖面布设灵活、可变、手段多样、勘探剖面资料连续等诸多优点，工程建设中可节省勘测成本、加快建设速度，但是物探方法精度不高，在一些关键部位还需要钻探方法补充验证。由于冻土的导电性、介电常数等差异，使得物探方法在不同冻土类型及不同季节对冻土勘测的适宜性也是有差异的。

3）冻土区勘测方法的综合选择

钻（坑、槽）探方法由于只是在点线上揭示目的物，在一些较复杂的地质条件下很难完整地反映冻土地下的变化情况，为查清冻土区岩土层在地下空间的展布情况、含冰率特征及冻土上限等，往往需布置大量钻孔，这样做费时费力且对冻土环境的扰动较大，效率较低。随着物探方法、技术的发展及先进仪器设备的应用，可以以极高的效率完成对冻土上限、含冰率、地层岩性等界定及为一些物理力学参数提供资料，但由于物探方法的多解性、复杂性使物探结果的可靠性大打折扣，大多数情况下需要钻探工作的验证。因此，为实现工程勘测效率性与可靠性的统一，需要将钻探手段和物探方法有机地结合起来进行综合应用。

冻土区勘探方法选择总的原则是：冻土地质条件简单区域物探方法即可解决问题，而地质条件复杂地域要同时选择物探和钻探手段。当同时采用物探和钻探手段时，应采取"先物探，后钻（坑、槽）探"的工作模式，以最小的投入达到最大的产出。青藏直流联网输电工程勘测从"保护冻土"的理念出发，统筹研究冻土特性、现场环境和线路工况，采用轻便勘探、工程物探、钻探取样、测试/测温的验证性组合勘探模式，建立了多年冻土区输电线路"轻迹化"的岩土工程勘察技术体系，引领了冻土区高等级输电线路全新勘察模式的建立。由于多年冻土区交通不便、空气稀薄、气候环境多变、生态环境脆弱、作业难度大且钻探对冻土环境的破坏比较严重，工程物探方法得到了广泛使用。如在±400kV青海—西藏直流联网工程岩土工程勘测中，根据多年冻土的类型、分布及空间展布情况，主要采取了逐基地质调查、逐基拍摄照片（部分重点地段拍摄视频录像）、插入钢钎、工程物探、钻探、现场土工试验、地温测量等勘测方法，其中近40%塔位采取了工程物探手段。

勘测方法的综合选择思路可概述如下：

（1）相似或相同地貌单元、地层结构相同的塔基采用"多物探、少钻探"的思路。可根据地貌或已有地质资料对沿线多年冻土区进行地貌及地层结构上的分区，然后对"相似或相同地貌单元、地层结构相同的塔基"利用综合地球物理方法进行全方位勘察，最后采用少量钻孔进行物探验证。同时钻孔验证的资料又可以反过来对物探资料的解释结果进行标定，这样不仅可以提高解释精度而且可以为物探技术人员积累工作经验。

（2）对位于融区或岛状冻土区的塔基除钻探外应布置较小的测网进行物探。由于钻探仅为"一孔之见"，可能无法查清融区及岛状冻土的界限，因而给地基基础稳定性留下安全隐患，这时可以利用物探反映信息丰富的特点布置较密的测网进行勘探，查明融区及岛状冻土区的界限。

（3）对于传统勘探方法勘探存在困难的塔基，尽可能采用物探方法查明。对于高原山坡或山脊上的塔位，由于钻探工作在这些地方往往存在交通及施工作业等较多难题，因此可以利用物探方法快捷、便利的特点进行勘探，这样不但能解决工程的实际问题，而且可以保证勘察资料的完整性。

（4）对地层相对变化较大的塔基，物探配合钻探进行勘测。如对于输电线路工程，物探显示塔基 4 个塔腿下冻土工程特性变化较大的塔位，要综合利用物探及钻探方法从空间上详细、准确地探测地层细部特征。

4.4　多年冻土区工程地质钻探

1）钻探季节

多年冻土区钻探应结合冻土的特点、工程类型、勘探目的，选择在适当的时间内进行。冻结或融化作用形成的不良冻土现象的发生、发展及分布规律的调查和勘探，宜分别在其发育期 1 月中下旬至 2 月初或 7～9 月进行，查明多年冻土上限埋深及工程特性的勘探宜在 9 月、10 月进行。同样，季节冻土区查明最大冻结深度的时段应选择在 1 月中下旬至 2 月初进行。

2）钻探技术控制要点

（1）钻探要能揭示多年冻土上限深度，季节冻土冻结深度；了解多年冻土的含冰特征；

（2）钻探过程中要对钻孔编号、位置、天气现象、场地地形地貌、地表条件、钻孔自上而下岩性特征以及钻孔日期等进行详细编录；

（3）钻进时回次和钻进时间不宜太长，以免破坏冻土结构；

（4）地温观测孔和其他观测孔钻探施工，需要制定相应的钻探技术要求并实施，如钻孔孔径、深度、套管和滤水管设置以及需要配合完成测试仪器、测试元件的埋设要求，孔壁的回填、止水、隔热和封闭等技术要求。

3）冻土钻探工艺

（1）冻土钻探开孔直径的选择：为防止岩芯融化孔径宜大，钻孔直径选用 150mm 为宜。

（2）钻头选用：团结式硬质合金钻头，主要用于少冰冻土；单粒硬质合金钻头，用于高含冰率的冻土。

（3）施钻方法：冻土覆盖层采用无泵干钻，进入基岩顶面后，下入套管隔住冻层，防止融化坍塌，再使用冲洗液循环回转钻进。当地温较高或在少冰冻土中，为了保证岩芯质量，必要时可设置护孔管及套管，防止地表水或地下水流入孔内。

（4）操作技术：操作时，思想要集中，随时认真判断孔内情况。升降钻具要迅速平稳，防止岩芯脱落。下钻时，必须扶正钻具，速度要慢，钻头不得与孔口和孔壁互相撞击，防止碰坏钻头上镶焊的硬质合金。扫孔时，压力要小，转速要慢，待钻头到孔底工作平稳后逐渐增加压力，方可慢慢开足转速。采取岩芯时，如孔内有残留岩芯或脱落岩芯，要设法及时清孔，以免影响钻进效率和由于岩芯自摩擦生热破坏冻层的结构。提取岩芯时，不得开快机、猛提或猛墩钻具。在外界气温较高时，下钻前应将钻具清洗冷却后降入孔内，最好配备两套同径钻具，更换使用。在遇到融区、地下涌水时，应下入套管严密封闭，防止水渗入冻土层而引起岩土融化。遇有机械或其他因素影响，如停钻时间较长，需将钻具全部提出孔外，同时孔口应加保温盖使孔内温度不受地面气温的影响。应根据地层情况而选用钻头，冻土层内不宜采用磨钝的钻头，应将锋利钻头用于含冰率较高的层位。

（5）钻进回次控制：是操作技术指标的重要环节，冻土回转钻进回次不宜太长，回次进尺不宜过多，应根据冻土名称、岩性特征而分别确定。根据资料及经验，冻土钻探回次进尺随含冰率的增加、地温降低可以加大。冻土层为低含冰率松散地层时，采取低速钻进方法，回次进尺为 0.20～0.50m；对于高含冰率冻土钻探的回次进尺控制在 0.50m 以内；对含碎石、卵石较多的土层应少钻勤提，避免岩芯全部融化，钻进 0.15～0.30m 即需要提钻。

（6）冲洗液使用：泥浆循环钻进携带有大量热能，对冻结状态的地层易起融化作用。特别在夏季钻探，在冻结层含冰率较小的情况下，往往采取原状岩芯特别困难，因此不使用泥浆循环钻进方法。另外，水的循环会使孔壁融化，发生掉块、坍塌，易造成孔内事故。基岩钻探必须使用冲洗液时，应首先下入套管隔住冻层，然后再采用冲洗液循环钻进。

（7）勘探工作完成后按原状及时封闭回填，有条件的还需恢复植被。

4）钻孔编录

钻探记录按钻进回次逐段描写，对岩芯及时鉴别和描述，并拍照留档。冻土岩芯除应认真记录其岩性、地层结构及颗粒组成外，应着重对地下冰和冻土类型进行观察、记录和详细描述。

（1）冻土结构类型：是指冰与土层之间的排列关系，根据土中冰的位置、形态等，冻土可分为 3 种结构类型，如图 4-1 所示。

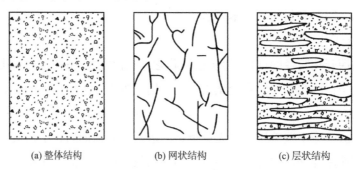

(a) 整体结构 (b) 网状结构 (c) 层状结构

图 4-1 多年冻土结构类型

①整体结构：温度突然下降，冻结很快，水分来不及迁移、聚集，土中冰晶均匀分布于原有的空隙中，这种结构使冻土具有较高的冻结强度，融化后土的原有结构未遭到破坏，一般不发生融沉。故具有整体结构的冻土，其工程性质较好。

②网状结构：一般发生在含水率较大的黏性土中。土体在冰冻过程中，发生水分的移动和聚集，在土中形成交错的网状冰晶，使原有土体结构受到严重破坏，这种土体结构不仅会发生冻胀，而且融化后含水率变大，呈软塑或流塑态，发生强烈融沉，工程性质不良。

③层状结构：土体与冰层和冰透镜体互层，冰层厚度可达数厘米。土在冻结过程中发

生大量的水分移动，有充足的水源补给，而且经过多次冻结—融沉—冻结后形成的层状结构，原生结构完全破坏。这种结构的冻土冻胀性显著，融化时会产生强烈融沉，工程性质不良。

（2）冻土冰的成分：首先观察冰在冻土层中的分布与存在形式。冰是粒状的（即像砂粒一样分布于土层中），还是层状的（即基本上水平分布，有一定的厚度，由 1～2mm 至几米厚），或透镜体状（即像透镜体，但大小不一），或裂隙状（填充于岩石裂隙之中）。粒状冰应测定颗粒直径大小，层状冰应测定其厚度并记录最大厚度与最小厚度；透镜状冰应测定透镜体的大小、宽度和厚度形状；裂隙冰应记录厚度、宽度、长度和发育情况。含冰率的大小可按冰与土分布占据面积的大小来估计。

（3）融化深度：在钻探过程中，记录当时天然状态下的融化深度和准确日期，以便分析判断冻土上限的准确位置。最终的冻土上限位置判定，要结合已有的科学观测数据和试验指标结果来综合判定。融化深度判定方法有：根据某深度下坑壁或岩芯中是否含冰、是否块状冻结判定；根据融土硬度小、冻土硬度大以及融土颜色深、冻土颜色浅等钻探特征判定；根据麻花钻、钎探融土进尺快、冻土很难进尺甚至反弹判定；根据地温为 0℃时的深度判定。

（4）地下水位观测：季节性冻土区、河流融区地段完成的钻孔应进行地下水位量测。处于多年冻土层之上的地下水应观测和记录，在暖季消融和寒季冻结过程中，由于消融和冻结方向不完全一致，冻土内常存在未冻结区域，勘测过程中会遇到未冻结地下水，遇多层地下水时应分层测定，需要时还应采取水样。

5）岩芯试样的保管

取芯钻探是多年冻土地区工程地质勘探的重要手段，取出的冻土岩芯，一部分用于现场鉴定，另一部分供做试验使用。从孔内取出的岩芯试样易受气温影响，融化或干涸而改变冻土的原有状态。因而，必须做好岩芯的保管工作。

（1）供室内试验的试件处理：按预计深度取样并将取芯工具由孔内提出后，严禁用锤敲击振动和管钳乱卸，应用专业工具小心夹拧卸开，以免振碎、夹坏使试样变形。然后快速填写标签，装进密封盒中，立即放入低温保温箱中妥善保管。在送运途中要防止剧烈振动，以保证安全运至实验室。

（2）供现场鉴定的岩芯：在钻进效率较高时，取芯率可以达到 90% 以上，为不使岩芯堆积，应及时描述鉴定。对短期内来不及鉴定的岩芯，必须按尺寸先后顺序排列并加强防融化保护，如用防热层掩盖、挖坑掩埋或盖上草皮等，防止融化以便准确鉴定。

4.5　物探技术在多年冻土区输变电工程中的应用

物探是地球物理勘探的简称，是以岩石、矿石或地层与其围岩的物理性质差异为物质基础，用专门的仪器设备观测和研究天然存在或人工形成的物理场的变化规律，进而达到查明地质构造，解决工程地质、水文地质以及环境监测等问题的一种勘察手段。物探不需要破坏土层，即可探测到地下构造，具有勘察进度快、勘察成本低、勘察剖面布设灵活和勘察剖面资料连续的特点，使其成为多年冻土勘察工作中的重要组成部分。

对冻土而言，土体在冻结和融化过程中，土体中所含的水分会发生迁移、冻结，引起冰在地质体中的不同部位以不同形式进行富集和消散，从而使土体中的水分含量、孔隙率、冻土结构和构造发生显著改变，进而造成不同地质体和地层之间诸多物理性质的差异，如冻土的电阻率、电导率、介电常数和纵横波速度等。以冻土的介电常数为例，自由水的相对介电常数为81，冰的相对介电常数为3.15，因此冻土与融土的介电常数差异很大，例如含水率为20%的土壤在3℃时的介电常数为16，而在−3℃时的介电常数仅为6。物探技术就是利用这些物性参数的差异来进行勘察，进而达到在冻土地区了解地层、地质情况的目的。

由于传统的工程勘察手段受到工作效率、工期、成本的影响，很难全面准确地了解多年冻土的分布情况，而物探作为工程勘察的手段之一，具有勘察成本低、效率高的特点，能从纵向和横向比较全面地了解地层的变化情况，且多为无损勘察；其缺点是勘察结果存在多解性，需要和钻探、坑探等勘探结果进行对比验证。通过点的对比验证，由点到线，由线到面，推断出更加符合实际的地质情况。因此，物探技术在冻土的勘察和研究中发挥着愈来愈重要的作用，物探技术也已成为冻土勘察的重要方法之一，并且已经在确定冻土分布区域、冻土上限和下限、判别冻土类型和划分冻土地层方面取得了长足进步。

近年来对称四极电测深、面波、地质雷达和高密度电法等物探技术在电力行业多年冻土勘察中被广泛使用，具有代表性的为西北电力设计院有限公司结合青藏直流联网工程、玛多—玉树330kV输电线路工程、750kV伊犁—库车输电线路工程等对多年冻土区物探技术进行了一系列的研究和实践。在实际勘探过程中，由于路径较长，而且冻土层所覆盖的地形、地貌十分复杂，单一的物探方法存在局限性。依据多年冻土的地球物理特征，采取综合物探技术方法，充分发挥不同方法的优势，实现优势互补，能更加准确有效地进行多年冻土勘察。

4.5.1　多年冻土区物探工作的原则

根据各种物探方法解决工程问题的侧重点和应用效果的差异，多年冻土区物探工作的原则为：

（1）单一方法与多种方法相结合：物探工作高效、快捷，将几种物探方法综合应用于同一场地会很大程度上提高勘察成果的准确性，但也会造成勘探效率低下和勘探成本的增加。在实际勘探中以一种方法为主（如地质雷达）进行勘探，在获知地层连续剖面的情况下，可以通过对地层异常区域或部位进行综合物探，提高冻土的勘探精度、深度和勘探内容，从而达到效率与精度的结合。

（2）物探与钻探相结合：通过物探可以快速进行地层、冻土变化情况的勘探，但还需要钻探的验证和定量分析。钻探通常在物探指导下进行，主要布置在地层变化的关键部位、异常变化部位、控制区段。通过钻探控制地层变化，通过物探进行地层的合理分析，由此充分发挥各自的优点，达到两者的有效结合。

（3）粗放与细致相结合：结合冻土勘探目的对不同区域进行不同程度的勘探工作。在输电线路工程中，冻土工程地质条件基本明确且一致性较好，塔基形式也基本一致的地区，可进行较为粗放的勘探方式，塔位勘探采用物探方法占比可按 30%～50%。对于冻土工程地质变化复杂地段则需要加密勘探乃至逐基勘探，如山前缓坡、丘陵地带、植被发育地带、冻融过渡段、不良冻土现象可能发育地带等。

（4）勘探结果与施工过程有效结合：通过前期勘探工作可以解决绝大部分冻土工程地质问题，由于冻土空间分布多变性、地下冰分布的复杂性，勘察结果与实际情况会有所差异，在施工过程中，当出现与前期勘察结果不相符合时，还需结合现场情况进行配合处理，必要时进行补充勘探。

4.5.2 多年冻土区物探方法应用

1）冻融界面识别和冻土上限

由于土壤冻融状态通常具有比较显著的介电常数差值，多年冻土区采用地质雷达勘察时，通过具有连续、强振幅的反射同相轴图像特征可识别冻融界面。雷达反射波相位特征是区分地层、含水率界面和冻结融化或者融化冻结界面的有效信息之一。图 4-2 为二维地质雷达图像，根据反射波形相位特征，可以识别浅部的反射波为冻结/融化层界面，以及较深处的冻结/融化层界面。基于同相轴追踪和波形相位区分，可以识别地表冻结层、下部融化夹层以及空间起伏变化的冻融锋面。根据季节融化层深度结合融化进程图可计算出多年冻土上限。

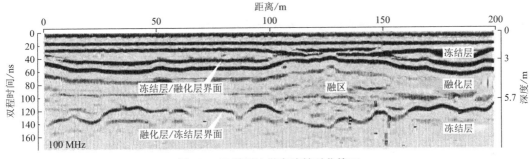

图 4-2 地质雷达勘察冻结融化锋面

图 4-3 为某工程地质雷达剖面，并布置探坑进行对比验证。场地地貌为冲洪积平原，地形平缓，粗粒土地层，植被一般。从图 4-3 中可以看出有一条明显的反射波同相轴，推

断此强反射层为多年冻土上限反射所致，解释深度约为1.4m。通过探坑揭露多年冻土上限深度为1.4m，与地质雷达解译的深度相当吻合。

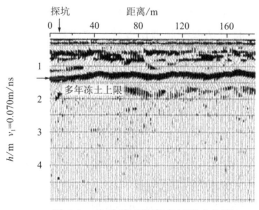

图4-3　地质雷达勘察多年冻土上限

在青藏高原北麓河进行了高密度电法勘探试验工作（图4-4）。场地地貌为冲洪积平原，地形较平缓，细粒土地层，植被发育。从高密度电法解译结果可以看出，多年冻土上限在1.2～4.2m，多冰区为片状不连续分布，厚度2.5～6.0m。在高密度电法解译的多冰区进行了钻探验证，高密度电法解译多年冻土上限约为1.5m，多冰区厚度为2.5m；该位置钻孔资料显示多年冻土上限约为1.8m，多冰区厚度为2.0m（图4-5）。高密度电法解译成果与钻探资料相当吻合。

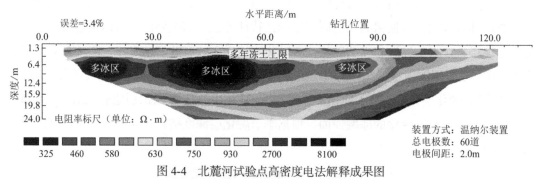

图4-4　北麓河试验点高密度电法解释成果图

图4-5　北麓河试验点钻孔揭示地下冰照片

高密度电法较之普通对称四极电测深反映的地电、地质信息更丰富直观，它从线（或面上）反映多年冻土的地电特征。由于季节冻土和多年冻土之间存在明显的电性差异，在高密度电法剖面上可以看到明显电性变化界限（多年冻土上限）；当地层含冰率较大时，其电阻率急剧增大，在剖面上为一高阻带（或高阻闭合圈）。结合钻探验证分析，进而提高高密度电法解释准确性和可靠性。

2）冻土地下冰识别

图 4-6 为融化季节多年冻土区地质雷达图像，浅层融化锋面表现为连续的具有强振幅的同相轴。测线后半段陡峭的倾斜叠加散射波形由较浅的点状反射层生成，对应于多个小的冰透镜体发育的高含冰率冻土层。测线左侧的低含冰率冻土最大融化深度达到约 4.5m，而右侧的高含冰率冻土层融化深度远小于低含冰率区域，其原因是高含冰率区域融化过程中需要更多的热量融化地下冰。

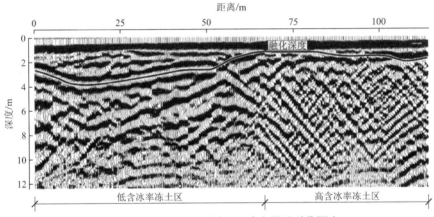

图 4-6　多年冻土区不同地下冰含量及融化深度

330kV 玛多—玉树输电线路工程进行了多年冻土类型划分。场地地貌为冲洪积扇，地形较平缓，粗粒土，植被较发育。综合物探方法采用了地质雷达（50MHz RTA 天线）和高密度电法，物探解释成果见图 4-7、图 4-8。

物探成果与钻孔进行对比分析：物探分三层，0～2.8m 为少冰冻土，2.8～5.6m 为饱冰冻土，5.6m 以下为含土冰层；钻孔资料分三层，0～2.7m 为少冰冻土，2.7～5.0m 为饱冰冻土，5.0m 以下为含土冰层。

通过分析可以看出：

（1）在多年冻土区进行物探时，因冻结后物性差异取决于冻结后的含冰率差异，故可区分多年冻土类型。由于冻结后的第四系地层物性差异变小，不能使用物探方法区分第四系地层。

（2）物探方法在解决多年冻土类型的划分方面是个难点，地质雷达和高密度电法均可用于第四系多年冻土类型的划分，在图像特征上高密度电法要明显优于地质雷达法。因此，在第四系多年冻土类型探测中优先推荐高密度电法。

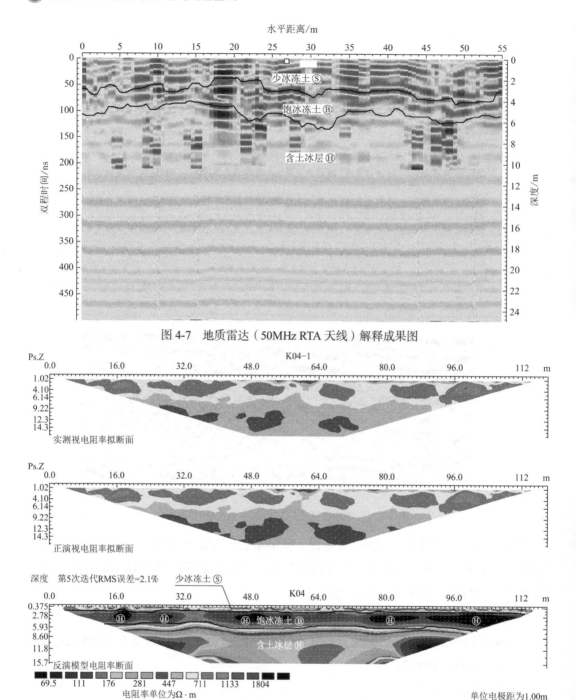

图 4-7　地质雷达（50MHz RTA 天线）解释成果图

图 4-8　高密度电法实测、正演及反演解释成果

3）多年冻土与季节冻土的分区界线

多年冻土与季节冻土存在一定的物性差异（仅在第四系地层中差异较大，在基岩区差异较小），采用物探方法可划分多年冻土与季节冻土的分区界线。图 4-9 为 241 国道 K699附近试验点地质雷达解译结果，多年冻土冻结后地层间电性差异变小，雷达图像上表现为反射能量弱；季节冻土区取决于地层本身的物性差异，反射能量强。地质雷达图像存在明

显差异,因此推断 K699 + 200 处为多年冻土和季节冻土的分区界线,分界点以北为多年冻土区,以南为季节冻土区。

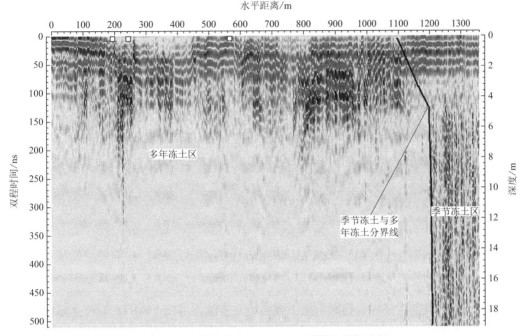

图 4-9 地质雷达(50MHz RTA 天线)解译成果

多年冻土与季节冻土的分区界线勘察工作量较大,一般现场工作采用快捷、高效的地质雷达方法,若受制于地表水等工作环境局限性,可以综合采用高密度电法、瞬态面波等其他物探方法。为了解释结果的可靠性,在同一地质条件下还应进行必要的地质勘测加以验证分析。

4)岛状多年冻土和融区勘察

由于岛状多年冻土及岛状融区各地层间的物性差异取决于各岩土层成分、含水率及结构等,主要以地质分层为目的,也可以划分多年冻土边界。综合物探方法应以地质雷达法为主,并配合瞬态面波法、对称四极电测深法、高密度电法。

某工程进行多年冻土工程地质勘察,场地地貌为冲洪积平原,地形平缓,粗粒土,植被一般。在 K364 + 152 钻孔处显示为融区,而 K364 + 414 钻孔显示该处为多年冻土,季节融化深度 3.3m。为了确定多年冻土边界,在该段沿线路纵向进行了地质雷达探测,图 4-10 为地质雷达划分多年冻土边界的解译成果图。

从图 4-10 中可以看出:K364 + 100~K364 + 405 段地表以下 0~12m 深度范围内几乎全部为低频强宽幅疏松波(弯曲、粗宽),波形杂乱;K364 + 405~K364 + 550 段地表以下 0~3.2m 深度范围内雷达波形也为较杂乱的低频强宽幅疏松波,但 3.2m 以下雷达图像为高频低振幅波,波形较规则。因此推测在平面上 K364 + 405 为融区与多年冻土的分界线,即 K364 + 405 往小里程方向为融区,往大里程方向为多年冻土。而对于 K364 + 405 以后的多年冻土区,地表至 3.2m 为季节融化层,其下为多年冻土。施工过程中的挖探结果与上述判断结果完全吻合。

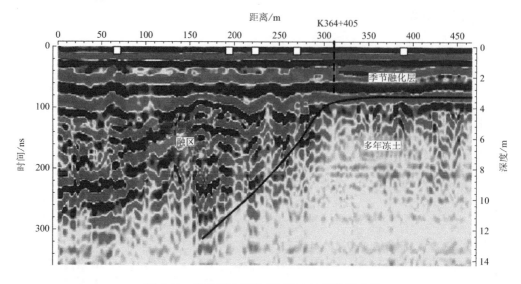

图 4-10 地质雷达划分多年冻土边界解译成果

5）地质分层

玛多—玉树输电线路综合物探采用了地质雷达方法（采用 50MHz RTA 天线）和高密度电进行地质分层。场地地貌为冲积平原，地形较平缓，细粒土，植被较发育。物探解释成果见图 4-11、图 4-12。

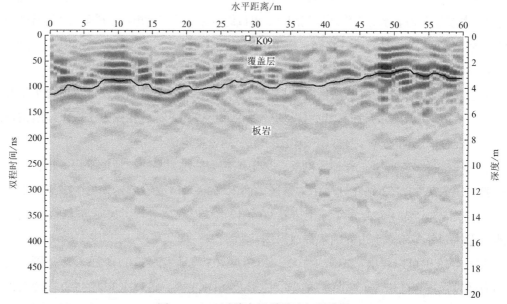

图 4-11 K9 试验点地质雷达解释成果

K09 处物探成果与钻孔对比分析，物探分两层，0～2.8m 为覆盖层，2.8m 以下为板岩；钻孔资料分 3 层，0～0.4m 为冻结腐殖土，0.4～3.2m 为粉土，3.2m 以下为板岩。可以看出，综合物探方法在地质分层方面具有良好的效果。

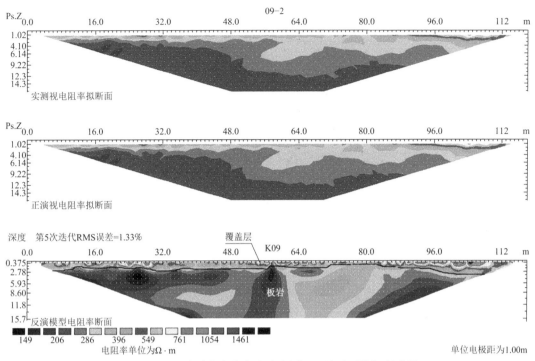

图 4-12　K9 试验点高密度电法实测、正演及反演解释成果

　　某工程塔基位于昆仑山北麓，主要沉积的是第四系碎石土、角砾土，地形较平坦。采取对称四极电测深法和瞬态面波法进行综合物探，解释成果见图 4-13、图 4-14。

　　从反演数据来看：在 2.1～2.4m、4.6m 为分层点，分层点下的物性参数分别与季节冻土和多年冻土相对应。钻孔揭露 0～2.4m 为碎石土、2.5～4.6m 为角砾，物探数据与钻孔数据相当吻合。

　　6）不同冻土问题的综合物探技术应用方案

　　根据他人经验和工程实践可知：第四系松散堆积物、泥岩冻结前后存在显著物性差异，因此可以利用物探方法解决第四系松散堆积物、泥岩冻与不冻的问题。而灰岩、砂岩等冻结前后物性差异不明显，物探方法很难解决冻与不冻的问题。根据既往物探方法成果的分析归纳并结合针对性试验，提出了多年冻土区输变电工程勘察物探方法在解决多年冻土工程地质问题方面的方法适用性，见表 4-2。

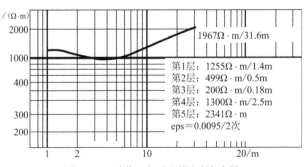

图 4-13　对称四极电测深反演成果

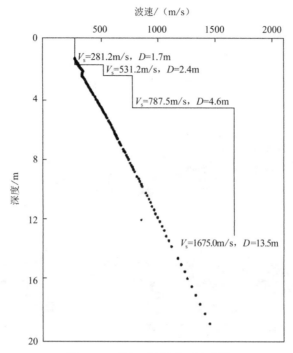

图 4-14　瞬态面波勘察反演成果

多年冻土区工程物探方法选择　　　　　　　　表 4-2

物探方法		多年冻土上限	多年冻土下限	季节冻土与多年冻土的分区界线	岛状多年冻土及岛状融区	含土冰层（厚层地下冰）
直流电法	电测深法	○	○	△	△	○
	高密度电阻率法	△	○	○	○	○
电磁波法	地质雷达法	○	△	○	○	○
	瞬变电磁法	△	○	—	—	△
	大地电磁测深法	—	○	—	—	—
弹性波法	瞬态面波法	○	△	—	△	○
	浅层地震反射波法	△	○	○	○	○
	浅层地震折射波法	△	○	○	—	△

注：○为适宜方法，△为基本适宜方法，—为不宜方法。

　　表 4-2 中仅列出了目前多年冻土区常用的地面物探方法，不排除其他地面物探方法（如电剖面法、自然电位法、天然源面波法等）的使用。工作时应结合多年冻土的物理特性及场地条件、任务目的、工作季节及仪器的探测深度、探测精度等综合选择：如在寒季工作时以非接地物探（如地质雷达法、瞬变电磁法）方法为主，接地物探方法（需埋置电极或检波器的物探方法）则为基本适宜或不宜方法；当多年冻土下限埋深较大时，直流电法和

瞬变电磁法为适宜方法，地质雷达法及瞬态面波法因探测深度较浅为不宜方法。井中探测法的探测效果优于地面物探方法，表 4-2 中虽然未特别说明，但是条件许可时可优先选择。

4.6　多年冻土工程试验与监测

4.6.1　冻土取样与室内试验

在多年冻土工程勘测中，采取保持冻结状态的土（岩）样进行室内测试分析，是冻土工程评价的主要目的之一。按工程要求和现场条件，还可采取保持天然含水率并已轻微扰动冻结土样和不受冻融影响的扰动土样，试样等级可按表 4-3 划分。

多年冻土试样等级划分　　　　　　　　　　　　表 4-3

土样等级	冻融及扰动程度	土样特征	试验内容
I	保持冻结状态	土在原位的应力状态虽已改变，但土的结构、密度（或孔隙状态）、含水率等均变化很小	冻土类型定名，物理力学性质指标测试，热学性质试验
II	已轻微扰动但保持含水率	土的结构、孔隙等有较大变化	冻土类型定名，含水率、密度试验
III	已显著扰动	土的结构等已经完全破坏，只保持天然含水率	冻土类型定名，含水率试验

工程规模大、取土钻孔多、冻土层变化不大的场地可适当加大取样间距，冻土上限附近及含冰率变化大时适当减小取样间距。取出的冻土样应及时装入具有保温性能的容器或专门的冷藏车内快速送实验室，如不能及时送实验室，应在现场测定土样在冻结状态时的密度和含水率。

架空输电线路冻土的物理和力学性质测试是岩土工程勘测工作的主要内容之一，热学性质只有在变电工程中才进行测试。勘测时首先开展冻土的物理性质试验，进行冻土类型划分，这部分工作通常在现场就可以完成。冻土的力学和水化学试验需要在室内完成。冻土室内试验项目可根据工程实际需要按表 4-4 选定。

冻土室内试验项目　　　　　　　　　　　　表 4-4

	试验项目	粗粒土	细粒土
物理性质试验	颗粒分析	○	○
	总含水率	○	○
	液限、塑限		○
	相对密度	○	○
	天然密度	○	○

试验项目		粗粒土	细粒土
力学性质试验	冻胀力	△	△
	土的冻结强度	△	△
	抗剪强度	△	○
	抗压强度	△	○
	冻胀率	△	○
	融化下沉系数	△	○
	冻土融化后体积压缩系数	△	○
水化学性质试验	冻土中冰的化学成分	△	△
	冻土区地下水的化学成分	○	○
热学性质试验	土的骨架比热	△	△
	土在冻结状态下的导热系数	△	△
	土在融化状态下的导热系数	△	△

注：○为必做项目，△为选做项目。

4.6.2　多年冻土地温观测

冻土的工程地质性质受地温的影响显著，尤其是对于高温高含冰率冻土，冻土地温的升高会导致其力学强度的大幅降低。已有研究显示，冻土地基温度是多年冻土区输电线路塔基基础稳定性的最主要控制因素，冻土地温越高，基础发生较大变形的可能性越大。同时，冻土地温是冻土区域划分的重要依据，也是后期冻土基础设计、冻融灾害防控措施选用的重要依据。因此，在输变电工程勘测设计阶段就需要对冻土温度状况进行测试，同时结合冻土勘测获取的多年冻土分布区域、冻土类型、地下冰发育特征、上限埋深、不良冻土现象和发育规律等内容，将是多年冻土区划、冻土工程地质综合评价以及地基基础的选型、参数设计取值、工程措施设置的关键参数。

地温观测孔布设应当覆盖不同的地形地貌、冻土工程地质条件、水文地质条件、年平均地温及气候环境各类典型区域单元。除了钻孔测温外，工程勘探过程中，工程技术人员携带便携式测温装置对钻探、坑探获取的岩土试样温度进行快速测定也是一种简易了解冻土温度的方法。该方法需要在钻探后第一时间进行测试，且测试部位主要位于每次提钻岩芯端头部位。由于测试结果存在较大误差，结果只能作为参考，不能替代地温观测孔，且主要用于冻土、融化的判别依据。此外，为了更为准确地分析冻土地温及其变化趋势，在部分资料匮乏地区，宜结合地温观测孔布设情况，在钻孔附近进行简易气象要素的综合观测。

鉴于地温观测孔的专门布设成本较高，地温观测孔的布设宜结合工程勘探同步实施，或在地温观测孔布设的同时进行冻土的勘探工作，从而达到一孔多用的目的。青藏线的大量常年地温观测资料表明，地温数据往往在 15m 及以下深度后基本达到恒定状态，为了能够准确、全面地了解冻土基础的热状况，为工程实际服务，地温观测孔的深度要求一般不小于 15m。在测温探头布设之后，由于钻探过程会产生大量的热量，对桩孔周围冻土产生强烈的热扰动作用。同时，回填土填充过程，由于长期置于外界环境中，该类土体填入之后的初始温度与外界环境基本一致，而测温探头所测温度就是周围回填土的温度，因而测温探头在布设初期所测温度与天然状态下该深度处的温度是有差异的。只有在回填土的温度与周围天然土体一致后，其所测温度才是冻土温度。通常，在 10m 深度以下，冻土温度沿深度缓慢升高，而地温越接近 0℃，钻孔温度恢复到冻土温度所需的时间越长。根据大量的实际观测资料，当孔深为 10～15m 时，恢复时间不少于 10d；当孔深为 15～20m 时，恢复时间不少于 15d。事实上，对于不同区域、不同土质类型及冻土环境条件，地温恢复所需要的时间都是不同的，为了及时获取当地的地温资料，宜在成孔后立即对测温孔数据进行观测，当在不同时间测得的土体温度基本相同时，地温恢复过程基本完成。在地温恢复之后，若条件许可，原则上观测次数越多，对冻土地温特征的了解就越清楚，但观测时间越短，观测成本越大。因此，宜每隔 30d 进行 1 次地温观测，观测总数大于 3 次时，基本能够揭示土体的地温特征。

图 4-15　场地地温观测　　　　　图 4-16　基础周边地温观测

地温观测通常采用热敏电阻类型的测温系统，热敏电阻的测温范围一般为 −30～30℃，埋入前需进行标定和相应的防水、防压处理，测温电缆应具有良好防水功能，场地地温观测见图 4-15，基础周边地温观测见图 4-16。距离地表越浅，土体冻融循环越剧烈，地温沿深度方向的变化幅度及其引起的温度梯度也越大，为了准确把握土体的冻结特性，在浅层温度探头的布设密度应该更大。通常，在 5m 深度内，每隔 0.5m 布设一个测温探头，5～20m 深度内通常是每隔 1m 布设一个测温探头。地温观测孔采用钻探成孔，终孔直径不宜小于 90mm。测温探头布设之后若不能有效回填，部分探头无法与周围土体有效接触，从而导致其测量结果相对实际的土体温度有所偏差。砂质土是保证测温孔回填质量的理想土体，可通过晃动、适量倒水等方式充填密实，采用此类土回填还可以减小孔中浅层土体的冻胀。此外，测温探头布设后还要做好数据传输线的保护工作，防止因地基沉降或冻胀、人类或动物活动引起数据传输线断裂，导致数据丢失。地温观测结果应按月绘制地温剖面图以及不同位置地温变化曲线，分析不同时期塔基的热稳定性及其变化趋势，并应形成月报。成果报告中应重点分析基础持力层的冻结状况、地温变化趋势、冻土上限的变化过程等，对地温状况较差的场地应重点分析，并及时向相关部门反馈。

4.6.3　室内基础模型试验

冻土区基础的选型与其他非冻土区有着较大区别，较常规地区有更多因素的制约。基础形式考虑冻土类型、冻土环境、交通条件及人工作用便捷性等。对于新型基础，可通过室内模型试验研究指导工程应用。

1）锥柱基础模型试验

锥柱基础可以通过自身的结构形式改变来消除切向冻胀力，在季节性冻土和多年冻土地区具有广泛应用前景。青藏直流联网工程通过室内模型试验，按照相似比为1∶5和1∶10对斜坡锥柱基础多年冻土区的适宜性进行了模拟研究（图4-17、图4-18）。通过锥柱基础埋设后地基土回冻及冻融循环过程中所受的冻胀力及位移分析可知：

（1）在地基土回冻过程中，基础主要遭受冻胀作用的影响，并产生相应的冻拔现象及向坡下一侧的倾斜位移。地基土冻胀过程中所产生水平冻胀力较小，基础的倾斜主要由底面的法向冻胀力产生。

（2）地基土回冻以后，尽管基础在遭受上部土体冻融循环过程中也有冻胀力的产生，但其值均不大。只要保持地基的温度状态不变，基础即可处于基本稳定状态。试验过程中基础的沉降和水平位移主要由下部土体温度升高而引起，由此进一步说明了保持地基土热稳定状态的重要性。

（3）试验结果表明，虽然斜坡的坡度对于基础的稳定性有一定影响，但是在试验研究范围内这种影响并不显著。总体而言，斜坡坡度越缓对基础的稳定性越有利。

锥柱基础形式适合于季节冻土区、低含冰率的多年冻土区、地下冰分布均匀的富冰冻土粗粒土地段地基，具有施工简单和较好的防冻胀性能，但是由于采取大开挖的工艺，容易破坏冻土环境，对冻土产生大的热侵蚀作用，而且现场人工劳动强度大，因此，建议多用于地下冰分布均匀的少冰、富冰多年冻土区或者季节冻土和多年冻土融区。

2）桩周冻土模型试验

塔河—漠河输电线路工程通过室内模型试验研究桩周冻土冻结强度的变化规律，桩周冻土模型见图4-19，桩土界面破坏情况见图4-20。模型试验表明，随着外荷载的增加，冻土与桩之间的作用力逐渐增大，当达到极限强度时，冻土开始破坏，并使裂缝逐渐开展。裂缝发展到一定程度后，桩与冻土间产生相对滑动。桩侧冻结力实际上取决于冻土颗粒、冰晶体以及桩侧混凝土颗粒三者之间的相互摩擦力，只有在承受荷载时才能体现出来。图 4-21、图 4-22 分别为冻土在 20%、37% 含水率条件下，不同温度的冻结力位移曲线。

图 4-17　按 1∶5 和 1∶10 制备的锥柱基础模型

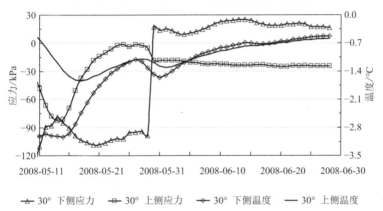

(a) 30°斜坡桩基上下侧应力与温度关系曲线

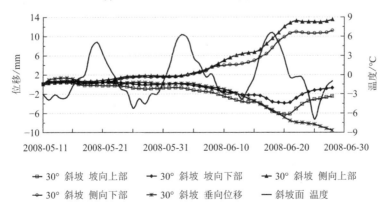

(b) 30°斜坡上桩基位移与温度关系曲线

图 4-18　斜坡锥柱基础多年冻土区应力和位移曲线

图 4-19　桩周冻土模型　　　　　图 4-20　模型试验后桩土界面破坏情况

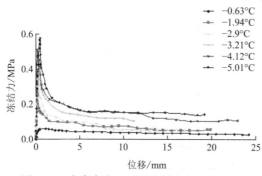

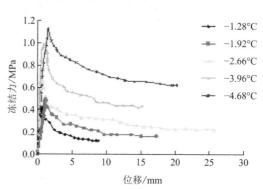

图 4-21　含水率为 20%时冻结力与位移曲线　　图 4-22　含水率为 37%时冻结力与位移曲线

通过冻结力与位移曲线分析可知：

（1）曲线上升段，冻土对桩的作用力随外荷载的增加而增大，但桩的位移很小，冻结力-位移曲线基本上呈线性；达到峰值后曲线快速回落，说明峰值处是冻土与桩之间冻结强度极限值，即冻土与桩之间的剪切强度；达到剪切强度后，桩与冻土之间发生剪切破坏，出现裂缝。

（2）曲线下降段，是裂缝的开展阶段，由于裂缝的产生，冻土对桩的作用力迅速下降，但位移开展不充分，随着完全破坏，桩与冻土之间产生相对滑动。

（3）曲线水平段，随着桩与冻土之间产生相对滑动，冻土对桩的作用力稳定在破坏面上的滑动摩擦力。

从试验结果看，冻土与桩之间的剪切强度是冻土与桩之间摩擦力的 2～3 倍。对于低温多年冻土，若以冻土的剪切强度作为桩周冻土破坏的极限强度，则桩的承载能力会有较大提高。

理论上，冻土的裂缝仅发生在桩与冻土的界面处。但通过对图 4-20 模型试验后桩土界面破坏情况分析，桩周一定范围内有土体隆起，说明除桩与冻土界面处出现剪切破坏而发生位移外，冻土中也存在裂缝。

图 4-21 中温度−0.63℃时的冻结力位移曲线显示，高温冻土冻结力位移曲线的尖峰不

明显，表明高温冻土中未冻水含量较高，土的冻结不充分。在外荷载作用下，当桩产生位移趋势时，土体首先发生塑性变形，随着荷载的加大，桩体与土体间发生相对滑动，冻土对桩侧的作用更多地表现为滑动摩擦力。

模型试验结果表明，冻土与桩之间的冻结强度与冻土温度和冻土含水率有关。在一定温度范围内，冻土温度越低，其未冻水含量越小，冻土的冻结效果越好，其抗剪强度越高。而冻土与桩之间冻结强度与含水率的关系，则存在界限含水率。在一定温度下，冻结强度先随含水率升高而增大，达到一定程度后，则随含水率升高而减小，说明含水率超过界限含水率后，土体中土颗粒间距加大，土颗粒间相互作用减弱，从而使冻土抗剪强度降低。冻结强度与冻土温度的关系见图 4-23，冻结强度与含水率的关系见图 4-24。

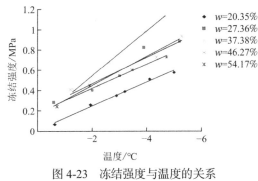

图 4-23　冻结强度与温度的关系

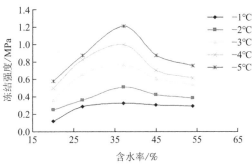

图 4-24　冻结强度与含水率的关系

4.6.4　基础真型试验

为检验和验证工程基础设计，分析冻土工程基础稳定性，工程中开展基础真型试验是必要的。

1）青藏直流联网工程

青藏直流联网工程选择典型冻土地段，对 3 个锥柱式基础和 3 个装配式基础在冻土地基冻结状态和最大融化深度状态下，开展了设计工况下的承载力对比试验和冻土地基温度监测。冻土地基杆塔基础真型试验基本概况见表 4-5，基础作用荷载设计值见表 4-6。

冻土地基杆塔基础真型试验基本概况　　　　　　　　　　　　　　　表 4-5

冻土地基状态	冻结状态处理措施	基础形式	基础编号	试验荷载工况	试验基础数量/个
冻结/融化	热棒	锥柱基础	ZZ-1	上拔 + 水平力组合	1
	自然		ZZ-2	上拔 + 水平力组合	1
	自然		ZZ-3	下压 + 水平力组合	1
	热棒	装配式基础	ZP-1	上拔 + 水平力组合	1
	自然		ZP-2	上拔 + 水平力组合	1
	自然		ZP-3	下压 + 水平力组合	1

基础作用荷载设计值　　　　　　　　　　　　　　　　表 4-6

基础类型	上拔工况			下压工况		
	水平力 T_x/kN	水平力 T_y/kN	上拔力 T/kN	水平力 N_x/kN	水平力 N_y/kN	下压力 N/kN
直线塔/装配式基础（ZP）	135	111	767	149	124	896
转角塔/锥形基础（ZZ）	223	159	1040	280	194	1364

在基础施工完成经过近 4 个月的回冻，于 2011 年 3～4 月进行了活动层冻结期杆塔基础载荷试验；在冻结期杆塔基础载荷试验完成后，经过近 4 个月的静置，于 2011 年 8 月初开始进行活动层融化状态下杆塔基础载荷试验。根据活动层冻结期杆塔基础载荷试验荷载与位移关系曲线特点，及地基与基础在加载过程中的表现等，确定基础极限承载力如表 4-7 所示。根据活动层融化期杆塔基础载荷试验荷载与位移关系曲线特点，及地基与基础在加载过程中的表现等，确定基础极限承载力如表 4-8 所示。

活动层冻结期杆塔基础载荷试验结果　　　　　　　　　表 4-7

试验编号	承载力/kN			位移/mm			承载确定原则
	竖向	X向	Y向	竖向	X向	Y向	
ZZ-1	1664	357	254	2.06	3.84	0.95	最大稳定加载
ZZ-2	2046	420	291	3.36	3.40	2.65	最大稳定加载
ZZ-3	1664	357	254	2.71	5.40	3.21	最大稳定加载
ZP-1	844	148	123	2.97	17.90	17.84	最大稳定加载
ZP-2	1344	223	186	3.84	16.91	16.79	最大稳定加载
ZP-3	844	148	123	4.77	11.23	11.71	最大稳定加载

活动层融化期杆塔基础载荷试验结果　　　　　　　　　表 4-8

试验编号	承载力/kN			位移/mm			承载确定原则
	竖向	X向	Y向	竖向	X向	Y向	
ZZ-1	1872	370	275	3.59	13.08	5.02	混凝土结构破坏
ZZ-2	2046	420	291	13.39	5.17	2.93	混凝土结构破坏
ZZ-3	1872	369	275	10.02	23.52	17.62	混凝土结构破坏
ZP-1	949	167	140	11.01	29.07	29.62	稳定加载最大值
ZP-2	1848	308	256	11.84	20.95	27.12	稳定加载最大值
ZP-3	1160	206	170	12.69	21.05	31.71	稳定加载最大值

场地中温度测点随冻土回填同步埋设，一方面为取得温度沿深度的分布，另一方面对基础表面和回填与原状冻土界面温度进行比较。图 4-25 为 ZP 场地不同日期温度沿深度分

布情况，其中温度取自试验装配式基础表面实测的平均值，从中可以看出：

（1）上部温度测点随气候变化趋势明显，且变化幅度较大，而下部测点随气候变化幅度较小；

（2）埋深较深的基础表面和回填与原状冻土界面温度比较，后者在近 9 个月的监测中温度变化显著小于上部测点。

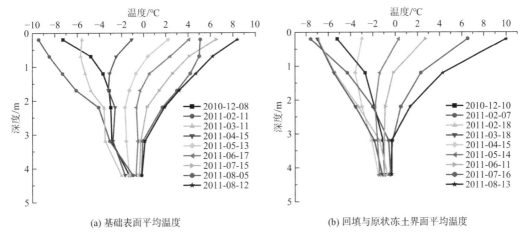

(a) 基础表面平均温度　　　　　　　　　(b) 回填与原状冻土界面平均温度

图 4-25　ZP 场地不同日期温度沿深度分布

图 4-26 为 ZZ 场地不同日期温度沿深度分布情况，其中温度取自试验装配式基础表面实测的平均值，从中可以看出：

（1）上部温度测点随气候变化趋势明显，且变化幅度较大，而下部测点随气候变化幅度较小；

（2）埋深较深的基础表面和回填与原状冻土界面温度比较，两者差别不明显。

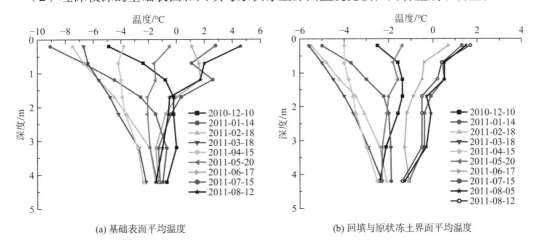

(a) 基础表面平均温度　　　　　　　　　(b) 回填与原状冻土界面平均温度

图 4-26　ZZ 场地不同日期温度沿深度分布

2）塔河—漠河送电线路

塔河—漠河送电线路工程以直线形塔 G358、G359 为对象，对多年冻土区桩基础设计开展分析研究。G358、G359 塔为直线形塔，铁塔呼称高 42m，型号为 ZM5，铁塔基础作用力设计值见表 4-9。

ZM5 直线形塔基础荷载 表 4-9

塔型	铁塔呼称高/m	基础上拔力/kN			基础下压力/kN		
		H_x	H_y	T	H_x	H_y	N
ZM5	42	−72.30	−59.28	458.55	−75.07	−73.70	−546.14

工程设计采用桩基础，桩长 11m，桩径 1m。为了解桩基施工对地温的影响，在 G358 塔位场地及桩周围埋设测温装置（图 4-27），对场地及桩周土进行地温监测。

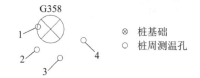

○ 场地测温孔（距离桩中心20m）

图 4-27 场地及桩周地温监测布置图

图 4-27 中，场地测温孔距桩中心 20m，桩周布置测温孔 "1""2""3""4"，至桩边距离分别为 0.0m、0.3m、0.5m 和 0.7m。

场地测温管埋深 20.0m，测温管布设 31 个测点，测点沿深度方向间距为：0～10m 范围内，间距 0.5m；10～20m 范围内，间距 1.0m。桩周边测温管埋深 11.0m，每个测温管设 21 个测点，测点沿深度方向间距为：0～10m 范围内，间距 0.5m；10～11m 范围内，间距 1.0m。从测温结果看，8m 以下多年冻土的温度基本稳定在−2℃左右，8m 以上则受外界环境影响而发生波动。

图 4-28～图 4-32 为场地及桩周土的地温曲线，从图中可以看出：

（1）在季节融化层深度范围内，桩周温度受大气环境温度影响明显，6～9 月大气温度较高，桩周土温度较高，且离桩越近，温度越高，说明桩的导热作用明显。10 月随着大气环境温度的降低，桩周温度随气温变化明显降低。

（2）在季节融化层深度以下，除桩端部分外，桩周土温度在−1.0～−0.5℃之间，若桩周土温度恢复至原场地温度，需要较长时间。

（3）在成桩后 1 年左右时间内，桩的承载力较低。从长期来看，随着桩周冻土温度恢复到原来温度，则桩的承载能力会进一步提高。

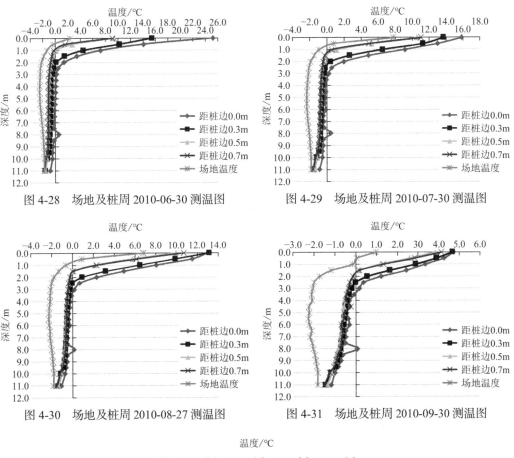

图 4-28 场地及桩周 2010-06-30 测温图　　　图 4-29 场地及桩周 2010-07-30 测温图

图 4-30 场地及桩周 2010-08-27 测温图　　　图 4-31 场地及桩周 2010-09-30 测温图

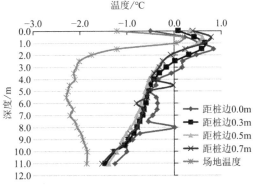

图 4-32 场地及桩周 2010-10-25 测温图

4.7 输变电工程多年冻土研究

4.7.1 研究目的

冻土具有强烈的分异性和复杂性，特别是在高含冰率、高温多年冻土地带，微弱的工程扰动可能引起冻土工程特性的变化。对于这样一种敏感性极强的介质，工程勘测、设计和施工时都需要引起极大的重视，否则将给工程带来极大危害。在多年冻土区建设输变电工程，冻土的类型、分布规律、物理力学特性及冻土现象等都将对输电线路路径优化、地基基础的稳定具有较大影响。对于冻土条件特别复杂的工程，已有研究资料及可借鉴的工程资料很少，难以满足对冻土工程特性的评价和分析，同时还会影响输电线路路径方案的选择和优化，应根据项目需要开展相应的专题研究工作。±400kV 青藏直流联网工程、玉树与青海主网 330kV 联网工程、伊犁—库车 750kV 输电线路工程专题研究成果不仅直接指导了冻土工程的勘测设计，还科学引导了多年冻土的基础施工，同时成功预测并解决了一些突发性的问题，为保障多年冻土区输变电工程的成功建设奠定坚实基础。

4.7.2　研究技术路线与方法

根据专题研究内容及研究方法，可采取如图 4-33 所示的技术路线。

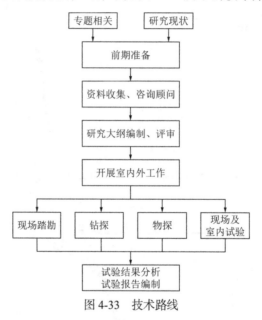

图 4-33　技术路线

（1）资料搜集学习。多渠道收集国内外关于冻土及冻土力学方面最新研究成果及成功案例，尤其是工程建设过程中运用的方法、成果、经验和实际运行监测资料。

（2）咨询顾问。邀请国内一些知名冻土专家，尤其是对全程参与既往输变电工程的勘察、设计、施工及运营期监测的科研与生产单位的工程技术专家进行咨询，使研究项目开展更有方向性、针对性，少做无用功、少走弯路。

（3）现场调研。分批次进行现场踏勘，主要查明项目区域的地形、地貌、水文与水文地质、不良地质问题（分布、类型、规模、危害程度等）、不良冻土现象，现场记录测绘并反映在地形图上，为工程避让与防范的设计思路和采取的工程措施提供决策依据。

（4）专门测试。进行钻探及地温测试、工程物探、室内专门冻土试验和典型基础的物理模型试验，为场地稳定性评价以及基础选型建议取得依据，同时获得地基承载力及冻胀、融沉等方面的冻土力学性质指标。

（5）横向沟通。与包括地基基础、施工技术等相关课题组进行沟通，使各自的研究思路互为借鉴，信息资料共享，达到了成果的协调完整。

（6）编写成果报告。明确冻土类型、分布特征及对输变电工程的影响，建议输电线路选线选位思路，获取地基基础设计的物理力学性质指标，为工程的常规勘测评价提供基础资料和指导意见。

4.7.3　研究内容

针对冻土区输变电工程的实际需要，主要从如下几个方面开展研究工作：

（1）冻土分布类型、分布规律及其特性；

（2）冻土分布工程区划；

（3）冻土层上限及上限附近含冰率总体规律；

（4）不良冻土现象类型及分布特征；

（5）冻区、融区划分及其工程寿命期变化预测；

（6）微地貌特征及冻土的环境稳定性判别；

（7）选线（选站）技术；

（8）冻土的物理力学性能参数；

（9）基础冻融工程地质问题；

（10）多年冻土区基岩风化速率研究；

（11）多年冻土区基础稳定性评价；

（12）勘探测试方法和勘察体系；

（13）多年冻土区塔基选型与地基处理技术研究。

4.7.4　研究成果

冻土工程专题研究主要成果应包括：获得工程场地的冻土分布类型、分布规律及其特性的宏观结论；进行冻土工程区划；研究并掌握多年冻土上限及上限附近地下冰分布规律；掌握并分析冻土现象及分布特征；调研并分析冻土微地貌特征及对工程的影响；研究季节冻土、岛状冻土及多年冻土融区等冻土类型的冻融特性；对多年冻土进行稳定性分区及全球升温冻土退化预测；获得代表性冻土的物理力学特性指标；提出冻土区适宜的勘探测试方法和实施要点；提出冻土区输变电工程的选线/选站原则及建议；提出冻土施工和环境保护措施建议。

图件通常包括：冻土分布图，冻土地温图，不良冻土现象分布图，冻土综合工程地质图等（图 4-34）。

(a) 冻土分布图

(b) 冻土地温图

(c) 不良冻土现象分布图

(d) 冻土综合工程地质图

图 4-34　冻土研究图件

第5章

多年冻土区输变电工程基础设计与病害整治

5.1 多年冻土区基础设计原则

多年冻土地区基础的设计，需要按输电线路的安全等级、上部结构类型、作用、勘察成果资料和拟建场地环境条件及施工条件，选择合理方案。

《冻土地区架空输电线路基础设计技术规程》DL/T 5501—2015 综合了《66kV 及以下架空电力线路设计规范》GB 50061—2010、《110kV～750kV 架空输电线路设计规范》GB 50545—2010、《±800kV 直流架空输电线路设计规范》GB 50790—2013、《1000kV 架空输电线路设计规范》GB 50665—2011、《重覆冰架空输电线路设计技术规程》DL/T 5440—2009 的规定，将 110kV 及以上架空输电线路划分为甲、乙、丙三个等级，见表 5-1。根据不同的设计等级和工程条件，开展设计、施工、检测和监测工作。

冻土区输电线路设计等级 表 5-1

设计等级	电压等级
甲级	±800kV 及以上直流线路、1000kV 及以上交流线路
乙级	±400kV 直流线路、±500kV 直流线路、±660kV 直流线路、500kV 交流线路、750kV 交流线路
丙级	110～330kV 交流线路

多年冻土地基基础设计主要包括以下内容：（1）作用和作用组合确定；（2）地基、基础承载力计算；（3）地基变形计算和稳定性验算；（4）耐久性设计；（5）地基、基础工程施工及验收检验要求；（6）地基、基础工程监测要求。由于冻土是温度极为敏感的多相体系，在确定冻土物理化学参数和降温控温技术边界条件时，需要考虑温度影响，还应进行相应的热工计算。在基础的耐久性设计部分，还需要考虑低温施工养护条件和长期冻融环境下的钢筋混凝土性能。

1）作用和作用组合确定

多年冻土地区基础承受的独特的作用为活动层中产生的冻胀力，活动层冻胀力随冻融循环从零值增加至最大值，然后再减小至零值，在工程全寿命期内冻胀力数值将经历多次上述循环，属于典型的可变荷载。由于输电线路杆塔作为风敏感的高耸结构，上拔荷载通常是基础设计的控制工况，风荷载和导线张力引起的上拔作用与地基冻胀力叠加会增加地基基础的事故风险。基础进行冻拔验算时，应采用寒季活动层冻结产生的冻胀力与相应风荷载共同作用下的基础作用力组合。我国深季节冻土和多年冻土主要分布在高纬度和高海拔地区，考虑到区域环境和气象条件的特殊性和差异性，对寒季为主要大风季节或寒季大风频率高的地区，可适当增大寒季风荷载。

切向冻胀力是深季节冻土地区和多年冻土地区基础外部荷载的主要组成部分，也是引发冻土地区基础工程冻害的主要来源。目前我国和俄罗斯的规范给出了单位切向冻胀力的取值规定和总切向冻胀力的计算方法，但各行业规范之间还存在一些差异，对地下水位较高、存在冻结层上水或隔水层的地基以及排水不畅场地中的粗颗粒土地基等特殊地质条件下的单位切向冻胀力取值差别较为显著。由于各行业的荷载取值通常都与本行业的抗力计算模型和可靠度相匹配，设计时仍需以各自行业规范的切向冻胀力取值为主。

当无确切资料时，寒季冻结期基础上拔力标准值可按下式估算：

$$T_0 = \varphi \cdot T_E + F_\tau \qquad (悬垂型杆塔) \qquad (5\text{-}1)$$

$$T_0 = T_T + F_\tau \qquad (非悬垂型杆塔) \qquad (5\text{-}2)$$

式中：T_0——冻结期基础上拔力标准值（kN），包括冻胀力标准值和上部结构传至基础顶面的上拔力标准值；

T_E——基本风速作用时，上部结构传至基础顶面的上拔力标准值（kN）；

T_T——60%基本风速对应的风荷载、100%的线条张力及永久荷载共同作用下产生的基础上拔力标准值（kN）；

F_τ——设计冻结深度内的切向冻胀力标准值（kN）；

φ——寒季冻结期基础作用力折减系数，取 0.6。

缺乏实测资料时，切向冻胀力标准值 F_τ 可按下式计算：

$$F_\tau = \sum(\psi_\tau \cdot \tau_i \cdot A_i) \qquad (5\text{-}3)$$

式中：τ_i——第 i 层土中单位切向冻胀力标准值（kPa），应按实测资料取用，如缺少实测资料可按表 5-2 取值，在同一冻胀类别内，含水率高者取大值；

ψ_τ——基础表面状态修正系数，按表 5-3 取值；

A_i——设计冻深内与第 i 层土冻结在一起的基础侧表面积（m²）。

单位切向冻胀力标准值（单位：kPa） 表 5-2

基础类别	弱冻胀土	冻胀土	强冻胀土	特强冻胀土
桩、墩基础（平均单位值）	30 < τ ≤ 60	60 < τ ≤ 80	80 < τ ≤ 120	120 < τ ≤ 150

基础表面状态修正系数ψ_τ　　　　　　　　　　表 5-3

基础材质及表面状况	预制混凝土	以土代模浇制的混凝土或灌注桩混凝土	钢模板浇制的混凝土	金　属	玻璃钢
修正系数	1.00	1.2	1.1	0.66	0.75

2）多年冻土地基利用原则

多年冻土地基利用原则直接关系到冻土基础设计思路、基础形式选择、冻融处理措施、施工工艺和工程造价，是多年冻土地基基础设计过程中首先要确定的原则之一。

苏联规范《多年冻土上的地基及基础》（1988 年版）将多年冻土地基的利用原则分为原则Ⅰ（在施工和运营期间都保持地基中多年冻土处于冻结状态）和原则Ⅱ（在地基中的多年冻土允许在施工和运营期间融化或施工前预先融化）。行业标准《冻土地区建筑地基基础设计规范》JGJ 118—2011 将原则Ⅱ拆分为逐渐融化状态设计和预先融化状态设计，从而将多年冻土地基设计划分为 3 种设计状态。

多年冻土地区输电线路地基设计状态的选择，应考虑输电线路的施工、运行和检修条件以及冻土地基持力层工作状态等因素。输电线路塔线系统具有较大的柔性，可以承受较大的变形，其基础属于独立桩基础或柱墩形基础，基础底面埋深大于一般建筑条形基础和独立基础，基础底面设置在季节融化深度以下（图 5-1），考虑到热影响和上限处较高地温的影响，施工图设计时，基础底面通常还需要设置在设计融深线以下一定的距离。同时，输电线路运营期间不存在采暖或人为活动导致的融化盘，基础持力层的状态通常比工业民用建筑稳定。输电线路工程尤其是高电压等级的输电线路普遍位于远离居民区的交通不便地区，缺乏大量长期观测的条件。对于不具备长期观测条件的输电线路来说，工程使用期间地基冻土逐渐融化的安全隐患较大，且难及时发现。110kV 及以上输电线路基础埋深一般大于多数场地的设计融深，也不存在建筑行业等下压荷载为主要控制工况时可利用自重抵抗部分冻胀力的条件。

图 5-1　青藏直流联网工程中的多年冻土地基

考虑输电线路点多、线长、量少、施工服役条件恶劣的特点，将多年冻土用作线路基础地基时，采用以下两种状态之一进行设计：

（1）保持冻结状态：在施工期间和使用期间均保持地基土处于冻结状态。保持地基土冻结状态设计宜用于以下场地或地基：

①高含冰率的场地；

②多年冻土年平均地温低于−1.0℃的场地；

③持力层范围内的土体处于坚硬冻结状态的地基；

④多年冻土年平均地温高于−1.0℃，但采取工程措施可维持基底冻土冻结状态的场地。

（2）允许融化状态：地基中的多年冻土允许在施工期间和使用期间自然融化或预先融化。

①自然融化状态的设计宜用于以下地基：不融沉或弱融沉的地基；施工期间和使用期间总变形量不超过允许值的地基。

②预先融化状态的设计宜用于以下地基：多年冻土厚度较薄，且变形量不满足要求的地基；年平均地温较高，且存在变形量不满足要求的融沉、强融沉和融陷土及其夹层，持力层地基土难以保持冻结状态的地基。

因此，多年冻土区输电线路地基利用状态选择应判断基础在场地中多年冻土融化后的变形情况，如基础底面在不融沉或弱融沉的地基中，不采取控温措施时，变形量不超过允许值，可选用允许融化状态；预先融化状态主要针对多年冻土厚度较薄，且变形量不满足要求的基础，存在融沉等级较高的地基土夹层，通常情况下，该类复杂地质条件下宜优先选用桩基础加大埋深穿透复杂地层。除地基承载力外，地基基础设计还需考虑地基稳定和生态保护，表层具备较厚的高含冰率土层时，尽管基础底面为不融沉或弱融沉的地基，也需要考虑采用保持冻结状态的设计，避免诱发热融湖塘、热融滑塌和植被破坏。

在年平均地温较高、常规控温措施难以保持冻结、冻土地基融化后变形量较大的场地，应组织专题研究，经济合理地选用多年冻土地基状态的利用原则。

5.2　多年冻土区输电线路基础形式选择

冻土是由土颗粒、水、冰、空气四相物质组成的一种复杂非均质多相材料。由于冻土各相成分之间相互作用，其力学特性较为复杂。冻土中冰、水两相态之间的相互变化，使冻土的物理力学性质与外部环境密切相关。外部环境条件（温度、压力、荷载作用时间等）的任何微小变化，都会引起冻土中未冻水含量和含冰率的变化，从而引起冻土力学性质的变化。设置在冻土地基中的基础，其选型和设计会直接决定基础和地基之间的热交换方式、扰动程度、相互作用模式、施工工艺等，还会直接影响送电线路建设的经济性、安全性和社会效益。因此，对多年冻土地区的基础选型和设计进行研究，对保证输电线路工程的可靠性具有重要意义。

冻胀等级较高的冻土地基中，冻胀活动剧烈，非垂向设置的构件均会承受较大的冻胀力从而导致构件变形，因此常规的斜柱混凝土基础和金属基础斜向构件在冻土层设置不再合适。如采用倾斜构件的基础，需采用非冻胀敏感土体进行换填，考虑到高海拔地区采购、运输换填土费用和工作量的难度，通常不推荐具有倾斜构件的基础形式。结合冻土地基条件、水文地质条件、机具设备进场条件、施工环境与季节、荷载特性、地基基础承载特性、施工工艺、作业工效和运维要求等因素综合分析，适用于冻土地区输电线路的主要基础类型有开挖类基础、原状土基础和桩基础等。开挖类基础宜采用台阶式基础、直柱扩展基础、锥柱基础和预制装配式基础等；原状土基础宜采用掏挖基础、挖孔桩基础等；桩基础宜采用预制桩基础、灌注桩基础等，见图 5-2 及表 5-4。

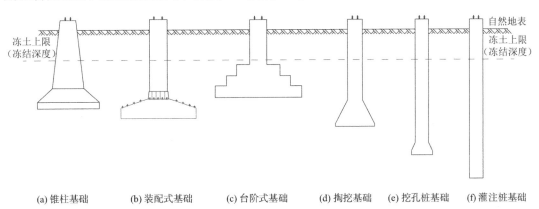

(a) 锥柱基础　　(b) 装配式基础　　(c) 台阶式基础　　(d) 掏挖基础　　(e) 挖孔桩基础　　(f) 灌注桩基础

图 5-2　基础形式示意图

多年冻土区杆塔基础主要特点和适用性　　　　　　　　　　　　　　表 5-4

基础类型	主要特点	适用性
桩基础	对冻土地基热扰动较小，应用范围广，基础稳定性普遍较好。施工工艺成熟，需要大型机具和进场作业条件，施工难度大，施工费用较高	适用于所有冻土地区。尤其是地下水位较高地区、高温高含冰率冻土、强冻胀（强融沉）地区、河流滩地的融区、沼泽湿地等不利场所
锥柱基础、扩展基础、台阶式基础	施工工艺简单，混凝土用量大，基础外表面容易采取减小切向冻胀力的辅助措施，对抗冻胀较好。对基坑回填质量要求较高，基坑回冻稳定时间偏长。采用大开挖方式，暖季施工易受热扰动	适用于活动层较薄，便于开挖，地下水位埋藏较深地区。同等条件下，强冻胀、特强冻胀塔位可优先采用锥柱基础
掏挖基础、挖孔桩基础	力学性能较好，抗拔、抗倾覆承载能力强，基础稳定性较好。基坑开挖量小，不需支模、回填，有利于环境保护	适用于地下水位埋藏较深、岩土结构性适宜、冻土层上水贫乏的地区；在丘陵、山地尤具优势
预制板式基础	强度较高，混凝土质量易保证；制造条件严格，运输成本高；单坑作业工期短。基坑回冻稳定时间较开挖现浇基础短。采用大开挖方式，暖季施工易受热扰动；对基坑回填质量要求较高；需要起重机械	适用于交通便利、便于机械作业、地基承载力高、地下水位埋藏较深的塔位

随着双碳目标的推进和机械化的发展，越来越多的新型装配式基础正在研发和应用，一方面可以适应多年冻土区快速开挖、快速浇筑、快速回填的"三快"原则，另一方面可以保障混凝土的质量、提升基础耐久性。但是近年来，由于工程建设的规模和等级越来越大，基础作用力也逐渐增大，预制装配式混凝土基础自重与尺寸也不断增加，增大了运输、

吊装的难度和综合造价，尤其在高原山区等交通不便、施工条件恶劣等地区，已严重制约了预制装配式基础的推广和应用，需要从时效性、小型化、轻型化、便捷性等方面进一步改进。对于金属装配式基础而言，如设置倾斜的构件，容易在法向冻胀力下发生变形。

另外，青藏直流联网工程的监测结果表明，冻土地基中基础沉降和位移与基础类型有直接关系，相比其他基础形式，掏挖基础由于地基与基础约束较弱，发生不均匀沉降、倾斜和相对位移的概率较高。

5.3　冻土地区输电线路塔基础设计方法

5.3.1　冻土地区板柱基础承载计算方法

冻土地区输电线路建设面临特殊气候环境和工程地质条件的挑战，除了面对复杂的冻土病害之外，输电线路杆塔作为风敏感的高耸结构，风荷载和导线张力引起的上拔作用与地基冻胀力叠加大大增加了地基基础的事故风险；另外，输电线路长距离输送、基础点状分布、大量在复杂地形架设的特点，使得输电工程冻土地基基础设计与建造、冻害预测与防治具有特殊的行业特点。由于冻土地基典型的暖季融化、寒季冻结的特征，使冻土的承载力呈明显的季节性周期变化。与其他行业的设计特点不同，输电线路的荷载也呈现季节性周期变化规律。另外，季节冻土区和多年冻土区在暖季和寒季时，承载地基的冻融状态又有明显区别。因此，输电线路地基基础设计按照季节冻土区和多年冻土区、暖季和寒季的组合分别进行承载设计。

在暖季融化期，基础上拔力由融化期最大设计风荷载作用产生，季节冻土区基础底板埋置在非冻土层中，基础底板以上的冻土层在融化期均为融土，此时抗力由基础底板上部土体的重力和基础自重力组成。而多年冻土区基础的底板虽然锚固在多年冻土中，但地基活动层的冻土在暖季融化期已全部融化，底板上方的冻土层厚度减小，出于安全考虑，可将多年冻土层的锚固作用忽略不计，只将基础底板上部土体的重力和基础自重作为基础的抗拔力。因此，暖季融化期的季节冻土和多年冻土地区的基础抗拔力统一视为基础底板上部土体的重力和基础自重力之和，按普通土进行上拔稳定计算。

在寒季冻结期，基础上拔作用力由冻结期最大设计风荷载和土冻胀作用产生，多年冻土地基基础的抗拔力由锚固力提供，包括地基土对底板顶面的反力和基础的自重力。基础扩大部分顶面土层产生的反力呈驼峰状分布，可将其视为均匀分布进行计算。而季节冻土区地基基础底板则埋置在非冻土层中，土的冻结仅发生在季节冻层中，因此除冻结层很厚、埋深较浅的个别特殊情况外，仍将其抗力视为基础底板上部土体的重力与基础自重力的合力。

冻结前，基础在自重及上部荷载作用下，基础板底面对下部基土持续压缩，导致基础下沉，基础板顶面出现一定的孔隙，板上一定的应力传不下来。随着冻结期的到来，冻胀土层逐步稳定冻结，切向冻胀力逐渐增大，地基反力逐渐减小，随着冻胀力的继续增大，地基反力消失，基础明显上移，出现基础板顶面接触压力，上部土体变为主要受力区并产生压缩变形，基础板底部出现一定孔隙。

当土冻结时，其力学特征参数发生很大改变，由此便形成了上部冻土、中部不冻土及下部有限尺寸的混凝土板层的整体受力体系，此时的地基为明显的多层状态土体。

（1）季节冻土区

在冻结期，基础抗拔承载力主要由三部分组成：基础自重、上拔土体自重以及滑动破裂面的抗剪强度，关系式为：

$$T_u = \left[\gamma_E \gamma_s \gamma_{\theta_1}(V_t - \Delta V_t - V_0) + Q_f\right] \tag{5-4}$$

在融化期内，土体间抗剪强度相对比较小，土重法忽略土体抗剪力，所以抗拔承载力主要由上拔土体自重和基础自重组成。采用土重法计算基础抗拔稳定性，关系式为：

$$T_u = \left[\gamma_E \gamma_s \gamma_{\theta_1}(V_t - \Delta V_t - V_0) + Q_f\right] \tag{5-5}$$

式中：γ_E——水平力影响系数；

γ_s——基础底面以上土的加权平均重度（kN/m^3）；

γ_{θ_1}——基础底板上平面坡角影响系数，当基础底板上平面坡角 $\theta_1 \geq 45°$ 时，取 $\gamma_{\theta_1} =$ 1.0；当坡角 $\theta_1 < 45°$ 时，取 $\gamma_{\theta_1} = 0.8$；

V_t——h_t 深度内上拔土体和基础的体积之和（m^3）；

V_0——h_t 深度内的基础体积（m^3）；

Q_f——基础自重（kN）。

季节冻土地区的扩展板式基础存在冻胀反力，因此具备较好的承载性能。地基土在冻胀过程中由于受到基础的约束作用，位移变形被抑制，在基侧表面产生沿冻胀方向的切向冻胀力。为了承受这部分力，冻结面以下的土颗粒便受到与切向冻胀力方向相反、向下的力的作用，即冻胀反力是切向冻胀力的反作用力。当基础采用扩展板式基础时，这部分向下的力的作用便有部分作用在扩展板上，使基础在冻胀作用下的锚固作用加强，因此扩展板式基础成为季节冻土区防治桩基冻拔破坏的一种有效结构措施。冻胀反力是水分结冰膨胀时向下的推力作用，其大小与作用在其上部的荷载和约束情况有关。当上部荷载大或约束强时，随着冻深的不断加深，冻胀反力会逐渐增大，并由于水分、气温等原因逐渐趋于稳定。理论上讲冻胀反力存在于所有发生冻胀作用的土中，当土的冻胀作用不受除自身上部土体重力作用外的其他荷载约束时，其冻胀反力应当只与其上部土体和地下水的补给有关，即与土的实时重度与冻深的乘积呈正比或近似等于二者之积。在计算扩展板式基础（自锚式基础）的上拔稳定性时，不应当再次计入已冻土层部分土的自重作为锚固力的一部分。

（2）多年冻土区

在冻结期，基础抗拔承载力主要由三部分组成：基础自重、上拔土体自重以及滑动破裂面的抗剪强度。采用剪切法计算锥柱基础极限抗拔承载力，其关系式为：

$$T_u = [4\gamma_E h_c \tau_f(h_c \tan\alpha + B) + Q_f]$$ (5-6)

式中：h_c——基础的埋置深度（m）；

τ_f——冻土的抗剪强度（kPa）；

α——多年冻土层中的上拔角（°）；

B——方形基础底板宽度（m）。

在融化期内，土体间抗剪强度相对比较小，土重法忽略土体抗剪力，所以抗拔承载力主要由上拔土体自重和基础自重组成。采用土重法计算锥柱基础极限抗拔承载力，其关系式为：

$$T_u = [\gamma_E \gamma_s \gamma_{\theta_1}(V_t - \Delta V_t - V_0) + Q_f]$$ (5-7)

5.3.2　冻土区锥柱基础破坏模式

通过 FLAC 3D 建立有限元模型可以发现，当加载至破坏荷载时，季节冻土区锥柱基础周围土体塑性区贯通，形成了由基底至地面整体贯通的完整滑动面，位移云图上形成明显的位移分界面，此位移分界线即为滑动破裂面形成的边界线。各工况下季节冻土区锥柱基础剪切滑动破裂面如图 5-3 所示。

 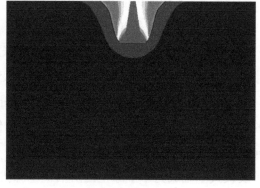

(a) 融化期　　　　　　　　　　　　　　(b) 冻结期

图 5-3　季节冻土区锥柱基础剪切滑动破裂面

从图 5-3 可以看出，融化期内锥柱基础破裂面形状接近一条圆弧线，且弧线从锥柱基础扩展板上部边缘一直延伸至地表，整体形态近似喇叭口状。相比于融化期，冻结期破裂面在冻结线处有明显的"内缩分层"现象，冻结线上方的破裂面开口明显增大，破裂面弧线近似由以冻结线为分界线的两条弧线组成。分析其原因主要是由于冻结期活动层土体发生冻结，类似于一个刚度极大的"硬盖"盖在下层融土上，在基础上拔过程中对下方融土位移有限制作用，使此处位移增量减小。位移云图上表现为内缩现象。由于冻结线上下土层冻融状态不同，冻土与融土的力学性质有明显差异，冻土抗剪强度远大于融土，导致冻土层破裂面开口明显增大，故冻结期破裂面在冻结线处有明显的分层现象。从破裂面整体形态来看，冻结期上拔滑动破裂面开口更大，基础上拔破坏时，基础周围上拔土体体积更大。

多年冻土区的锥柱基础（图 5-4）在加载初期，冻结期和融化期内地基土的塑性区发展趋势基本一致，均满足扩底上部土体首先发生塑性屈服。随着荷载的不断增加，塑性区逐渐向上和向外侧扩展，地表面基础附近土体塑性区向下和向外侧扩展；当达到上拔极限平衡状态时，塑性区延伸至地表，形成了贯通的塑性面破坏。但不同的是，相比于融化期，冻结期锥柱基础在冻结期达到极限平衡状态时的塑性区分布面积区域更大，且这种面积区域的增大主要体现在塑性区的横向分布上；相比于融化期，冻结期在加载至破坏荷载时，土体塑性区在冻结线附近存在明显的分界线。

通过对比可以看出，地基土体在产生塑性区之前，融化期和冻结期内的地基基础的竖向位移发展趋势基本一致。随着荷载的逐级增大，当达到极限平衡状态时冻结期和融化期的位移云图出现了明显的差异。直观上可以看出，相比于融化期，冻结期的上拔滑动破裂面开口更大，基础上拔破坏时，周围被拔出的土体体积更大。且融化期冻结线附近有明显的分界线，冻结线上方附近土体破裂面开口明显有收缩趋势。这主要是由于冻结线以上土层土体呈融化状态，相比于下方的冻结土而言，抗剪强度明显减小。

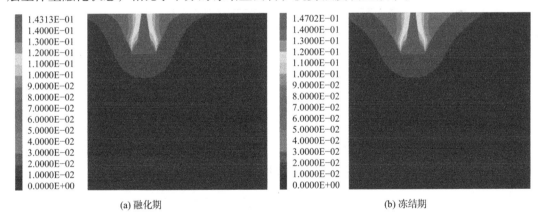

(a) 融化期　　　　　　　　　　　　　　　　　(b) 冻结期

图 5-4　多年冻土区锥柱基础上拔破裂面

依托西北电力设计院有限公司科技项目，李明轩进行了粉质黏土冻结状态下锥柱基础缩尺试验，并采用内切法得到冻结粉质黏土上拔角取值范围。为了与李明轩的缩尺试验上拔角结果进行对比，对采用内切法得到的上拔角取值进行本节的研究，将具体上拔角汇总于表 5-5、表 5-6。

由李明轩的试验结果可知：各冻结粉质黏土的含水率变化范围为 20%～40%，温度变化范围为−10～−1.5℃时，锥柱基础上拔角变化范围为 18.5°～34.6°。本节季节冻土区冻结期活动层粉质黏土上拔角 22.5°、多年冻土区冻结期粉质黏土上拔角 25.3°以及融化期多年冻土层上拔角 23.6°均与试验结果吻合。

季节冻土区不同土质滑动破裂面上拔角对比　　　　　　　　表 5-5

土质类型	冻结期		融化期
	融土层	活动层	
粉质黏土	13.4°	22.5°	11.2°
砾砂土	16.2°	28.3°	14.5°

多年冻土区不同土质滑动破裂面上拔角对比　　　　　　　　表 5-6

土质类型	融化期		冻结期
	多年冻土层	活动层	
粉质黏土	23.6°	12.5°	25.3°
砾砂土	29.3°	15.4°	31.2°

为了更直观地对比不同冻土地区不同地基土土质破裂面形态及上拔角变化，将各实际上拔破裂面形态绘制于同一图中，见图 5-5～图 5-8。

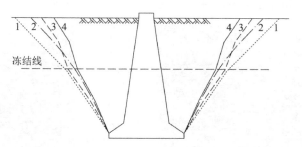

1—多年冻土区砾砂冻结期；2—多年冻土区粉质黏土冻结期；3—多年冻土区砾砂融化期；4—多年冻土区粉质黏土融化期

图 5-5　多年冻土区不同地基土土质地基锥柱抗拔破裂面

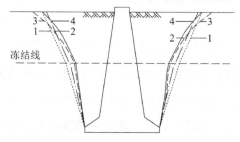

1—季节冻土区砾砂融化期；2—季节冻土区粉质黏土融化期；3—季节冻土区砾砂冻结期；4—季节冻土区粉质黏土冻结期

图 5-6　季节冻土区不同地基土土质地基锥柱抗拔破裂面

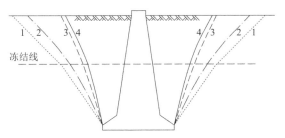

1—多年冻土区砾砂冻结期；2—多年冻土区粉质黏土冻结期；

3—季节冻土区砾砂融化期；4—季节冻土区粉质黏土融化期

图 5-7　无"分层"现象工况锥柱抗拔破裂面对比

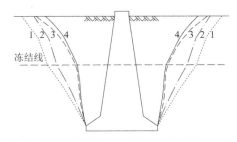

1—多年冻土区砾砂冻结期；2—多年冻土区粉质黏土冻结期；

3—季节冻土区砾砂融化期；4—季节冻土区粉质黏土融化期

图 5-8　"分层"现象工况锥柱抗拔破裂面对比

5.3.3　冻土地区桩基础承载计算方法

在冻土地区，桩基础具有良好的通用性，基本适用于所有冻土地区。特别是在地下水位较高的地区，高温高含水率、强冻胀地区，河流滩地的融区等。此外，对于盐渍化冻土、强融沉等地区，采用桩基础也是一种很好的选择。相对于其他基础形式，桩基础的优点在于，对冻土地基热扰动较小，应用范围广，施工工艺成熟。桩基在多年冻土地基中，其抗拔承载力主要是由基础自重、非冻土的桩侧侧阻力、基础侧面冻结力组成。上拔力主要由上部结构传至基础的上拔力和切向冻胀力组成。对于桩基础的抗拔承载稳定性计算，多年冻土区的抗拔力主要由冻结力组成。而上拔力的取值，在融化期主要由桩基础上部结构传至基础的上拔力组成，在冻结期还需要加上冻土切向冻胀力（图 5-9、图 5-10）。

（1）季节冻土区

季节冻土区基桩的抗拔承载力特征值在冻结期和融化期均可由下式确定：

$$R_{up} = \sum(\lambda_i q_{sik} u_i l_i)/K + G_P \tag{5-8}$$

式中：R_{up}——桩基础抗拔极限承载力（kN）；

$\quad q_{sik}$——设计融深以下桩侧第 i 层冻土与基础间的冻结强度特征值（kPa）；

$\quad \lambda_i$——桩基抗拔系数，对不冻结土取 0.5，冻结土取 0.8；

$\quad u_i$——桩身周长（m），对于等直径桩取 $u_i = \pi d$；

$\quad l_i$——设计冻（融）深以下，与第 i 层土对应的桩长（m）；

K——安全系数。

（2）多年冻土区

融化期和冻结期桩基的抗拔极限承载力可统一按下列公式进行计算：

$$T_u = R_{uk} + G_P \tag{5-9}$$

$$R_{uk} = \sum(\lambda_i f_{cia} u_i l_i) + \sum(\lambda_j q_{sja} u_i l_i) \tag{5-10}$$

$$F_k = \sum(\varphi_i \tau_i u_i z_d) \tag{5-11}$$

式中：F_k——设计冻（融）深内的切向冻胀力标准值（kN）；

R_{uk}——设计冻（融）深以下单桩或基桩抗拔承载力特征值（kN）；

f_{cia}——第i层多年冻土桩周冻结强度特征值（kPa）；

φ_i——基础表面状态修正系数；

τ_i——第i层土中单位切向冻胀力（kPa）；

q_{sja}——第j层桩周非冻结土侧阻力的特征值（kPa）。

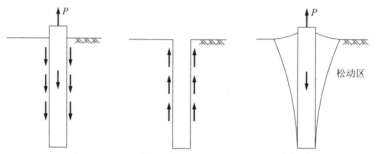

图 5-9　桩在均质土中的受力情况

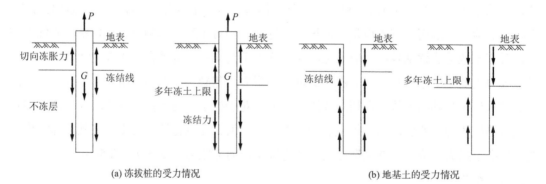

(a) 冻拔桩的受力情况　　　　　　　　　　　(b) 地基土的受力情况

图 5-10　冻拔桩与地基土冻结时的受力情况

均质土质中的桩基础在上拔荷载作用下，会使桩周围土体产生一定的松动，计算上拔稳定时需要考虑抗拔系数。对冻土地基而言，土质和活动层厚度对冻土地区桩基的极限承载力及抗拔系数会产生影响。对于相同地基土土质，在多年冻土区融化期，桩基抗拔系数随活动层厚度的增加而减小，冻结期桩基抗拔系数最大；在季节冻土区冻结期，桩基抗拔系数随活动层厚度的增加而增大，融化期抗拔系数最小。在相同冻土类型和活动层厚度下，相比于粉质黏土，地基土为砾砂的桩基极限承载力更大，抗拔系数更小。

5.3.4　冻土区桩基础破坏模式

通过 FLAC 3D 建立有限元模型可以发现，冻结期内季节冻土区桩基础在上拔荷载的作用下，首先是靠近桩顶和桩身中下部的桩周土体发生塑性屈服；随着上拔荷载的逐级增加，桩身中部周围土体的塑性区逐级向上下两侧延伸，桩顶周围土体塑性区逐渐向下延伸；当延伸至冻结线处时，塑性区有明显的内缩现象；当加载至破坏时，桩周一定范围内的土体塑性区贯通，形成直径略大于桩径的滑动面。桩基础周围土体的位移变化与塑性区的发展基本保持一致。在上拔荷载作用下，靠近桩顶与桩身中下部的土体首先产生细微的变形；随着荷载的逐级增加，变形不断向上下两侧均匀扩展；当加载至临界荷载时，桩周土体形成明显的位移分界面，当继续施加上拔荷载时，桩基础会因位移急剧增大导致桩基础脱离土体，桩基被整体拔出，整个基础体系丧失承载能力（图 5-11）。

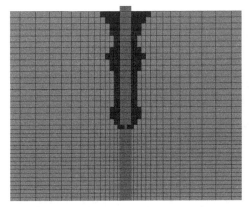
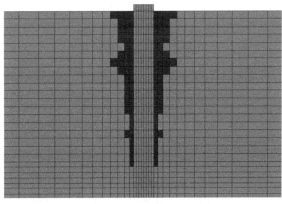

(a) 冻结期　　　　　　　　　　　　　　　　　　　　(b) 融化期

图 5-11　上拔荷载作用下季节冻土区桩基础塑性区发展过程

在多年冻土地区，永冻土层对基础产生的冻结力、桩基础自重以及不冻层（不衔接多年冻土）对基础侧表面产生的摩阻力组成了地基基础的抗拔承载力。当在桩基础顶面施加上拔荷载时，桩基础将携带基础周围小范围内的土体一起承受外荷载。在加载初期，荷载较小，此时桩身中下部周围的土体首先产生隆起变形。随着荷载的逐级施加，荷载不断增大，桩基受影响的土体也逐渐向地表扩展。在冻结期，活动层土体会产生冻胀，在桩基和土体产生相对移动位移时，活动层冻结土体会对活动层范围内的桩基础侧表面施加切向冻胀力，方向竖直向上，因此，在冻结期计算基础上拔力的时候，不仅包括上部结构传至基础顶部的外荷载，还包括基础活动层土体对基础侧表面施加的切向冻胀力。而冻结期基础的抗拔承载力则主要由非冻土层（不衔接多年冻土）的桩侧阻力与基础侧表面冻结力共同承担。在融化期，基础的上拔力主要是由上部结构传至基础顶面的外荷载构成，而桩基与融土间的摩阻力则构成了桩基的主要抗拔承载力。多年冻土区冻结期桩基础受力情况见图 5-12。

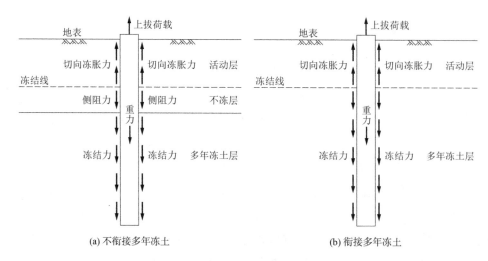

(a) 不衔接多年冻土　　　　　　　　　　(b) 衔接多年冻土

图 5-12　多年冻土区冻结期桩基础受力情况

5.4　多年冻土区混凝土耐久性设计方法

多年冻土区大多属于寒冷地区，周期交替变温幅度大，正负温循环荷载和湿度变化所引发的冻融应力将会使结构产生内外裂缝，降低混凝土的强度和刚度，损伤混凝土结构整体性、稳定性和耐久性，甚至成为引发基础贯穿性裂缝的诱因。

混凝土材料的抗冻性取决于下列因素：

（1）材料的性质（强度、变形、空隙情况）；

（2）气候条件（冻融循环次数、最低温度、降温速度、降水量、空气相对湿度等）；

（3）材料使用方式（降水量、自由水及跨越材料的蒸气压梯度与温度梯度）。区分这几方面变数将构成研究这一复杂问题的一个根本方式的转变，这样我们就有可能正确预估材料在指定环境中的抗冻能力。

从 20 世纪 40 年代以后，美国、苏联、欧洲、日本等均开展过混凝土冻融破坏机理的研究，提出的破坏理论有 5～6 种，如美国鲍尔斯（T. C.Powees）提出的冰胀压和渗透压理论等。但其中大部分是从纯物理的模型出发，经假设和推导得出，有些是以水泥净浆或砂浆试件通过部分试验得出的。因此，迄今为止，对混凝土的冻融破坏机理，国内外尚未到统一的认识和结论。虽然关于破坏机理的问题非常复杂。混凝土结构冻融破坏最重要的影响因素可以分为：

（1）混凝土配比影响：主要因素为W/C（水灰比）、外加剂、骨料、水泥；

（2）工程施工影响：主要因素为养生、成型捣固、输送、养护对策；

（3）外部的影响：水分的供给、温度的行为、除冰盐的影响。

外部因素通常对混凝土抗冻性影响不起控制作用，适宜的混凝土配合比、制造技术、施工技术是提高混凝土抗冻融影响的重要因素。造成混凝土冻害损伤的因素、破坏机理、破坏过程见表 3-3、表 3-4。

《混凝土结构设计规范》GB 50010—2010 规定了二 a、二 b 类环境的混凝土耐久性基本要求分别为 C25 和 C30（C25），并在注释中规定"当有可靠工程经验时，二类环境中的最低混凝土强度等级可降低一个等级"。

输电线路基础除基础露头外，绝大部分埋置在土壤中，不属于露天环境，土壤温度的波动幅度远小于气温波动幅度。目前已建的大部分输电线路工程的混凝土强度等级一般为 C20，并有可靠的工程经验。考虑到输电线路基础点多线长、作业点分散、单个作业点混凝土量小、混凝土现场搅拌质量不易控制的特点，以及线路基础并不特意要求混凝土具有太高强度的情况，将混凝土最低强度等级确定为 C25。冻土地区输电线路基础的最低抗冻等级确定为 F100，既可以兼顾各规范的要求，又可以涵盖输电线路基础最常用的 C25、C30 两个等级的混凝土。

在进行混凝土抗冻性设计时，应充分考虑工程的实际情况，兼顾工程的技术性与经济性。

从现有工程的调研看（图 5-13、图 5-14），实际基础的冻裂大多为综合因素作用的结果，与耐久性设计、混凝土制备、早期养护、后期运维都有直接关系。耐久性设计单一考虑提高混凝土强度、在高海拔地区未经验证使用引气剂、早期养护不足导致混凝土在强度形成前已冻伤、未设置有效的防水隔水措施、运行中塔身和地表汇水、基础荷载应力叠加等均是常见的冻裂因素。

图 5-13　混凝土基础冻融破坏

图 5-14　基础保护帽冻融破坏

5.5 多年冻土区地基基础防冻害处理措施

5.5.1 基础材料病害整治

针对上述影响钢筋混凝土构件抗冻融能力的主要因素，在工程中可采用以下混凝土基础防冻害措施：

（1）预制混凝土或钢桩基础

由于多年冻土区现场环境比较恶劣，工厂预制或者现场搭建集中预制场地能充分进行温度控制、浇筑振捣和养护，质量能得到保障，同时减轻了恶劣环境下的作业强度，因此，在国内外的多年冻土区均有大量的应用（图5-15）。

(a) 青藏联网装配式混凝土基础　　　　(b) 蒙古预制混凝土基础

(c) 俄罗斯预制混凝土基础　　　　(d) 美国钢管桩基础

图 5-15　国内外的多年冻土区预制基础

但目前预制混凝土构件均采用普通混凝土浇筑，其密度一般为 2350~2400kg/m³，混凝土自重较大，运输会消耗大量资源。预制构件自重、体积均较大，吊装难度增大，且吊装所需机具的运输难度也相应增加，由于基础作用力和地质条件变化多样，导致基础设计的尺寸规格很多，现有装配式基础批量生产存在困难，造价难以降低。因此，预制混凝土基础应进一步向轻型化、小型化、便于工厂标准化批量生产发展。

（2）新型混凝土设计体系

现有高寒环境下混凝土耐久性技术以大矿物掺合料、低水胶比、掺加引气剂等技术手段为主，但较少考虑西藏地区高寒、缺氧、高频冻融、干燥等环境特点，耐久性技术效果未达到预期。大矿物掺合料和低水胶比是常用的提高混凝土密实性及耐久性技术手段，但对施工环境温度、湿度以及养护条件要求较高。高海拔地区气候严寒，矿物掺合料在温湿度达到一定要求时，其水化速度和水化产物等才能达到耐久性的效果，矿物掺合料在低温、干燥环境下早龄期反应速度非常迟缓，大掺量矿物掺合料反而会降低混凝土基础的耐久性。在施工和养护不到位条件下，低水胶比混凝土拌合物黏度较大造成施工困难，导致混凝土浇筑不密实、水化不充分而使混凝土耐久性降低。掺加引气剂在含氧量较高的非高海拔地区能够引入均匀分布的微小封闭孔，提高混凝土的抗冻性能，但青藏地区海拔高、缺氧，造成引气剂引入的封闭孔变大，部分甚至破裂，在混凝土内部形成了大气泡、连通孔等缺陷，反而大幅度降低了混凝土抗冻性能。因此，需要采用通过新型混凝土设计体系制备高寒、高海拔地区高性能混凝土。

（3）外防护体系

现阶段的混凝土结构外防护分为有机表面防护材料和无机表面防护材料两个系列。有机表面防护材料中的环氧树脂涂料虽然具有优异的防腐蚀性能，但环氧树脂中含有醚键，树脂分子在太阳光紫外线照射下易降解断链，涂抹易失光和粉化。聚氨酯防腐蚀涂料在不使用底漆时，耐水性、附着力、耐阴极剥离性差，为此需要使用环氧底漆。氯化聚乙烯涂料光泽较差，颜料分散性较差，涂料黏度较高，难以制备高固体组分、喷涂性能良好的涂料，涂膜附着力差，使用温度不宜超过 60℃。目前在实践中，效果欠佳，尚存在工艺要求高、使用环境配套性不强等多种问题。从目前的实际应用看，玻璃钢模板取得较好的效果，在消减切向冻胀力的同时，对基础冻害起到较好的外防护效果。

5.5.2　融沉病害整治

地基基础防融沉可采取改变地基土融沉性的措施及基础和结构抗融措施。冻土地基的稳定性可分为施工期、运行初期、长期运行期三个阶段，对自身能满足融沉变形的冻土地基，为满足工程施工后地基快速回冻要求，也可以采取防融沉措施加快回填土冻结。为保证运行初期和长期运行阶段的稳定性，对融沉等级较高、变形量较大的冻土地基，需结合工程建设、长期运营的需要，根据水文条件、地形特点、融沉等级、地基基础设计状态、施工工艺、产品性能选择经济合理、可靠的防融沉措施。

改变地基土融沉性的措施有：①按照预先融化状态设计时，可采取预融和预固结措施；②采用粗颗粒土换填富冰冻土和含土冰层，必要时可考虑人工加固土壤的方法；③合理安排热交换影响较小的施工季节，采用多填方少挖方的原则，选择扰动较小的基础形式，并减小开挖面的暴露时间。

基础和结构抗融措施有：①采用遮阳措施，减少多年冻土的辐射和热量交换，增大地面冷却作用；②安装热桩、热棒等冷却装置保持多年冻土层的冻结；③在基础底板下设置隔热层阻挡热流，防止隔热层下多年冻土融化；④地表设置块石通风层，保护多年冻土地基的稳定性。

基坑开挖使基底的多年冻土暴露，改变了基底多年冻土的热平衡，暴露后多年冻土的强度可能降低或发生融沉。冻土上限位置处暖季地温较高（接近 0℃），基底含冰时经开挖暴露后会融化，导致地基强度较低、稳定性较差，需要将基础埋置在上限以下一定深度。同时，综合多年冻土的工程地质条件、基底含冰率、水文特征、施工方法等的影响，基础最小埋深宜适当加大。

高含冰率冻土主要由细颗粒土组成，含冰率高、厚度大，并且大部分地段地温较高，极易受到热扰动，易造成塔基的融沉。高含冰率的施工引起的扰动，也可能造成热融湖塘、热融滑塌等不良影响。另一方面，冻土在冻结状态的强度较高，如果能良好地保持冻土的冻结，可以在寒季上拔力与冻拔力叠加时，采用地基土保持冻结状态原则进行设计，从而利用土在冻结后的高强度力学属性。因此，如何降低地温和控制地温，保证多年冻土塔基的稳定性，有效利用冻土的力学性能对输变电工程具有重要意义。

热棒（又称无芯重力式热桩、热虹吸管）是一种气液两相对流循环的热导系统，具有独特的单向传热性能，即热量只能从地面下端向地面上端传输，反向不能传热。它实际上是一根密封的钢管，里面充以工作介质，管的上端为冷凝器，由散热片组成，下端为蒸发器，中间为绝热段。当冷凝器温度低于蒸发器的温度时，蒸发器中的液体工质吸收热量，蒸发成气体工质。在压差作用下，蒸气上升至冷凝端，与冷凝器管壁接触，放出汽化潜热，再通过冷凝器的散热片散出。同时，蒸气工质遇冷，冷凝成液体，在重力作用下，液体沿管壁回流至蒸发器，再蒸发。如此往复循环，将热量传出。上述气液两相对流循环过程是连续的，只有当蒸发器的温度低于冷凝器的温度时，这种对流循环过程才停止，热棒也就停止工作。因此，热棒既可将冷能量有效地传递、贮存于地下，又可有效地阻止热量向下传递，是一种可控热量传递的高效热导装置（图 5-16）。

图 5-16　输电线路热棒基础现场

热棒布置的方式及数量与岩土类型、冻土含冰率、基础形式、基础根开有关。一般来说，高温高含冰率的冻土、采用大开挖的基础形式、基础根开较大的塔位热棒使用数量更多，反之热棒布置相对较少，对一些基岩较浅、地质较好的塔位可以少用或不用。

针对多年冻土地区输电基础的热棒布置原则，研究了 3 种布置方案，单桩分别布置 1～

4 根热棒的计算，得到了各工况热棒的温度场分布规律。

方案 A：热棒内置方案。当基础立柱足够宽，采用热棒内置于基础立柱中的方案。根据基础根开和地质条件可采用一棒一基础方式或两棒一基础方式，如图 5-17 所示。

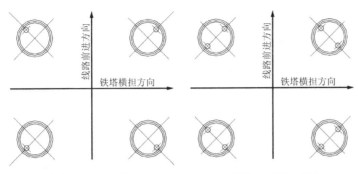

方案A-1：一棒一基础　　　　方案A-2：两棒一基础

图 5-17　热棒内置

方案 B：外贴方案。当基础立柱宽度不能满足内置方案时，采用热棒外贴于基础立柱边的方案。根据基础根开和地质条件可采用一棒一基础方式或两棒一基础方式，如图 5-18 所示。

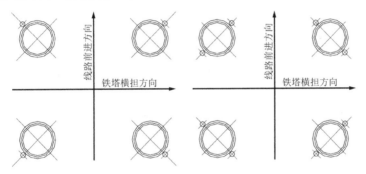

方案B-1：一棒一基础　　　　方案B-2：两棒一基础

图 5-18　热棒外贴

方案 C：外置方案。热棒尽量外贴于基础底板边，根据基础根开和地质条件可采用两棒一基础方式，三棒一基础方式或四棒一基础方式，如图 5-19 所示。

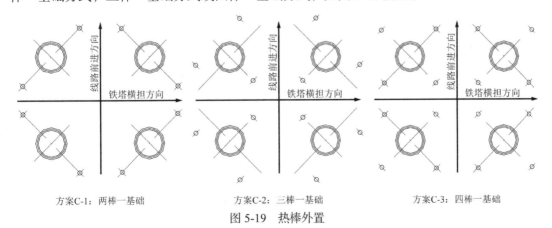

方案C-1：两棒一基础　　　方案C-2：三棒一基础　　　方案C-3：四棒一基础

图 5-19　热棒外置

热棒沿桩侧半径方向输入的冷量，称为热流密度。热流密度随着气温的升高而减小。冬季气温最低时，取热流密度为 $100J/(s \cdot m^2)$；春季气温持续升高，分别取热流密度为 $50J/(s \cdot m^2)$、$25J/(s \cdot m^2)$、$12.5J/(s \cdot m^2)$。热棒工作一年后，分别计算上述 5 种热棒布置方式在热流密度为 $100J/(s \cdot m^2)$、$50J/(s \cdot m^2)$、$25J/(s \cdot m^2)$、$12.5J/(s \cdot m^2)$ 时的温度场。对各种工况下的温度场比较分析，可以得出以下结论：

（1）在各热流密度下，随着根数的增加，热棒的降温效果越来越好。

（2）单桩布置 1、2 根热棒的降温效果一直很接近，布置 3、4 根热棒的降温效果也比较接近，但后者要明显好于前者。

（3）热流密度为 $100J/(s \cdot m^2)$、$50J/(s \cdot m^2)$ 时，热棒的降温效果比较显著。随着春季气温持续升高，热流密度减小为 $25J/(s \cdot m^2)$、$12.5J/(s \cdot m^2)$，热棒的降温效果已不是那么明显。

（4）当热流密度为 $100J/(s \cdot m^2)$、$50J/(s \cdot m^2)$ 时，单桩 1、2 根热棒的影响范围是以桩为圆心、半径为 3m 的圆形区域，对应的最低温度值分别为 −2.9℃、−3.4℃；单桩 3、4 根热棒的影响范围是以桩为圆心、半径为 5m 的圆形区域，对应的最低温度值分别为 −4.6℃、−5.3℃、−5.6℃。

热棒工作 50 年后，热阻增大，热流密度减小。冬季气温最低时，取热流密度为 $70J/(s \cdot m^2)$；春季气温持续升高，分别取热流密度为 $35J/(s \cdot m^2)$、$17.5J/(s \cdot m^2)$、$8.75J/(s \cdot m^2)$。然后，分别计算上述 4 种热流密度下的温度场。对各种工况下的温度场比较分析，可以得出以下结论：

（1）在各热流密度下，随着根数的增加，热棒的降温效果越来越好。

（2）单桩布置 1、2 根热棒的降温效果一直很接近，布置 3、4 根热棒的降温效果也比较接近，但后者要明显好于前者。

（3）热流密度为 $75J/(s \cdot m^2)$ 时，热棒的降温效果比较显著。随着春季气温持续升高，热流密度减小为 $35J/(s \cdot m^2)$、$17.5J/(s \cdot m^2)$、$8.75J/(s \cdot m^2)$，热棒的降温效果已不是那么明显。

（4）当热流密度为 $70J/(s \cdot m^2)$ 时，单桩 1、2 根热棒的影响范围是以桩为圆心、半径为 3m 的圆形区域，对应的最低温度值分别为 −2.5℃、−2.7℃；单桩 3、4 根热棒的影响范围是以桩为圆心、半径为 5m 的圆形区域，对应的最低温度值分别为 −3.4℃、−3.8℃、−4.0℃。

（5）将热棒工作 50 年后影响范围、影响深度、最低温度值与热棒工作一年后的各项数据进行比较，可以得出：热棒工作 50 年后，由于热阻的增大，热流密度减小，热棒的降温效果也随之变差。

5.5.3 冻胀病害整治

地基基础防冻胀通常可采取地基处理和结构措施。防冻胀地基处理措施有：①采用非冻胀性材料换填天然地基冻胀性土；②在冻土地基表面或基础四周设置隔热层；③在基础底面和四周设置排水隔水措施；④采用物理化学法改良土体冻胀性。地基基础防冻胀结构措施有：①适当减小基础与活动层内冻胀土的接触面积；②对冻胀土接触的基础侧表面进行压平、抹光处理；③采用防冻润滑材料处理季节冻结融化层内基础侧表面；④增加基础锚固深度、锚固面积和锚固作用力；⑤采用能减少冻胀作用的正梯形或锥柱基础等基础形式；⑥在基础梁下或桩基础的高承台下，保留相当于地表冻胀量的空隙，空隙中可填充松软的保温材料。

青藏直流工程通过模型试验，对比测定了不同地温和不同含水率的粉质黏土中普通基础与玻璃钢模板基础的单位切向冻胀力，研究了玻璃钢模板在不同粉质黏土中对切向冻胀力的消减作用机理，如图 5-20～图 5-23 所示。

研究表明：采用玻璃钢模板后，单位面积切向冻胀力数值有明显的降低，对冻土地基冻拔作用有明显的削弱。玻璃钢模板切向冻胀力消减系数随土体含水率的增加而减小，切向冻胀力消减效率随土体含水率的增加而降低。在冻胀等级较高的塔位基础采用玻璃钢模板可以显著降低切向冻胀力。桩基础应设置在冻土上限以下，但不建议通长设置，以免降低了桩基础的冻结强度从而减小了基础承载力；在扩展板柱基础中配合锥柱基础通长设置，材料优化和基础外形措施叠加能取得更好的切向冻胀力消减效果，见图 5-24。

图 5-20　玻璃钢模板和基础

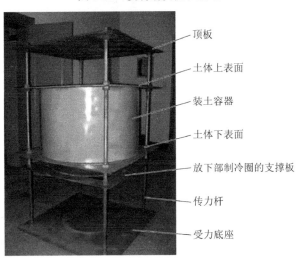

图 5-21　切向冻胀力试验装置

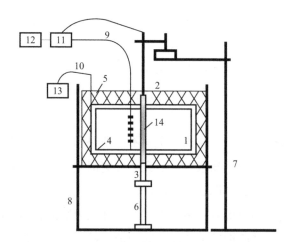

1—土样；2—位移计；3—测力计；4—制冷管盘；5—保温层；6—千斤顶；7—钢支架；8—钢架；9—温度传感器
10—制冷管；11—数据采集仪；12—计算机；13—制冷机图；14—基础模型

图 5-22　模型试验示意图

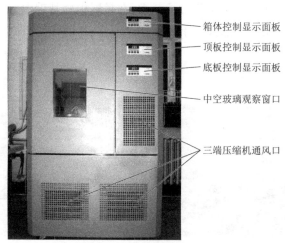

图 5-23　冻融循环试验箱

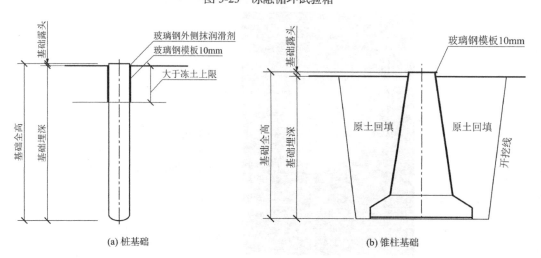

图 5-24　玻璃钢模板设置

5.5.4　防水及排水

冻土地基防护和病害治理应首先处理防水和排水问题。防水及排水需根据场地水文条件、地形特点、冻土类型、地基基础设计状态、施工工艺等因素采取设置临时性和永久性的措施。在施工阶段忽视防水系统的及早施工和施工场地的排水，可能会使地表水和雨水流入基坑，将增加施工难度。同时，塔基成型而排水沟开挖尚未进行，雨季和春融地表水形成的急流渗入基底，将引起多年冻土的融化和冻害的增加。在线路运行阶段，地表水和地下水除冲刷、浸泡基础外，还会对冻土地基产生热侵蚀作用。多年冻土区的水不仅使地基软化，也给冻土地基带来热量，造成冻土融化，上限下降，易造成地基沉陷。另外，地表水与地下水的相互转换影响基础稳定性。基础附近的积水和渗水会改变冻土的冻融特性，加剧冻害。采用的防水措施主要有挡水埝、散水坡、排水沟、防水层等。

第6章

多年冻土区输变电工程基础施工

6.1 施工活动对冻土的影响

施工活动本身对多年冻土易产生较大的扰动，易诱发威胁工程安全的冻融灾害，如以热融过程为主的热融滑塌、融冻泥流等，以冻结过程为主的冻胀丘、冰锥等。另外，冻土具有强烈的冻胀作用，致使工程建筑物产生强烈的冻胀破坏。如在桩基与冻土相互作用过程中易产生强烈的切向冻胀力，致使基础产生强烈的冻拔作用，影响基础的稳定性及安装精度。对于输变电工程来说，在高含冰率地段各种基础的融化下沉变形和活动层土体冻胀作用，均会造成基础发生强烈的破坏。

基坑开挖施工对冻土环境影响较大。基坑长时间暴露，改变了基底多年冻土的热平衡，多年冻土的强度可能降低或发生融沉。青藏直流工程风火山区某塔基施工过程中停工 20d 左右，施工现场没有采取相关的遮阳等防护措施，导致下部含土冰层融化，形成热融滑塌，后采取将塔基向山坡上方移位处理。施工时需重视基坑积水对基础施工和多年冻土稳定带来的影响，制定切实可行的措施和施工组织方案，合理安排施工季节和时间，尽可能减小基础施工的开挖量，缩短基坑暴露时间，减少对冻土的扰动。当按保持冻结状态设计时，一般选择在寒季冻结期施工更易满足设计要求。

施工过程中，如果机械设备、建筑材料、开挖弃土任意堆放，随意开挖临时沟渠等，都很可能在不知不觉中改变细部水热条件，破坏植被或破坏冻土的稳定性，而这些一旦破坏，非但不容易恢复还容易引起不良的连锁反应，因此，对于场地的堆放、施工机械及车辆行驶压地等要严格控制。施工过程中的进场便道尽量减少数量，且选择在土质干燥、粗颗粒土基质、地势平坦及植被稀疏的地方，同时避开野生动物主通道，减少对动物活动的干扰。车辆及施工机械应严格按规定线路行驶，不得随意碾压便道外的冻土苔原，尽量避免车辆和施工机械驶入无便道的高含冰率冻土分布地段。

6.2 施工验槽

冻土地区输变电工程施工验槽对于进一步核实地基土冻土类型、地层岩性，以及核对地基处理方案及基础形式的合理性等十分重要。施工验槽需要及时对开挖的基坑和地基土进行查看和鉴别，一般采用目视、拍摄影像、掰捻、尺量、素描、取样鉴定等方法，侧重查验冻土类型、地下水状态、融化深度、地下冰形态与分布特征、基岩特性与埋藏深度等内容。

（1）验槽人员要求

冻土是一种特殊性岩土介质。在勘探岩芯编录或基坑剖面编录中，由于专业知识的认知而造成与实际状态的差异会经常发生，有时甚至会给出性质完全不同的结论，如含冰类型、冻结与否判断等，这会形成不同的冻土工程特性和处置方式的结论。因此，冻土基坑编录人员应具有较强的冻土专业认知能力，这是正确全面反映冻土在空间分布真实地质体的基本要求。

（2）施工验槽要点

冻土基坑开挖后，暴露在空气中的冻土特性会发生快速的改变，尤其是在暖季施工的大开挖基础，坑壁很快就会融化或坍塌。为了能够准确把握基坑周围的冻土分布状况，需要及时开展施工验槽，同时相关工具需要在验槽人员到达现场后迅速投入使用，否则会延误施工验槽的最佳时机，可能降低验槽结果的准确性。由于详细的验槽过程会耗费大量的时间，在此过程中很有可能存在冻土的融化，从而导致无法在现场进行完整的验槽。验槽人员要求配备必要的器材，如刻度清晰、精度符合要求的塔尺或皮尺，相机、简易测温设备、记录笔及记录本等。相机是冻土工程研究及施工中常用的工具，高质量的影像资料有助于在室内重现坑壁的原始状况，可以帮助验槽人员进行更为详细的验槽校正工作，还可以通过专业人员分析把关。

冻土由于冰体的无规律分布而在纵横向的变化是相对动态的，这充分表现出冻土分布的不均匀性和各向异性。可以这样说，冻土在空间的分布发育规律具有很大的不确定性，几乎是所有地质体变化和地层分布变化中最具有代表性的介质体。无论是通过何种勘测手段，都不能完整地表达出冻土的真实空间分布状况，因此，大开挖基础形成的天然断面/剖面具有任何勘测手段不可替代的全面性和真实空间分布特征，剖面观测判定是最好和最可靠的勘测方法和手段，是需要高度重视的实证过程。

多年冻土上限的埋深对于冻土工程的稳定性具有重要的意义。冻土上限分布的深浅，主要表现在基础深度的确定和活动层对基础的冻胀和融沉过程的影响。混凝土基础相对周围多年冻土存在较为显著的热源效应，其在施工完成后将会引起周围多年冻土的退化，若这种退化发生于高含冰率冻土层，则会引起冻土中未冻水含量的升高，并向混凝土基础周围聚集，从而降低冻土基础的稳定性。因此，多年冻土上限埋深及高含冰率冻土的分布特性是基坑验槽中需要重点关注的问题。

暖季气温较高，基坑开挖后会引起暴露于空气中的多年冻土快速升温。对于高含冰率冻土而言，这种升温会导致冻土地下冰融化，以及融化后的自由水沿坑壁流入基坑，从而改变基坑壁的原始形态。因此，暖季施工的高含冰率冻土区塔基的验槽工作应当及时进行，且地下冰更容易融化的向阳一侧应当首先进行，否则验槽结果容易因融化水分导致失真。

（3）现场问题的处理

基坑开挖后，因坑壁的原始形态受冻土层上水或冻土融化水破坏，使得验槽结果难以与勘测资料对比，需要找到未受破坏的断面并及时描述、记录，或查看施工现场作业设施，查阅施工记录，询问作业人员，核实勘测资料与施工验槽的一致性，分析施工扰动对冻土地质的影响。

冻土由于水分在冰分凝冻结过程中不均匀分布的差异性，使得一孔之见的勘测结果与施工开挖的结果往往不会完全一致，大多数情况下，不影响对塔基的稳定性评价和基础形式的选择。基底冻土含冰率对于混凝土基础的稳定性意义重大，基底地下冰的多少在很大程度上决定了塔基运营后的沉降量。因此，若基底冻土含冰率显著高于勘测指标，则基础在浇筑后可能会发生较大的沉降变形，可能会危及塔基的稳定性。当开挖结果与勘测结果差异很大，或基底冻土含冰率显著高于勘测指标，可能会引起各塔腿不均匀沉降、平面滑移变形或者需要改变基础形式时，应及时与设计专业会商沟通，提出处理意见。

基坑积水后会导致基底及下部冻土大幅退化、融化，从而可能危及塔基运营后的稳定性；坑壁坍塌将对塔基的施工过程造成不良影响，甚至导致工程施工质量下降。因此，若发现基坑出现积水、坍塌情况时，应调查分析是因弃土、保温不当所致还是其他原因引起，会同相关人员商议处置措施，并在后续的施工过程中尽量避免相关问题的出现。

6.3　明挖基础施工

扩展板柱基础作为常见的明挖基础，相比原状土基础而言，由于基础底板宽度较大，当埋深超过一定限值时，还需要根据土质情况进行放坡，因此，板柱基础的基坑体积较大、直接暴露面积也较大。在高含冰率的多年冻土区，大面积的基坑作业会对多年冻土产生强烈的热扰动，改变多年冻土上部季节融化层的热学性质。基坑开挖时会将多年冻土直接暴露在热辐射环境中，混凝土浇筑后水化热对土体持续放热，基坑回填后由于破坏了土体原状结构，地表水容易流入回填土直至坑底发生热侵蚀，在长期运行中钢结构和混凝土基础还可能因为吸热导致深层多年冻土融化。因此，在高含冰率的多年冻土区，不恰当的明挖基础设计和施工组织都可能会导致严重的热融现象和次生灾害（图6-1、图6-2），并且在高原脆弱的生态环境中，多年冻土一旦受破坏后，地表植被和生态系统恢复困难。

在青藏联网工程、玉树联网工程和伊犁—库车750kV工程中，建设单位和施工单位逐步总结了多年冻土区明挖基础施工的"保护为主、摸清规律、掌握时机、三快施工、科学回填"经验。

图 6-1　基坑热扰动坍塌	图 6-2　基坑积水坍塌

1）保护为主

2021 年中央全面深化改革委员会第二十次会议审议通过了《青藏高原生态环境保护和可持续发展方案》，习近平总书记强调要站在保障中华民族生存和发展的历史高度，坚持对历史负责、对人民负责、对世界负责的态度，抓好青藏高原生态环境保护和可持续发展工作。会议指出，党的十八大以来，全面开展西藏生态安全屏障、三江源、祁连山等重点区域生态保护修复，加大生态保护补偿和转移支付力度，加快青藏高原基础设施建设，大力推进脱贫攻坚，有效遏制了青藏高原生态恶化趋势，促进了区域持续稳定和快速发展。因此，在高原的工程建设进入更加科学、环保的新篇章。

尽管根据建设要求和工程特点，在多年冻土区也选用了热扰动较大的明挖基础，但是出于保护生态环境和多年冻土的目的出发，施工组织应采用保护为主、少挖多填的原则，尤其是明挖基础大部分以机械化施工为主，除基坑施工外，机械入场和运输修路等辅助扰动也较大，应充分做好配套的保护措施。

为避免污染基坑周围的环境，坑内弃土应全部置于塑料编织布上，并置于与基坑边缘的距离不小于常温下规定的距离加上弃土堆的高度的地点。对于植被茂盛的地点，需将原植被集中收集并加以养护，待基础完工后重新覆盖在基坑上，以保持原始地貌。

2）摸清规律

摸清规律、因地制宜、科学策划是决定施工效果的先决条件，需要结合冻土的类别、地形地貌、运输和施工条件进行科学的统筹和规划。在含冰率较低、基础底板以下冻土地基融沉等级较低的塔位，可选择常规的施工措施和季节；在含冰率较高、基础底板以下冻土地基融沉等级较高的塔位，应根据多年冻土的利用原则判断，提前做好冻土的保护措施准备，如遮阳棚、彩条布等措施（图 6-3、图 6-4）。根据冻土类别、地质条件、气候特点和交通条件选取合适的施工机具和工艺。由于输电线路具有"线长、点多、量少"的特点，在安排工序时还应充分根据高海拔寒冷、缺氧环境下降效，对人员、机械和物质供应做好保障工作。由于雨水直接流入基坑，会产生热侵蚀现象，高含冰率的冻土应避免在雨季进行施工，同时应提前设置基坑周边截排水措施和基坑内积水排除措施；另一方面，高山高原气候多变，应避免安排在降雪封山季节施工（图 6-5）。

图 6-3　基坑覆盖遮阳网效果图

图 6-4　基坑遮阳措施

图 6-5　伊犁—库车工程施工

　　冻土基坑开挖尽量采用机械速挖成型的施工技术，可保证开挖速度，减少基坑的暴露时间和冻土融化带来的安全风险。对于渗水量大且坑壁坍塌的大开挖基坑，开挖时必须使用挡土板加以支撑，必要时应在横撑上假设水平顶缸，确保基坑开挖的安全性。开挖时先开口下挖 0.3～0.5m，然后在坑壁四周设水平横撑木，将挡板设置在横撑木和坑壁间，横撑木间距视土质而定，一般为 0.8～1.0m。挡板顶端要有防止下插打裂的措施，尽量使用钢板挡土板。挖掘过程中要边挖边增设横撑木和插挡土板，要注意观察挡板有无变形及断裂迹象。若发现异常应及时更换或者在横撑上加水平顶杠，增强挡土板骨架的刚度。

　　由于土层冻结的强度是融土的 10～15 倍，含水率达 20% 的粉质黏土，地温降至−1.0℃时，抗切削强度达 5MPa，降到−25℃时达 15MPa。人工开挖基坑宜采用松动爆破、风镐掘进或二者混合的方式进行。当采用小炮式松动爆破和风镐联合的方式进行基坑开挖，药量按冻土爆破设计原则控制。炮孔可用人工打钎成孔和机械成孔。炸药可使用黑色炸药、硝铵炸药，严禁使用甘油类炸药。基坑开挖宜分段进行，开挖作业要连续、快速。

　　基础开挖预留 300mm 以上防冻层，待安装前操平再人工开挖至设计深度，以避免气温上升坑底冻土解冻，造成地基土受力不均匀而导致铁塔倾斜。

　　3）掌握时机

　　明挖基础必须要选择合理的开挖季节和工作时段，必须根据设计状态采取相应措施，当采取保持冻结状态设计时，施工过程中应保持冻土地基冻结状态，宜选择在寒季进行基础施工；当采取允许融化状态设计时，施工过程中应按设计要求状态采取相应施工措施。

厚层地下冰、地表沼泽化或径流量大的地段基坑应在寒季开挖；饱冰冻土、含土冰层地段施工时，根据施工效率可在寒季或暖寒季交替期开挖；并采取遮阳、防晒和防雨措施，尽量保持冻土的稳定。尤其已探明冻结层上水发育、开挖基坑可能会出现涌水严重的塔基，均应提前规划施工工期，在新疆的西部高山多年冻土区，裂隙水等问题也较为常见，但集中降雪后，往往给交通造成极大困难，因此，含冰率高、环境恶劣的地段应提前留出最佳的施工季节。

工作时段需要综合考虑环境温度、太阳辐射和施工便利统筹安排最佳方案。在青藏联网工程施工时，利用青藏高原特有的昼夜温差来调节施工时间，采用凌晨 2 点左右进行开挖（由于此时气温较低，在开挖过程中冻土层容易上冻，不易塌方），凌晨 4 点左右基坑开挖已完成，立即吊装钢筋及模板进行浇筑，待冻土层融化时基础浇筑已完毕。在昼夜温差较大的西北地区，也可参考类似经验，尽量不要将基坑开挖和暴露的时间段安排在全天中温度最高的时间段。基坑开挖后，若不能及时浇筑时则在坑底铺盖厚度不小于 1m 的稻草帘等保温、防冻。

4）三快施工

"三快施工"是青藏直流工程中各方建设单位总结出来的宝贵经验，即在多年冻土地基中快速开挖、快速浇筑、快速回填，从各环节缩减基坑开挖暴露的时间，一方面减小地基土的热扰动程度，另一方面降低基坑融化坍塌风险。采用机械开挖提升开挖速度，保持冻土稳定性，减少了扰动。基础开挖预留 300mm 以上防冻层，待浇筑前基坑操平时再人工开挖至设计深度，以避免气温上升，坑底冻土解冻，造成地基土受力不均匀而导致基础倾斜。

5）科学回填

回填土状态的确定是辩证统一的关系，大孔隙回填土和大块冻土回填不利于基础抗拔承载，但有利于回冻，同时大孔隙回填土在雨季易加重热侵蚀，在自然密实会形成地表下陷，需要科学地认识回填土状态的两面性，充分发挥和利用有利的一面，避免不良的一面。回填土作为开挖板柱基础上拔和水平荷载的承载地基，它的自重和剪力是承载力计算公式的重要组成项，因此也是施工质量控制和验收检测的主要内容。为保证回填土的质量，有以下几个措施：

（1）根据冻土施工的三快原则，现浇基础在拆模后，及时回填。采用玻璃钢模板时，可随混凝土浇筑高度同步进行回填，进一步节省回填时间。同时尽量采用机械工具，并采用对称式回填办法，避免单侧或单面回填造成基础位移。

（2）基础回填时，严禁基坑内有积水；回填遇地下水或滞水时，应将积水排净后再回填。

（3）基坑回填应从基础开始，向基坑壁扩展，分层夯实。严禁从基坑周围向基坑中心回填，避免导致基础倾斜。回填土应分层铺均后夯实，防止因不均匀回填的侧压力造成基础位移。

（4）分层夯实，采用电动打夯机等机械器具进行，分层铺料厚度一般不超过 30cm，夯实密度满足设计要求，见图 6-6。

（5）若基坑底部需进行换填，其厚度应经热工计算确定，并满足保护多年冻土原则要求。若不换填，坑底平整后铺设垫层。

（6）基坑回填后，回填土应高出地面 300mm 做防沉层，塔基周围地表要做好排水，确保塔周排水畅通，不应积水，寒季降雪后，冰雪融化水能顺坡度快速导出。

图 6-6　打夯机夯实

由于回填土的质量决定了基础上拔和水平承载能力，目前《多年冻土地区输电线路杆塔基础施工工艺导则》Q/GDW 1833—2012 等规范要求，采用未冻结的颗粒土分层夯实回填，压实系数不得小于原状土的 80%，并且严禁用冻土快速回填。中国科学院西北生态环境资源研究院的研究发现，回填土中存在大孔隙两种传热机制均很显著，即热传导和对流换热机制，而一般认为密实土体中对流换热作用可以忽略，以热传导为主导。大孔隙回填土的对流换热效应对下部冻土的热效应存在有利和不利的影响。有利的影响是回填后的第一个冬季，由于孔隙中空气自然对流效应，加速了外界空气和土体的换热速率，使下部土体迅速降温，有利于施工过程中的热扰动迅速消散并形成冻结力，尽快满足后续组塔和架线所需的力学强度。但同时，在随后的夏季，降雨能迅速沿着大孔隙回填土下渗，到达桩基底部，使塔基底部冻土迅速升温，而且下渗水分容易在桩基附近累积，经历冻融过程后桩基回填土会自然密实。因此，回填土的状态有着力学和热学的两面性，要充分根据工程需求和工程特点，科学选取，并采用有效措施防止不利的状况发生。

6.4　装配式基础施工

（1）基础预制精度控制

装配式基础施工最大难点在于施工精度控制，包括基础预制精度和安装精度。为保证装配式基础预制质量，设计加工了整套装配式基础预制钢模板。模板设计结合基础图纸，考虑基础预制与安装的便利性，方便混凝土施工及养护，以及模板强度与加固等多方面问题，确定模板分段、模板结构、模板补强以及模板吊装孔等细节设计。装配式基础预制钢模板分成四个部分：装配式基础底板连接梁、装配式基础底板（两块）、装配式基础立柱、基础吊装辅助用具，见图 6-7。

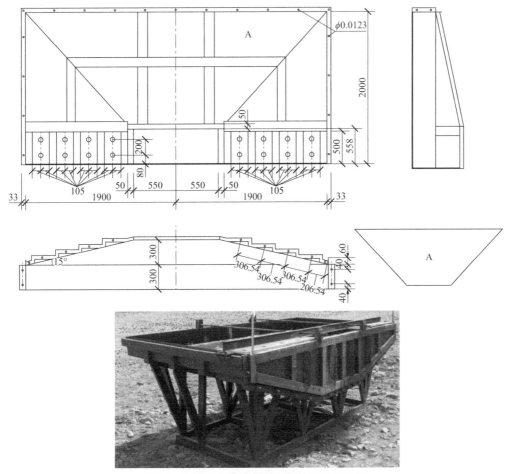

图 6-7　装配式基础预制模板设计及实物图

（2）基础安装精度控制

为保证装配式基础安装精度，研究了装配式基础地梁专用吊具、立柱专用吊具，创新了预制基础底部连接地梁吊装与找正方法、预制底板的吊装与找正方法、预制基础立柱吊装方法，有效保证了多组螺栓同步精确安装，见图 6-8。

图 6-8　底板安装和地梁吊装图

6.5 钻孔灌注桩施工

灌注桩基础施工宜采用旋挖钻机开挖干法成孔的施工技术。采用大功率旋挖钻机可以提高钻孔速度，其功效通常为普通冲击钻机的数倍，并且钻机自出渣，不用泥浆浮渣，杜绝了泥浆的热量带入。短螺旋钻头适用于细砂、中砂、砾砂、角砾土、圆砾土及抗压强度不高的风化、中风化岩层；带导向管的勘岩钻头适用于强度不均匀、易偏孔的地质情况以及风化、中风化岩层；筒式切削钻头适用于岩层局部破碎、软硬不均、存在孤石与冰层、破碎岩无规律交织，局部抗压强度极高的地质条件；普通旋挖筒式钻头适用于冻结层上水较多致使孔内积水较多，其他钻头提渣困难的地段。因地制宜选择钻头，可大大提高钻孔速度及成孔质量；对于下部嵌岩深度深，表层风化覆盖层厚的情况，上部风化层采用旋挖钻机成孔，进入微风化岩层后再改用普通冲击钻成孔，从而加快整桩的施工速度。

高含冰率的多年冻土中，灌注桩基础开挖宜采用内外护筒施工法（图6-9），外筒钢板卷制大于基础桩径200mm，用于支撑坑壁坍塌，内护筒玻璃钢卷制与基础等径，作为混凝土模板，用于隔离混凝土和外护筒。待混凝土养护强度达到拆模要求后，缓慢抽出外护筒，内护筒作为混凝土保护层埋设。如基坑情况不良，可考虑设置第二个外护筒。由于采用了内外护筒施工图，避免了冻土直接暴露，降低了冻土升温和融化速度，并且提升了施工的安全性。

图6-9 钢筒护壁、抽水措施

在大兴安岭多年冻土区进行输电线路灌注桩基础施工时，主要存在以下问题：

（1）设计中除了要考虑混凝土施工期间环境的极端负温气候，还要考虑混凝土基础结构在运行期间所要经历的冻融循环环境，因此，混凝土的抗冻性优劣极为关键。若混凝土在冻融循环环境下破坏，强度将降低，并降低混凝土与冻土地基接触面性能，夏天融化水或因水泥水化热作用而融化的冰变为水的渗透作用，使得冻土中的融化水进入塔基混凝土中，从而降低混凝土结构耐久性。负温早强混凝土设计与施工中的关键是避免混凝土在浇筑和养护早期遭受冻害和提高抗冻性。

（2）输电线路杆塔灌注桩体积较大，混凝土浇筑后，水泥水化热将热量传递到冻土中，这些热量将破坏冻土的稳定冻结状态。混凝土灌注桩中的水化热会给稳定的冻土带来热扰动，进而导致冻土的冻结强度降低，并在桩周边形成脱离性的"融隙"或在桩底部形成空腔式的"融沉"，致使桩的承载力严重下降，直接影响工程质量和安全。

（3）多年冻土地区混凝土灌注桩施工时，冻土受扰动后的回冻时间较长，承载力形成缓慢是一大施工难点，尽管采用了特殊施工工艺和施工材料，回冻时间一般仍需 2~6 个月，影响工期进度安排。

6.6　人工挖孔桩施工

为了减少施工过程中对多年冻土的扰动，根据冻土区自然环境特点、冻土工程地质条件、生态环境及现场的实际情况等因素，大兴安岭输电线路工程中采用了人工挖孔桩方案，如图 6-10 所示。

图 6-10　人工挖孔桩施工

（1）当采用人工挖孔桩时，桩直径不宜小于 0.8m。桩孔开挖施工宜在冬季进行，尽最大可能减少对冻土的影响。如地表温度过高，人工挖孔时向孔内通风会将上部暖空气送入地下，对保持地温环境不利。

（2）人工挖孔开挖方式为由上至下逐层施工，为防止气温升高导致冻土融化扰动及孔口塌方，现场使用棉被将孔口罩住，施工人员在桩孔内开挖时亦用棉被将朝阳侧挡住，避免日光直射入孔内。在孔内-1m 处加装护筒，然后继续进行人工开挖。先挖中间部分的土方，待满足深度要求时，再由孔中心向周边施工，控制开挖的截面尺寸。人工挖孔时，孔下照明宜采用冷光源，减少人为因素对地温的影响。

（3）成孔后宜及时浇筑混凝土，如不能及时浇筑混凝土，应对孔口进行覆盖，避免阳光照射。当环境温度低于 0℃，浇筑混凝土采取加热保温措施，浇筑的入模温度保持 6℃，在桩顶未达到设计强度 50% 以前不得受冻。浇筑混凝土时，应严格控制混凝土入模温度，降低对冻土的影响。由于上午砂石料及水温低于 6℃，现场需调整浇筑时间，可控制混凝土入模温度保持 6～10℃，有效地控制混凝土浇筑过程中对冻土的扰动。

6.7 混凝土结构施工

冻土混凝土基础浇筑及养护的最大困难是混凝土浇筑水化热和保温养护等对冻土的扰动。因此，应加强施工期间与混凝土硬化期间的温度监控，防止混凝土施工期间对底部和周边多年冻土的破坏。混凝土的配合比应通过计算和试配选定，试配时应使用施工实际采用的材料，配制的混凝土拌和物应满足和易性、凝结时间等施工技术条件，制成的混凝土应满足强度、耐久性等质量要求。基础混凝土外加剂的品种和掺量应根据使用要求、施工条件、混凝土原材料等由试验确定，且与水泥、矿物掺合料之间应具有良好的相容性，质量应符合现行国家标准《混凝土外加剂》GB 8076 的规定。

负温条件下现场浇筑混凝土时，混凝土出机温度不应低于 10℃，混凝土入模温度不应低于 5℃ 且不宜高于 15℃，混凝土养护温度不应低于防冻剂的使用温度，混凝土脱模后其表面温度与环境温度差不应大于 15℃，避免混凝土收缩裂缝和温度裂缝的产生。寒季施工拆模后，混凝土温度与外界温度相差大于 20℃ 时，拆模后的混凝土应保温覆盖，使其缓慢冷却。

美国陆军工程兵团寒区研究与工程实验室和农垦局提出了热工计算的办法预估新拌混凝土的温度，从而确定集料等加热温度，该理论假定水泥和集料的比热为 0.22，水的比热为 1，现场估算新拌混凝土温度的公式为：

$$T = \frac{0.22(T_a W_a + T_c W_c + T_m W_m)}{0.22(W_a + W_c) + W_f + W_m} \tag{6-1}$$

式中：T_a、T_c、T_m——分别为集料、水泥及拌合水的温度（℉）；
W_a、W_c、W_m、W_f——分别为集料、水泥、拌合水以及集料中自由水的质量（lb）。

由于水泥与热水或热集料接触可发生瞬时凝结。为了避免集料或水加热超过 38℃ 而发生水泥瞬时凝结，在水泥加入之前水和集料应先一起放入搅拌器，降低高温。同时为避免集料温度过高开裂，集料平均温度不应高于 65℃，单种集料最高温度不应高于 100℃。

混凝土养护应包括一定的带模养护时间，带模养护期间应对混凝土外露面采取包裹、覆盖、喷淋洒水等保温保湿措施，其中洒水养护混凝土养护温度和水温不得低于 0℃。

混凝土工程冬期施工养护方法分为非加热法与加热法，非加热法可分为蓄热法、综合蓄热法、负温养护法（广义综合蓄热法或防冻外加剂法）、硫（铁）铝酸盐早强水泥混凝土施工法，加热法分为蒸汽法（棚罩法、蒸汽套法、热模板法、内部通气法）、暖棚法、电热法（电极加热法、电热毯法、工频涡流法、线圈感应法、电热红外线加热器法）。混凝土工程冬期施工中，以上各种方法均可选择，视工程进度及经济条件而定。

6.8　冻土沼泽湿地施工

高原生态环境具有敏感性和脆弱性，虽然暖季施工作业条件好，施工效率较高，基础混凝土质量较易控制，但施工道路、植被破坏、冻土保护等问题突出，需要进行大开挖施工受热扰动分析及应对措施如搭设遮阳棚、覆盖通风散热材料或冻结法施工的建议。多年冻土区的水不仅使地基软化，也给冻土地基带来热量，造成冻土融化，上限下降，易造成地基沉陷。暖季施工容易受到冻土层上水、冻土层间水、冻土融化水的影响。地表水和地下水除冲刷、浸泡基础外，地表水与地下水的相互转换影响基础稳定性，还会对冻土地基产生热侵蚀作用。

沼泽湿地、厚层地下冰及地表水丰盈地段，暖季施工难度大，需要采取特殊的工程措施，而选择在深冻期施工相对来说机械设备进场和现场作业更为便利。施工过程中，避免在高温冻土、高含冰率地段设置弃土和建筑材料场地，特别是沼泽湿地和高寒草甸生态类型地段。施工完成后需重视塔位及周边采取有效的防水、防热措施，这是因为基础附近的积水和渗水会改变冻土的冻融特性，加剧冻害。同时，雨季和春融地表水形成的急流渗入基底，将引起多年冻土的融化和冻害的增加。

青藏高原多年冻土地貌大多属于高寒荒漠、高寒草原和高寒草甸等地貌类型。在安多北坡桃儿久地段，则分布着大片的冻土沼泽湿地。青藏直流工程第七标段线路施工的单位为西藏电建公司，由于这一区段冻土沼泽湿地已发育成大面积分布的小型冻胀丘，环境保护要求相当严格，冻土进场施工极其困难。常规的保护高寒草原环境和施工进场铺设的草垫、棕垫、竹排、竹板和钢板等方法已不适用。时值10月中下旬，冻土沼泽化湿地地表已初步冻结，但中下部地层却并未冻结，重型机械无法进场。为解决这一棘手的"卡脖子"工程问题，开展了"37基攻坚战"。最为困难的区段虽说有37基塔，实际区段为56基塔。在常规进场方式无法保证冻土环境不被破坏而又能保证进场安全施工的前提下，总指挥部和西藏电建公司经过充分讨论和分析，决定采用"碎石铺路"方式进场施工。

在冻土沼泽化湿地发育"冻胀丘"的地段进行施工，如果在10月中下旬通过铲除地表草坪进场施工，将会导致冻土环境发生不可逆退化破坏（高原冻土环境保护要求极其严格），同时仍然不能满足重型机械进场要求（沉陷）。如果等到地层全部冻结再进场，则时间上要到12月中下旬至来年2月底。那时气温将达到零下40多度，严寒环境下工作和生活条件将极其艰苦，无论人与机械都将无法承受。而如果利用碎石铺路进场，则可以利用"碎石的承重性"和"冻土的冻融分选性"来完成这一临时目标。这样，在当时的状况下，可以先利用碎石铺设进场道路和施工场地，完成进场和塔基基础施工，在随后的 3～5 年内，随着季节的冻融交替，铺设的碎石将会逐渐下沉，没入冻土层中，环境自然会恢复到原始状态。

按照这一方法，西藏电建公司在 2010 年 10 月中下旬至 11 月中下旬一个月的时间里，艰苦卓绝地按时完成了当时施工条件最为艰苦的"37 基攻坚战"，取得了直流输电线路冻土基础施工"卡脖子"标段工程的关键性胜利，为整个工程提前一年多完成奠定了坚实的基础。

现在，经过 10 余年的冻融分选和循环，如今的地貌形态已完全恢复到当时的自然环境状态。事实证明，在多年冻土地区，特别是在沼泽湿地"草垛型"冻胀丘地带，铺设碎石是解决这类工程问题和环境保护的有效方法。

第7章

多年冻土区输变电工程监测

7.1 基础回填土质量及回冻状态检测

　　冻土基础的施工质量对基础长期稳定具有决定性作用，施工期建设方需组织开展基础施工环节的岩土检测工作。冻土基坑开挖后将会改变冻土体的原始水热平衡状态，使开挖的冻土体及周围介质在结构、渗流场、温度场和应力场等方面发生变化，并产生新的动态水热平衡场。大多数情况下，坑壁在一定范围内冻土体会产生相应程度的退化。具体表现为多年冻土上限下移而形成新的人为上限、冰体融化，活动层冻结过程与融化过程加剧等，随着时间推移而又逐渐恢复到最初原始的冻结状态。据国内外冻土开挖观测经验，这个过程一般需要至少 3～5 年时间。多年冻土区大开挖基础一般是按照保持冻结状态或冻结状态设计的，因此，基坑填土回填质量和回冻过程是控制基础稳定性的关键环节，需要同步开展检测工作。

　　多年冻土区大开挖基础数量较多时可抽样检测，需要选择代表性强、不同地貌单元、不同工程地质区段、不同基础形式、不同施工标段等布置检测点。对于可能存在影响基础稳定性问题的应当重点开展检测，主要包括施工中出现过岩土质量隐患的塔位、基础周围地下水发育、活动层厚度较大、基底附近分布高温和高含冰率冻土的稳定性较差以及塔基受力特点复杂等条件。

　　对锥柱基础、预制板式基础等大开挖基础基槽填土的检测是一项十分重要的工作，可通过钻探取样试验、动力触探试验、标准贯入试验和室内土工试验方法等测定填土的成分、含水率、密实度等。在输变电工程投运前，还可利用物探方法开展较大范围的土体检测，但工程投运后电磁干扰会导致多数物探方法失效。基础回填土冻结深度与冻结程度检测最直接的手段是钻探取芯鉴别法，这对岩芯编录人员和钻机操作人员在专业技术水平上有较高的要求，机械操作不当或编录观察经验不足会导致观察结果与实际情况有较大出入，这点应重视，特别是在回填土初始回冻过程中更应细致观察和判定。正常状态下每一年度进行两次钻探作结果对比，选择最大冻结深度和最大融化深度两个季节进行。所选择测试的数据能反映基础下部、中部、上部的连续变化，钻孔布置时注意避开基础底板位置，需了解基底回填和扰动层的密实度时，检测深度宜大于基础底面下 1.0m。同时，由于回填后的密实度与原始填土的密实度存在差异，因此，若在不同年份开展检测，应避免在同一孔位进行重复检测。检测孔测试、取样完成后，钻孔位置将成为回填土应力、水分的集中点，若不能及时回填，会显著降低回填土的密实度，甚至会引起大量自由水沿钻孔壁渗入基础底部，进而降低基础的稳定性。因此，检测完成后应及时封堵钻孔，并保证密实度。

　　热棒是一种中空的密封管，管中含有液体工质。当热棒冷凝段温度低于蒸发段时，液体工质挥发并在冷凝段凝结回流，从而将蒸发段周围土体中大量热量带入冷凝段周围的大气中，实现土体的快速降温；当蒸发段温度低于冷凝段时，热棒停止工作。因此，整体上，热棒可以看作一种单向导热的设备。由于热棒的降温属于点式降温，该特性与输电线路塔基的点式基础相吻合，因此，在多年冻土区的输电线路建设中通常采用热棒作为主动冷却措施。热棒的降温作用对于多年冻土区输电线路塔基的热稳定性至关重要，而现场安装的热棒确实存在失效及效能下降的问题，为确保塔基的热稳定性，在热棒安装后应定期对热棒的有效性开展全面检测。检测时，应当确保热棒处于工作时间，因此，只能在冷季（青藏高原通常为每年的 10 月初至次年的 5 月初）开展检测。同时，由于热棒在冷季的大多时段仅仅在晚上工作，因而检测时间应在晚上。为了确保热棒安装后能够起到降温作用，在安装后的当年即对其效能进行检测，此后定期进行检测，建议每隔 3～5 年进行一次检测，一旦发现有热棒失效，应及时提出处理建议，防止其失效对塔基热稳定性造成显著影响。研究表明，热红外方法并不适用于对输电线路热棒开展大规模检测，且该种方法也存在检测精度不足的问题，因此，检测过程中应以具有数据存储功能的热棒检测仪为主，已有研究证明该方法对热棒的失效、效能降低现象具有很高的识别精度。采用热棒检测仪检测，一是采用热棒工作期间管壁温度与周围气温相同或低于周围气温（图 7-1）判定热棒失效，表现为热棒不向周围空气放热，管壁温度始终与气温保持同步变化过程，而工作的热棒则对外放热，因而在气温降低过程中二者之间的温差不断增大；二是热棒检测时段管壁放热热流小于 $10W/m^2$ 或者表现出吸热过程（图 7-2）判定热棒失效，表现为管壁放热热流很小，或者基本不放热，而正常热棒则随着气温的降低放热强度不断增大。

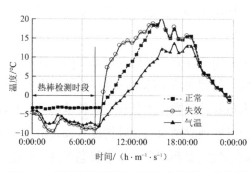

图 7-1　利用管壁温度和气温判定热棒工作状况

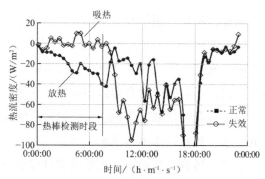

图 7-2　热流识别模式判定热棒工作状况

　　基础回填土质量及回冻状态检测资料和结果应及时通知和报送相关方，特别是设计单位、施工单位和运维单位，使相关方能及时知晓检测结果，为评价回填土和基础施工质量是否满足设计要求及采取相应补救措施提供依据，使基础热稳定性得到最大保障。

7.2　基础稳定性监测

7.2.1　监测目的和内容

冻土是一种特殊的岩土体，既具有一般土类的共性，又因以冰胶结而具有热学方面的不稳定性，因而常表现出热稳定性差、对气候变暖反应极为敏感以及水热活动强烈等特征，易使地基土发生冻胀、融沉以及不良冻土现象等与常规地基土不同的各种工程地质问题，因此，给冻土区的工程建设带来了较大的难题。历史上因对冻土特性认识不清，导致冻土区地基土发生冻融病害的工程事故很多，如俄罗斯的贝加尔铁路在运营了 100 多年后，线路的冻融病害率仍高达 40%，东北大庆地区输电线路 110kV 龙任线、220kV 奇让线均因冻土的冻胀而发生过多个杆塔的倒塌事故等，220kV 兴安变电站主控制楼建筑及隔离开关、断路器电气设备等产生沉降。因此，输变电基础的稳定性成了整个工程安全运营的关键。为了保证工程的安全和稳定运行，并合理分析地基基础病害，在输变电工程建设完成后，必须对冻土地基基础进行相关监测，来不断完善高等级输变电工程的设计、施工及运行，做到早预测、早沟通、早处理。准确把握基础稳定性相关参数的变化过程，以便能够及时发现潜在的工程病害，揭示潜在工程病害的发生机制及其机理，确保可能的工程补强措施的合理性和有效性。±400kV 青藏直流联网工程、玉树与青海主网 330kV 联网工程施工后均建立了地温、变形长期监测系统，对线路的运行进行了跟踪分析。因此，建立长期的地温、变形观测系统，以期进一步了解冻土与工程的作用、对气候变化的响应关系以及冻土变化对基础稳定性的影响，对于为工程的安全运营提供保障具有重要的意义。

目前，国内外对冻土区基础稳定性的研究已经从单纯的变形稳定性分析扩展到热学稳定性分析、力学稳定性分析等方面，并在分析过程中综合考虑工程措施等影响因素。对冻土塔基稳定性的监测包括多个方面，主要包括下列内容：

（1）基础沉降变形监测：对基础的沉降位移过程开展监测，明确建（构）筑物地基、塔基是否存在较为显著的变形，该过程是确定建（构）筑物地基、塔基是否稳定的重要因素。

（2）建（构）筑物地基、塔基周围冻土地基及天然场地地温监测：冻土地基温度是控制多年冻土区基础稳定性的关键因素，只有通过对基础周围土体热状态的监测，才可能科学地解释基础稳定性的变化过程和机理，为后续可能的工程补强或地基基础形式、工程措施的改良奠定基础。

（3）大开挖基础底部、基础周围土体的含水率监测：冻土基础建造完成后，施工过程、工程构筑体与冻土的相互作用都改变了以往的地下水文条件、地下水分迁移过程，以及冻土中的未冻水迁移过程。同时，伴随冻融过程的水分相变、水热迁移过程都对冻土的地温变化过程产生重要作用。特别是工程建设完成初期，受回填土回填质量、工后沉降等因素导致基础周围存在较多的裂缝，引起地表的自由水可以快速流入基础底部，此时，地温监测孔若距离该下渗通道较远，可能无法监测到该过程的热影响，但该过程可能会大幅降低基础的稳定性。

（4）基础外形特征的变形观察：对基础的外形特征开展不定期观察，主要通过目测、视频影像等资料分析基础是否受到较大幅度的冻融破坏或降低了基础的性能。

（5）基础底部及周围应力变化特征监测：对基础底部及周围应力特性的监测有助于分析在不同时期基础受力特性的变化，从而进一步确定塔基稳定性的主要控制因素。

一般情况下，工程竣工后 3~5 年是冻土地基处于水热再平衡期，气候和环境变化是影响冻土地基的水热状态的主要因素。在监测期限方面，由于部分稳定性较差的基础可能会呈现匀速变形或加速变形的趋势，因而短期的监测可能无法发现基础潜在的工程病害，因此，若条件许可，宜进行较为长期的监测，若条件不允许，监测期限也不应短于 1 年。另外，冻土基础地温变化过程是一个长期、缓慢的过程，其变化同时会对基础稳定性构成影响，已有研究结果表明基础的地温、变形变化过程可以长达 5 年才能基本稳定，甚至部分基础变形仍具有发展或加速的趋势。因此，进行长时间序列的系统观测，才能对冻土基础稳定性进行较为准确的分析和评价。

7.2.2　监测场地与基础类型选择

输变电工程包含有大量的基础，对所有基础开展监测是不现实的，因此，需要选取有代表性的、重要的基础进行监测。在监测区段方面需要选取工程重要性更强、可能存在基础稳定性问题的区域，通过重点、典型监测基础的选取可以进一步提高监测系统的置信度，通常选择下列代表性场地或基础进行监测：

（1）高温、高含冰率冻土地段。

（2）输电线路关键塔位及薄弱地段的杆塔：跨越塔、转角塔、斜坡塔等重要杆塔，以及对冻土地基变形有特殊要求的杆塔；处于多年冻土退化严重的边缘地带、过渡地带的杆塔；地下水，尤其是承压水发育区域的杆塔；周围有不良冻土现象发育的杆塔。

（3）锥柱基础、预制板式基础等大开挖基础。

（4）采用钻（挖）孔插入桩基础，兼顾桩基础的传热过程。

（5）边坡坡率陡于 1:1.75 或边坡高度大于 4m 的杆塔或基础。

（6）冻土地质条件复杂，采取了热棒、挡水墙、挡土墙等专门工程措施的杆塔或基础。

为了确保监测场地与基础的合理性，以便及时、准确地发现基础存在的工程病害，在初步确定监测位置的基础上，还应当对全部基础开展巡查，进行筛选和优化。如玉树与青海主网 330kV 联网工程按照代表性强、覆盖面全的原则，首先确立每个冻土标段都有地温监测塔位，在冻土条件相对较差的标段增加地温监测。综合各标段塔基基础的类型、分布、比例及各自工程要素等，决定对锥柱基础选 3 基、灌注桩基础 2 基进行地温监测。

7.2.3　变形监测

变形监测是基础稳定性评估中最重要的依据，该监测过程直接反映基础的稳定性状况，为了确保监测结果能够全面反映基础的稳定性状况，应该对基础的垂直变形、平面变形及不同基础之间的差异变形开展综合的监测，如输电线路塔基监测过程需覆盖组塔前、组塔后、架线前、架线后、投运后等重要时间节点，从而使得相关人员准确把握塔基组塔、架线等施工过程是否会引起基础的变形，变形观测类型、观测内容及观测方法见表 7-1。

输电线路塔基变形观测　　　　　　　　　　表 7-1

观测类型	适用条件	观测内容	观测方法
简易观测	施工期间的简易变形观测	各塔腿之间的高差，根开、对角根开	水准仪观测高差、钢尺量距
相对观测	施工期间，不宜设立基准，但需进行精度较高的变形观测；施工结束后，尚未建立基准系统，或冻土基准系统尚未稳定条件下，进行精度较高的变形观测	塔腿之间的相对高差、垂直变形，各塔腿之间的斜距、水平角、垂直角、水平位移	全站仪、水准仪等进行观测
标准观测	施工结束后，冻土区塔基变形区域稳定时的正常观测，以及精度要求较高的变形观测	各塔腿相对基准点的高差、垂直变形，各塔腿之间的斜距、水平角、垂直角、水平位移	高精度全站仪、水准仪进行观测

进行基础变形观测需要特别关注的是观测基准桩的稳定性，基准桩布设应当达到最大的冻结深度，同时应做好防冻拔措施，防止因基准桩的不稳定导致观测数据失效。输电线路每个塔腿处均应布设变形监测点，并应在塔基外围不受影响的地方设置基准点。已有资料显示，塔基的变形主要发生于基础建设完成的初期，因此，在基础投运后 1 年内，应当进行较高频率的监测，一般每 15d 开展一次监测；在塔基投运以后 1～3 年，监测频率可适当降低，一般每 30d 观测一次；投运 3 年后，一般每 60d 观测 1 次，直至变形稳定为止。

随着相关技术的不断进步，基于无线网络传输的远程变形观测在输电线路塔基变形观测中也具有重要的应用价值。特别是在一些观测人员难以到达或存在特殊工程问题需要对其变形情况进行高频率观测的塔基，在条件许可时，可安装远程变形观测系统，该系统的安装可以节省大量的人力物力，并获取大量的观测数据，实时对塔基的稳定性进行监控，具有较高的实用性。

7.2.4　地温监测

地温监测孔布设时需要紧邻基础，以便准确地监测到基础地温场的变化，一般在紧邻基础、基础间和基础外 3～5m 分别布设。需要注意的是，对于大开挖基础，位于基础底部以下持力层的热力状况对于基础的长期稳定性十分关键，多年冻土区输电线路基础相关研究成果表明，对该类塔基形式，测温孔深度应大于基础埋深，其深度满足大于基础埋深 5～

10m，一般情况下不小于 15m。在塔基外 20m 处布设 1 个测温孔，测试深度 20m，用于测量天然地基冻土地温。温度测点从地面起算，5m 深度范围内，宜按 0.5m 间隔布设温度传感器，5m 以下按 1.0m 间隔布设。测量精度为±0.05℃（分辨率为 0.01℃）。地温观测应在测温孔冻土温度恢复后进行，恢复时间不宜少于 15d。

对于开挖类基础，监测系统布设如图 7-3 所示。基础侧及基坑壁内均对应布设两根测温电缆，基础侧的观测深度为基础埋置深度，基坑壁内观测深度为 15m。基坑外距离 3m 处设测温孔，测量深度为 15m。两个基坑中心布设一个测温孔，测量深度为 15m。在距离杆塔基外 20m 以上且未受工程扰动的天然场地布设一个天然测温孔，测量深度为 20m，并用于塔基变形监测的基准点。整个杆塔基础的监测系统平面如图 7-4 所示。

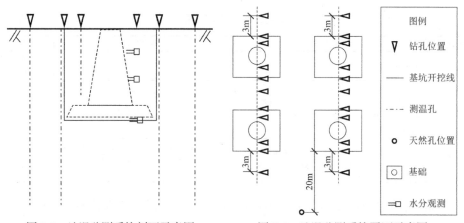

图 7-3 地温监测系统剖面示意图　　图 7-4 地温监测系统平面示意图

对于灌注桩或掏挖基础，监测系统布设如图 7-5 所示。在桩壁布设两个温度监测孔，在钢筋笼放置过程中将侧线固定其上放入基坑中。在距离桩基础 5m 位置和两个桩基础之间布设有测温孔（图 7-6），深度为 15m。并在距离塔基 20m 以外且未受工程扰动的天然场地布设一个天然测温孔，测量深度为 20m，并用于塔基变形监测的基准点。

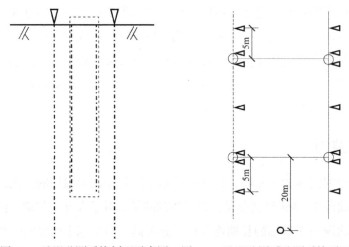

图 7-5 地温监测系统剖面示意图　图 7-6 地温监测系监测系统平面示意图

布设地温观测系统时，需同时布设测温孔，并应在基础施工后立即进行钻孔及布设测温传感器。掏挖基础、灌注桩基础的侧壁地温观测电缆，可在基坑混凝土浇筑前，将测温传感器绑在钢筋笼上，然后进行混凝土浇筑。

7.2.5　含水率与地下水监测

含水率监测传感器在基础建设施工的过程中进行同步布设，主要布设于距离基础不同位置以及不同深度的典型位置。由于含水率监测传感器体积较大，且价格较高，不宜布设大量的传感器，因此，主要布设于典型位置即可。含水率传感器只有在其与周围土体紧密接触的条件下才能够获得真实的监测数据，因而在布设过程中需要确保其与周围土体的紧密接触。含水率监测传感器的数据传输线通常较细，而冻土区基础回填土通常很难达到较高的回填密实度，因而在基础施工完成后回填土可能会发生较大幅度的沉降，该过程可能会使得数据传输线因土体沉降而被拉断，因而布设过程中需要对数据传输线做好保护工作。在含水率监测精度方面，监测得到的土体体积含水率的精度应该不低于 0.5%。通常，土体含水率的变化相对地温变化更为缓慢，因而监测的时间间隔相对冻土地温可以适当延长。采用数据采集装置进行自动采集时，监测的间隔一般低于 1d；采用人工观测时，监测的间隔一般为 15~30d。

多年冻土区季节活动层的冻结层上水在暖季期间是无压的重力水，而寒季的冻结期间则由无压逐渐变为有压的承压水，与非冻土区地下水不同，地下水的径流条件稍有改变就有可能出露地表，形成冰锥，影响输变电工程的稳定性。地下水位采用钻孔埋管法观测，监测频率为每月一次。

7.2.6　基础外形变形特征监测

基础外形变形特征监测主要针对基础、回填土及地表状况等肉眼可见的变化进行监测。其中对于混凝土基础，主要需监测冻融风化作用对基础自身的破坏过程。回填土的沉降、地表裂缝的形成等都是基础稳定性分析过程中的重要参考依据，这些特征都可以通过对基础周围外形特征的监测实现，其中需要重点监测的是回填土裂缝的发育以及地表水分的情况。对基础周边的地表沉陷、冻胀、裂缝、地表水侵蚀作用与积水、不良冻土现象、地表植被状况等进行调查和记录，该过程对于揭示基础病害发生机理及工程补强都具有重要的价值。监测方法可通过目测、拍摄视频影像或布设自动监控探头的方式进行监测，若发现较为显著的问题，可以利用地形扫描仪等专业仪器开展定期监测。塔基外形特征通常变化缓慢，因而监测时间间隔相比其他监测可以适当延长。

7.2.7　应力监测

在基础与土交界面布设应力传感器可以有效揭示基础的受力大小及其空间分布特性，

确定基础可能的受力集中点，从而为可能的工程补强措施的合理选择、基础形式的合理优化奠定基础。对于大开挖基础，基础底部受力状况会影响基础的稳定性，因而在其底部可以布设应力传感器。应力传感器难以在施工完成后通过钻孔或挖坑进行布设，因此需要与基础施工过程同步布设。在布设过程中，应力传感器的受力两侧需要与周围介质良好接触才能保证监测数据的准确，因而其一侧与混凝土基础接触，一侧与土体接触。与含水率监测传感器一样，应力传感器的数据传输线通常也是较细，在布设过程中需要对数据传输线缆做好保护工作。为了较为系统地获得基础底部的受力特性，数据采集间隔应该较短，通过数据采集装置进行自动采集较为方便，采集间隔宜小于 6h。

7.2.8 监测成果

在监测工作完成后，应当及时对监测数据进行整理分析，定期提交监测月报。对不同地貌、不同基础类型、不同的冻土条件下基础回填土、地温场、基础变形情况进行详细的分析（图 7-7～图 7-10），最终提交由气温-地温-工程变形一体化监测系统获得的研究报告，为保证基础稳定性及工程安全性评价提供依据。对于潜在的工程病害，及时向相关部门进行汇报，以便采取相应的处理措施。

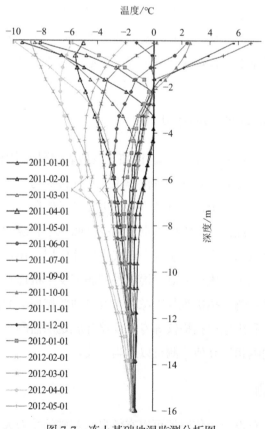

图 7-7　冻土基础地温监测分析图

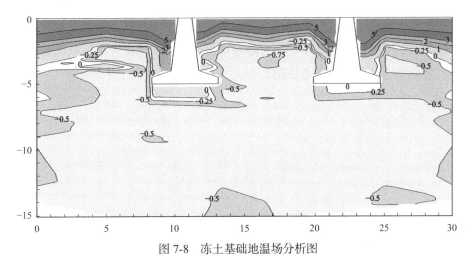

图 7-8　冻土基础地温场分析图

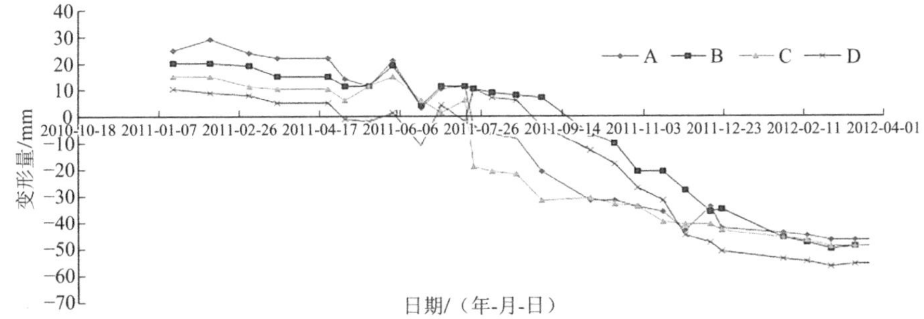

图 7-9　塔基各塔腿垂向变形曲线

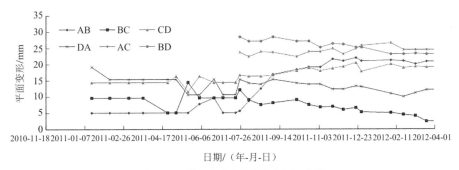

图 7-10　塔基各塔腿间平面变形曲线

　　多年冻土区输电线路塔基的稳定性体现在多个方面，如其变形稳定性、力学稳定性及热学稳定性等，在不同的冻土、水文、地形地貌、基础类型、施工过程及工程措施条件下，塔基表现出不同的变形过程及稳定性。以往工程经验表明，寒区的输电线路塔基基础的变形均是以冻胀为主，因而工程病害的防治也是以防冻胀为主。然而，通过对青藏直流输电线路 130 基冻土区塔基的观测发现，可能是该线路大量采用了大开挖基础，导致基础运行 5 年内，冻土区塔基的变形以沉降为主，尤其是在基础运行后的 2 年内，塔基的沉降变形明显大于冻胀变形。其中大开挖基础的沉降变形主要源于冻土地基地温变化过程中高温冻土升温引起的蠕变，而该类基础的冻胀则主要是由基础周围土体中融深过大，导致水分不断下渗，在热棒冷季的降温作用下导致水分向基础底部不断迁移并冻胀引起的。因此，在以后冻土区的类似工程建设中，不但要考虑基础可能发生的冻胀变形，基础运行后的沉降也应当作为基础稳定性的重要参考依据。

第8章

多年冻土区输变电工程生态环境保护

8.1 多年冻土区生态环境特征

多年冻土区的主要环境要素有气候、地形地貌、地层岩性、土壤、植被、地表水、地下水、多年冻土等。冻土区环境与寒区生态环境存在一定的联系，相互控制和相互依存。由于多年冻土的存在，使得多年冻土区生态环境与非多年冻土区有着较大的差别。我国多年冻土区环境的主要特点有：

（1）多年冻土目前处于退化状态，年平均地温较高，抗热干扰能力低，热稳定性差，大多属于不稳定多年冻土。

（2）多年冻土区南部边缘地带的岛状多年冻土，其年平均地温一般都很高，多年冻土厚度很小，抗热干扰能力最低，热稳定性最差。

（3）多年冻土区严寒的气候条件和多年冻土的隔水作用，使多年冻土地区的冷生过程和冷生现象发育。

（4）植被、地表水、地下水、沼泽、湿地等的存在是多年冻土环境要素中最重要的因素，在大气圈—活动层—多年冻土的热平衡过程中起着重要作用。多年冻土的隔水作用，使降水不能下渗，地下水滞留于上部活动层中，从而使多年冻土区的冻结层上水发育，沼泽、湿地发育。这种水分分布条件，有利于植被的生长和发育，这在东北多年冻土地区尤其如此；反过来，植被又对多年冻土起到保温作用而有利于其下多年冻土和地下冰的发育。

（5）多年冻土活动层的物质组成、物理、热物理特性和活动层表面的状态，决定着多年冻土的热状况和热稳定性。保持多年冻土环境稳定，是维持多年冻土稳定温度状态的先决条件。

在青藏高原主要分布有季节性冻土、岛状不连续多年冻土和大片连续多年冻土，其主要冻融侵蚀类型有热融沉陷、融冻泥流和热融滑塌等。已有资料表明，在青藏高原多年冻土区，气候转暖、气温升高已是不可否认的事实。受气温升高的影响，青藏高原多年冻土环境发生了明显的变化，多年冻土出现了明显的衰退，活动层厚度增加，多年冻土厚度减小，多年冻土的南、北界在改变，冻土区中的融区面积在增加，不衔接多年冻土开始出现，多年冻土面积在减少，不良冻土现象发育加剧，地表荒漠化加剧等。近几十年来，气候转暖使大、小兴安岭地区的多年冻土出现了严重衰退，多年冻土的年平均地温升高，厚度减小，多年冻土中融区面积增大，岛状多年冻土的分布面积增加，多年冻土区的南界大幅北移，气候转暖引起的多年冻土衰退较之青藏高原更为严重。

冻土区自然生态环境原始、独特，生物多样性丰富，生态系统极其脆弱、敏感，高寒草甸、高寒草原、多年冻土环境一经破坏、扰动，相应寒区生态类型也会发生一定的变化，难以恢复。如沼泽湿地生态类型一般所对应的是高敏感性冻土环境地段，这些地段多年冻土上限较小，地下冰丰富，工程活动常导致多年冻土上限下降，地下冰大量融化，地表水干涸、冻结层上水下降，进而导致沼泽湿地的退化。工程建设可能对工程区生物多样性、特殊生态系统、自然保护区、生态功能保护区、野生动物、高原冻土环境、水土流失、地质环境等产生影响，工程作用常会引起多年冻土退化过程加速、多年冻土上限下降，诱发工程灾害，如冻胀、融沉，不良冻土现象等。同时，工程作用引起植被破坏、退化，从而导致沙漠化趋势等。多年冻土的衰退和消亡，将引起多年冻土环境的强烈变化。而多年冻土环境的变化，又将对冻土工程地基基础的稳定性产生强烈影响。因此，在工程建设中保护冻土稳定，采取合理而有效的环境保护措施势在必行，对冻土环境乃至整个生态环境的保护具有十分重要的意义。

8.2 多年冻土区输变电工程生态环境保护

1）环保勘测

（1）合理规划勘探施工过程中的进场便道，尽量减少便道数量，且选择在土质干燥、粗颗粒土质、地势平坦及植被稀疏的地方，避开野生动物主通道，减少对动物活动的干扰。

（2）勘探施工过程中的车辆及机械严格按规定线路行驶，不得随意碾压便道外的冻土苔原，尽量避免驶入无便道的高含冰率冻土分布地段。

（3）现场勘探结束后，要注意对环境和植被进行恢复。

2）环保设计

（1）工程设计应符合国家环境保护、水土保持和生态环境保护相关的法律法规的要求。开展环保水保设计，制定详细的环保水保措施，确保不发生环境污染事故，做到多年冻土环境得到有效保护，江河水质不受污染，野生动物繁衍生息不受影响，线路两侧自然景观不受破坏。

（2）基础形式优先采用原状土基础。

（3）冻土保护应充分地考虑多年冻土对外界热干扰的敏感性，努力缓解和避免基坑开挖后的外部增温对坑壁外侧多年冻土的不利影响。在工程措施设计上，采用积极的隔热预防措施或热棒技术。例如，采用隔热或保温材料（如石棉板、棉被等）覆盖外露坑壁，以阻断坑壁两侧的热传导作用，达到尽量保持多年冻土层原有热平衡的目的。

（4）冻土区的山区线路应采用全方位长短腿与不等高基础配合使用，必要时应做好基面排水、护坡处理措施。

（5）护坡设计时应采取小型、轻巧的结构形式，并提出适宜的植被保护和恢复方案。

（6）变电站采暖建筑物宜采用架空通风基础（图 8-1、图 8-2）。

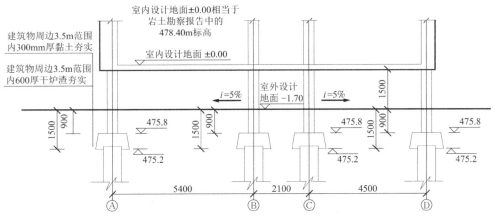

图 8-1　架空通风式基础设计图

图 8-2　变电站架空通风基础实物图

3）环保施工

（1）施工准备：加强冻土环境保护的宣传教育工作，提出并落实环保施工的组织实施方案，设立环保宣传栏和举办培训讲座等措施（图 8-3、图 8-4），对施工人员进行全面的环保教育。

（2）植被保护措施：施工前，在施工场地周围设置围栏或隔离彩带限制塔基施工占地范围；对部分重型机械停放处或新布设的施工道路路面铺设草垫或棕垫（图 8-5），确保施工人员不直接踩踏和施工机械不直接碾压草地，保护多年冻土环境。临时弃土、剥离的表层土及砂石料堆放前铺设彩条布。

（3）水土保持措施：将熟土（表土）、生土分别堆放（图 8-6），并采取隔离（铺设棕垫、彩条布等）、拦挡、覆盖等措施，回填时将熟土置于表面，以利于植被恢复。施工结束后，对施工引起的植被破坏区域应及时进行土地整治，对高寒草甸、高寒草原等植被类型应进行恢复，达到或接近于周边原生植被的覆盖度。

图 8-3　环保宣传栏

图 8-4　环保知识培训

图 8-5　施工便道围栏标志及路面草垫

图 8-6　施工期间熟土、生土分别堆放

（4）植被恢复措施：施工过程中尽量减少施工作业面对地表植被破坏及减小对高原植被铲除、破坏。目前，采用较多的人工植被恢复技术有种植法和移植法两种。对工程挖方段和取土场的植被，在施工中对基础永久占地区植被应先将其分割划块进行剥离，移植于附近适当地方培植、养护（图 8-7），施工完毕后将植被回铺，并养护（图 8-8）。施工后，应根据场地的植被类型和地表植被的破坏情况，尽快恢复临时占地的地表植被，对破坏的草地撒草籽进行植被恢复并养护（图 8-9、图 8-10）。在植被自然修复状态下，对植被发育地区施工材料临时堆放场地及施工通道的植被进行恢复（图 8-11、图 8-12）。

图 8-7　剥离后的原生草皮养护

图 8-8　施工结束后草皮移植原处

图 8-9　种植的植被

图 8-10　移植的植被

图 8-11　施工通道的植被恢复

图 8-12　施工材料临时堆放场地的植被恢复

（5）土方和基坑开挖：缩短基坑开挖至回填时段的施工时间，采取高效的施工方法，快速基坑开挖、快速基础浇筑和快速基坑回填等方法；基础施工中应采用遮阳篷、隔热帐篷、铺盖等遮阳、隔热措施或热棒技术；在高含冰率冻土地区的基础施工，应选择在寒季进行开挖施工并采取有效的遮阳、保温、隔热措施（图 8-13），避免因施工季节不当或防护措施不及时造成对冻土环境的热融侵蚀，不得扩大基础开挖面积，以避免改变冻土区域的稳定性，产生热融洼地、热融湖塘、热融滑塌、融冻泥流等新的自然灾害；桩基施工宜采用干法成孔；取土坑、取土场应按照设计指定的位置、数量及规模设置，不得在高含冰率冻土地段、植被发育地段、横坡明显地段、热融滑塌发育地段取土，减小对寒区环境的影响；避免在高含冰率的丘陵和陡坡地区大范围开挖、破坏植被，应距工程实体预留相当的开挖距离，以减少对冻土环境的工程扰动，避免热融滑塌和融冻泥流产生。

(a)

(b)

图 8-13　基坑遮阳措施

（6）施工临时用地、材料堆场：施工机械、施工现场对地面必须采取有效的隔热措施，采用铺设彩条布、草垫/棕垫，防止破坏地表植被和污染环境（图8-14）。尽量利用已有场地、选择无植被、低含冰率地带或植被稀疏地段为原则，以免冬季加热原材料产生的热效应破坏多年冻土环境。

(a)　　　　　　　　　　　　　　　　(b)

图 8-14　施工场地隔热措施

（7）施工营地：采暖房屋宜采用架空通风基础，减少对基底多年冻土的热扰动。

（8）施工道路：合理规划施工过程中的进场便道，尽量减少便道数量，充分利用原有施工道路，新布设的施工道路尽量选择在土质干燥、粗颗粒土质、地势平坦及植被稀疏的地方，宜采用棕垫隔离的方式避免车辆与原地面直接接触，同时应避开野生动物主通道，减少对动物活动的干扰。在沼泽地及积水较多的湿地尚宜铺设钢板和木板（图8-15）。施工结束后，对受机械碾压较为明显的地段应进行土地整治。施工过程中的车辆及施工机械应严格按规定线路行驶，不得随意碾压便道外的冻土苔原。尽量避免车辆和施工机械驶入无便道的高含冰率冻土分布地段。

图 8-15　利用并加固原有林区采伐路

（9）取土：采用集中取土，取土场应设置在地表裸露的融区、少冰冻土区，距离建筑场地不小于200m。不得设置在高含冰率冻土地段。

（10）施工弃土（渣）场：弃土场应选择低洼、无地表径流、无植被覆盖地段，严禁侵占河道、湿地、自然保护区的核心区和缓冲区，不得设置在植被发育良好地段。避免在高温冻土、高含冰率地段设置弃土场地，特别是沼泽湿地和高寒草甸生态类型地段。弃土堆积应进行规范整形并压实，在有条件的地段（如高寒草甸区），应对堆积边坡进行植被恢复。

（11）废水、污水和垃圾处理：废水、污水应集中处理，不得排放至河流、水塘、沟渠等附近水体，应采取措施防止油类排入水体。桩基施工泥浆应控制其漫流，采用沉淀池进行固液分离，干化后运至取土场。垃圾密闭存放、统一回收、集中处理，不得随意丢弃在施工区域。

多年冻土区输变电
工程案例

第9章
青藏直流联网工程多年冻土研究与岩土工程

9.1 工程概况

青海格尔木至西藏拉萨±400kV 直流联网线路工程（简称青藏直流工程）是迄今为止世界上海拔最高、穿越多年冻土区最长的直流输电线路工程，见图9-1，也是国内首次在多年冻土区建设的最大规模的高电压输变电工程，号称"电力天路"，是推进西藏跨越式发展和长治久安的国家重大工程，承载着重大的政治、经济及社会意义。

图 9-1 青藏直流输电线路工程

青藏直流工程线路长度 1030.5km，其中多年冻土区路径长度 550km，共建设铁塔 2361 基，其中多年冻土基础 1207 基。线路有 950km 海拔在 4000m 以上，唐古拉山线路最高点海拔达 5262m，见图9-2。工程勘测设计由西北电力设计院牵头，西南电力设计院、中南电力设计院、陕西省电力设计院和青海省电力设计院 5 家设计院共同完成，工程于 2007 年 5 月启动预可研，2010 年 7 月 29 日开工建设，2011 年 12 月 9 日正式投入试运行。本工程《青藏直流联网工程冻土分布及物理力学特性研究》获 2012 年度电力行业优秀工程咨询成果一等奖，《青藏直流联网线路岩土工程勘测与冻土研究》获 2012 年度电力行业优秀工程勘测一等奖，青藏直流联网工程荣获 2012—2013 年度国家优质工程金质奖，整个青藏电力联网工程 2014 年 5 月荣获第三届"中国工业大奖"。

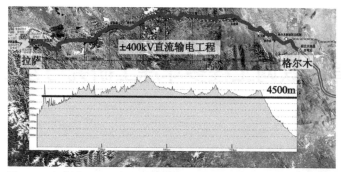

图 9-2　青藏±400kV 直流联网线路工程沿线海拔起伏折线示意图

9.2　岩土工程条件简介

线路自北向南通过青藏高原腹地，途经众多地质地貌单元，对于输电线路工程而言，最为重要的是多年冻土工程问题，沿线地质地貌单元及其冻土分布情况见表 9-1。

线路沿线冻土分布情况

表 9-1

地质地貌单元	塔位号	冻土类型
昆仑山山前冲积平原	1000～1100	季节性冻土区
格尔木河阶地	1101～1232	
纳赤台盆地	1233～1318	
西大滩谷地	1319～1351	
	1352～1366	多年岛状冻土区
	1367～1375	
昆仑山区、楚玛尔河断陷盆地、可可西里山区、北麓河盆地区、风火山山区、乌丽盆地、沱沱河断陷盆地、开心岭山区、通天河断陷盆地、雁石坪山区、老温泉断陷谷地、唐古拉山区、扎加藏布河断陷盆地、头二九山地、捷布曲断陷谷地	1375＋1～1464、J1～J328、3696～4299、NZ1001～NZ1160	多年片状冻土区
申格里贡山区	NZ1194～NZ1197、NZ1203、NZ1204、NZ2044	多年岛状冻土区
安多断陷盆地、两道河山间盆地、挡清河（27 工区）地区、那曲断陷盆地、当雄县桑利—拉萨郎塘换流站	NZ1161～NZ1193、NZ1198～NZ1202、NZ1205～NZ2043、NZ2045～NZ4143、G1～郎塘换流站	季节性冻土区

青藏直流工程主要穿越了国内最大的多年片状高海拔冻土区——羌塘高原冻土区，其中先后穿越昆仑山高山片状冻土区、羌塘高原大片连续多年冻土区、青南山原片状多年冻土区和冈底斯山—念青唐古拉山片状冻土区。青藏高原除常见的不稳定斜坡、冲沟泥石流、风积砂、崩塌和饱和砂土、粉土液化等工程问题外，多年冻土地段主要为不良的冻土现象。不良冻土现象可以直接影响工程构筑物的安全运营和稳定性，同时因为工程构筑物改变了地表条件、冻土条件、水文条件等，又可诱发次生不良冻土现象。线路沿线主要冻土现象

有冻胀丘、冰锥、厚层地下冰、热融滑塌、热融湖塘与热融沉陷、融冻泥流、冻土沼泽湿地、寒冻裂缝等。

9.3　冻土工程专题研究

9.3.1　专题研究背景与目的

该工程是世界上首次在海拔 4000～5300m 以上建设高压直流线路，沿线冻土的类型、分布规律、物理力学特性及冻土现象等都将对线路路径优化、塔基的稳定具有较大的影响。冻土具有强烈的分异性和复杂性，特别是在高含冰率、高温多年冻土的地带，微弱的工程扰动可能引起冻土工程特性的变化。对于这样一种敏感性极强的介质，工程勘测、设计和施工时都需要引起极大的重视，否则将给工程带来极大的危害。

与青藏铁路、青藏公路不同，青藏直流线路铁塔塔基必须根植于永冻层内，从工程角度来说会短暂破坏冻土的稳定性，而前者主要以填方路基形式穿越多年冻土，对多年冻土有保护作用。针对输电线路与道路工程冻土研究在起点技术水平、关注重点、对活动层的利用、线位灵活性、水热环境变化、工程与冻土相互作用 6 个方面的差异性与不同点，本着"充分借鉴国内外冻土研究成果，全面掌握冻土知识与勘察技术，侧重针对输电线路工况特点，全力保障设计、施工、运行所需"的思想，在国家电网公司层面开展了名为《冻土分布及物理力学特性研究》的专题研究，为保障多年冻土区"电力天路"的成功建设奠定坚实基础。

9.3.2　研究单位与时间

2007 年 10 月，成立了由西北电力设计院牵头，联合中国科学院冻土工程国家重点实验室等多家单位攻关的课题组，共投入研究人员 20 余人（其中含教授级高工 5 名、研究员 5 人，高级工程师 6 人，博士 3 人，工程师 3 人），经过人员的优化配置，在近一年的时间里，进行了路径全线踏勘、冻土现象实地调研、专家咨询、现场测试及室内专门试验等大量工作。

9.3.3　研究技术路线与方法

（1）资料搜集学习。多渠道收集国内外关于冻土及冻土力学方面最新研究成果及成功案例，尤其是青藏公路、铁路及其配套 110kV 线路建设过程中运用的方法、成果、经验和实际运行监测资料。课题组集中培训学习、集体讨论，达到细化与优化研究方案的目的。

（2）咨询顾问。邀请国内一些知名冻土专家，尤其是对全程参与了青藏公路、铁路、110kV 线路的勘察、设计、施工及运营期监测的科研与生产单位的工程技术专家进行咨询，使研究项目开展更有方向性、针对性和成功性，少做无用功、少走弯路。

（3）现场调研。分两次进行现场踏勘，明确沿线冻土现象的类型及分布规律，查明其形成条件及发育特征，为线路避让和防范的设计思路和采取的工程措施提供决策依据。

（4）专门测试。进行室内专门冻土试验和典型基础的物理模型试验，为塔位稳定性评价以及基础选型建议取得依据，同时获得地基承载力及冻胀、融沉等方面的冻土力学性质指标。

（5）横向沟通。与包括地基基础、施工技术等相关课题组进行了每月一次的工作汇报和多次沟通，使各自的研究思路互为借鉴，信息资料共享，达到了成果的协调完整。

（6）编写成果报告。明确线路沿线冻土类型、分布特征及对输电线路的影响，建议输电线路选线选位思路，获取输电铁塔基础的物理力学性质指标，为线路工程的常规勘测评价提供基础资料和指导意见。

9.3.4　研究内容

针对冻土区输电线路实际需要，主要从冻胀、融沉、流变移位、差异性变形4个方面和6个方向（沿线冻土微地貌特点及路径与塔位条件研究、冻土上限/高含冰冻土与基础稳定埋入条件研究、不同冻土一个冻融周期内塔基冻土力学特性研究、斜坡铁塔基础冻融稳定性模型试验研究、高原冻土适宜勘探测试技术与评价要点研究、保持冻土稳定性的设计与施工关联技术研究）开展了深入的研究工作。

9.3.5　研究成果

完成了1册《冻土分布及物理力学特性研究》总报告、6册分别名为《冻土分布及工程区划专题报告》《冻土微地貌及冻土现象专题报告》《冻土稳定性分区及预测专题报告》《冻土物理力学特性试验专题报告》《斜坡锥柱基础模型试验专题报告》《冻土区勘探测试方法专题报告》的分报告，以及3套分别名为《冻土分布图》（1∶250000）、《冻土地温图》（1∶250000）、《冻土综合工程地质图》（1∶250000）的大型图件。

冻土工程专题研究主要成果有：获得了线路沿线的冻土分布类型、分布规律及其特性的宏观结论；对沿线冻土进行了工程区划；研究并掌握了多年冻土上限及上限附近地下冰分布规律；掌握并分析了沿线冻土现象及分布特征；调研并分析了沿线冻土微地貌特征及对线路的影响；研究了季节冻土、岛状冻土及多年冻土融区等冻土类型的冻融特性；对多年冻土进行了稳定性分区及全球升温冻土退化预测；获得了代表性冻土的塔基物理力学特性指标；对斜坡基础的冻融力学与变形特性有了完整认识；提出了冻土区适宜的勘探测试方法和实施要点；提出了冻土区输电线路的选线选位原则及建议；针对性地提出了冻土施工和环境保护措施建议。

基于全球变暖趋势条件下，专题研究对未来50年青藏高原气温分别升高1℃、2℃及

2.6℃背景下的冻土空间分布特征及热稳定性进行了稳定性分区和预测（图9-3），进而可进行塔基的动态设计和稳定性预判，为工程后期运行、监测提供技术保障与支撑，也为多年冻土工程建设提供参考。

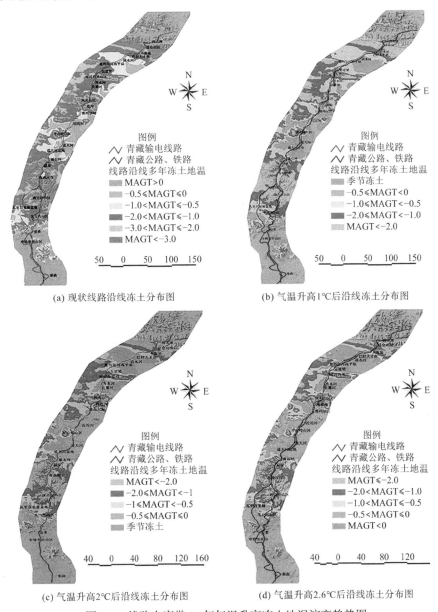

(a) 现状线路沿线冻土分布图

(b) 气温升高1℃后沿线冻土分布图

(c) 气温升高2℃后沿线冻土分布图

(d) 气温升高2.6℃后沿线冻土分布图

图9-3　线路走廊带50年气温升高冻土地温演变趋势图

9.4　岩土工程勘测

9.4.1　生产组织与技术管理

本工程成立了院长挂帅的领导小组，部门以技术领导直接负责、专业室安排精兵强将，实行特殊的考核奖励政策，按创优工程组织管理。本着"以人为本，保障先行"的理念，根据青藏高原高寒环境下人类生存的特点，对线路所经地区的交通状况、食宿条件、医疗卫生、生态环境、劳动资源等方面进行大量调研，总结编制了"现场定位后勤保障专题研究"报告，从劳动、医疗、生活方面提供全面保障（图9-4）。

技术管理方面，在认真研究工程前期资料和相关课题资料基础上，根据地表植被覆盖特征、地表水体出露情况、地形地貌特征、交通状况等因素，进行认真比对，对于已有或潜在影响塔位安全的冻土现象进行必要的避让，选择相对较好部位立塔。在常规质量技术管理文件外，专门编写了图文并茂的冻土勘察专业技术指南，详勘外业开始前，针对首次接触冻土的 20 多名专业技术人员，在格尔木安排一周时间邀请国家冻土勘察规范编写人之一童长江研究员就沿线冻土特点、冻土勘察要点、冻土课题研究成果等内容进行了集中讲课培训（图9-5）。

图9-4　青藏高原现场定位医疗保障

图9-5　冻土培训与学习

9.4.2　勘测方案与工作量

本工程可行性研究和初步设计阶段勘测工作由西北电力设计院和西南电力设计院完成，其中西北电力设计院负责青海境内段，西南电力设计院负责西藏境内段。通过招标确定的施工图设计由西北电力设计院牵头，西南电力设计院、中南电力设计院、陕西省电力设计院和青海省电力设计院 5 家设计院为勘测设计单位。

1）可行性研究选线勘测

本工程于 2007 年 5 月启动预可研，2007 年 8 月开展可行性研究工作。在可行性研究选线勘测中，岩土专业配合设计针对各个路径方案进行了多方走访收资调查和实地踏勘工作。2007 年 9～10 月，分派多路人员，踏勘和了解沿线的相关工程经验，重点研究了沱沱河跨越段多年冻土区与融区交错区域；各类工程设施相互拥挤在一个通道内，结合铁路工程、公路工程以及当地武警兵站的情况，提出了可行性的东西两个方案（西方案多年冻土区长，融区短，路径略短；东方案冻土区短、融区长，路径稍长），合理地避让了军事设施和冻土沼泽区域，确保路径的可行性。在确定方案大体框架后，于 2007 年 11～12 月组织包含设计院相关专业以及电力、中科院等行业领域的专家组多次进行方案可行性的论证考察，并提出指导性的意见，为最终 2007 年年底该项目通过可行性研究打下坚实的基础。可行性研究选线勘测初步查明了各路径方案的工程地质条件、冻土类型、分布范围、特性和存在的主要工程地质问题，从岩土工程角度推荐了较优的路径方案，明确了下阶段勘测工作的重点，确立了该项目的可行性。

2）初步设计选线勘测

初步设计选线勘测于 2008 年 2～5 月进行。在进一步查明拟选线路路径方案的区域地质、矿产地质、工程地质条件和水文地质条件基础上，分区段对路径方案提出具体评价，对特殊路段、特殊性岩土、特殊地质条件和不良地质作用发育地段进行专门的工程地质勘测工作和岩土工程评价，为选择塔基基础类型和地基方案提供必要的地质资料及建议。另外，利用沿线航测图成果，分别开展室内及现场的选线踏勘工作，使路径避让不良地质作用发育区，特别是冻土现象发育区。在此工作中，重点对西大滩避让移动沙丘、雁石坪改走河流融区、温泉兵站改走河流融区等方案进行了详细的剖析，结合冻土科研课题的中间成果资料，密切配合设计专业对线路的优化起到了很好的作用。

初步设计选线勘测充分结合科研课题的初步成果，进一步落实了沿线冻土问题工程条件，为线路路径方案的优化、线路重要塔位、重要跨越地段及初步的冻土地基基础形式的选择、冻土地基处理设计及工程量的预算提供了依据。

3）施工图勘测

施工图勘测采用了逐基踏勘调查、多年冻土区进行逐基钢钎插入，并遵循"多物探少钻探"保护冻土的勘探原则，选择近 40%塔位进行物探手段、选择近 30%塔位进行钻探、25%塔位现场土工试验、代表性塔位和重要塔位进行冻土土工试验及代表性地段测量地温的勘测方案，完成的工作量如下：

（1）逐基踏勘调查：塔位中心桩为中心 100～500m 范围内踏勘调查，完成 2361 基塔位调查，地质调绘 427.8km^2，重点地段勘测调查 450 点，实地拍摄塔位地形地貌照片约 22000 张及视频资料约 200 段。

（2）钻探：钻孔 373 个，总进尺 5968m；标准贯入试验 326 次，动力触探试验 1076 次；小钻孔约 300 个，折合约 900m。

（3）工程物探：地质雷达探测 368 基，测线 904 条，总长 7480m；高密度电法 344 条，折合 22710m；瞬态面波 7 点；土壤电阻率测试 2361 点。

（4）地温测量：代表性地段钻孔内地温测量 54 组，测试深度 15m。

（5）土工试验：颗粒分析、含水率测试 1631 组；室内常规土工试验 754 件；冻土抗剪强度试验 102 组；融土抗剪强度试验 52 组；冻胀量试验 17 组；冻土融化压缩试验 76 组；水的腐蚀性分析 40 件；土的易溶盐分析 543 件；岩石试验 28 组。

在冻土专题研究成果基础上，施工图岩土工程勘测主要解决的问题有：

（1）配合设计合理选择了路径。

（2）依据冻土微地貌研究优选了塔位。

（3）详细查明了每个塔位的冻土工程条件。

（4）较准确评价了每个塔位的冻土上限和高含冰冻土的分布。

（5）合理分析建议了岩土设计参数、地基基础形式、环境治理与保护措施。

9.4.3　取得的主要技术成果

本工程每个设计标段提出综合性的岩土工程勘察文字报告，每个施工标段逐基提出塔位工程地质条件一览表，详细交代冻土类型、冻土上限、含冰率、地下水位、地层岩性界线、主要物理力学性质指标、基础形式及环境治理保护措施建议等。

1207 基多年冻土基础中，融区 242 基，占 20%；少冰冻土 47 基，占 3.9%；多冰冻土 385 基，占 31.9%；富冰冻土 320 基，占 26.5%；饱冰冻土 107 基，占 8.9%；含土冰层 106 基，占 8.8%。

沿线塔基地温分布见表 9-2，冻土上限区间分布见表 9-3。多年冻土区主要考虑基础底面以上进行冻胀评价，基础底面以下进行融沉评价，主要地段所占比例见表 9-4。

沿线塔基地温分布比例　　　　　　　　　　　　　　表 9-2

地温/℃	> −0.5	−1.0～−0.5	−2.0～−1.0	< −2.0
比例	33%	25%	32%	10%

注：不包含融区地段。

沿线塔基冻土上限区间分布比例　　　　　　　　　　　表 9-3

地段	<1m	1～2m	2～3m	3～4m	4～5m	>5m
西大滩—不冻泉			38%	62%		
不冻泉—楚玛尔河		4%	77%	17%		2%
楚玛尔河—北麓河	1%	3%	69%	20%	6%	1%
北麓河—风火山		9%	82%	9%		
风火山—开心岭			50%	43%	7%	
开心岭—雁石坪		1%	21%	70%	5%	3%
雁石坪—唐古拉山口			36%	37%	12%	15%
唐古拉山口—安多		1%	36%	51%	12%	

主要地段冻胀、融沉等级分布比例　　　　　　　　　表 9-4

指标等级	Ⅰ	Ⅱ	Ⅲ	Ⅳ	Ⅴ
冻胀比例	3.8%	44.5%	41.3%	9.4%	1.0%
融沉比例	3.1%	56.9%	33.8%	4.8%	1.4%

9.4.4　施工服务

现场服务工作自 2010 年 7 月开始到 2011 年 10 月结束，每个施工标段长驻 1～2 个经验丰富的地质工代，专业主工、专家团队多次回访和现场指导，累计派出工代 160 人次，现场配合天数累计达 2520d。

施工服务主要解决的问题有：对基坑开挖及时验槽确认；对基础施工过程中出现的地质问题进行会商处理；配合施工需要进行塔位详细交底和开工批次调整；按照施工总指挥部安排和设计需要汇编专题资料；按期配合参加现场检查和技术评审；配合完成个别塔位基础方案设计变更。

2010 年 11 月 15 日开始，对塔位的勘察资料进行了逐基复查。全线施工结果表明，冻土区勘察资料整体上与实际吻合性较好，在 1207 基冻土基础中，仅 24 基地下水位有 0.2～2m 的误差，8 基土岩界线有 0.5～3.5m 的误差，3 基冻土上限有 0.5～1.9m 的误差，3 基有冻土类型定名误差。这些误差经设计验算，有 5 基塔由锥柱基础调整为机械成孔灌注桩，1 基塔调整了桩长，其他不需要改变原有基础设计方案。

9.5　基础设计

9.5.1　冻土基础研究

为系统确定冻土地基的选型和设计原则，开展了基础选型、冻土地基基础承载性能的研究。

1）冻土基础选型设计研究

青藏直流工程针对不同冻土类型、冻土分布特征、地温条件、地质水文条件、交通条件、施工环境等因素，全面系统地研究了适合于高海拔多年冻土区架空输电线路基础形式，提出了预制装配式基础、锥柱基础、扩展柔板基础、环保型掏挖基础等基础选型设计原则。

（1）首次提出了适合于高海拔多年冻土地区的预制装配式基础（图 9-6），解决常规开挖板柱基础不能很好适用于高含冰率多年冻土区的难题。装配式基础可以减少施工对多年冻土的扰动，提高机械化作业水平，降低劳动强度，在负温条件下可以保证混凝土质量。装配式基础的研究和设计经历了多个方案比较、分析和筛选，通过真型力学性能试验研究验证了其安全可靠性，并在拉萨段和青海段现场吊装试验中验证了安装的可行性。

（2）对锥柱基础进行了全方位的分析论证，设计出了施工简便、经济合理、抗冻拔效果明显的锥柱基础形式（图 9-7）。对锥柱基础的断面形式、立柱形式和基础底盘形式进行了全方位的对比分析论证，设计了施工工艺简洁、方便，抗冻拔效果明显的锥柱基础。

（3）环保型掏挖基础的设计和应用。针对多年冻土地区的坡形地带，设计采取了多年冻土区的掏挖基础，减少了开挖量，保护了地表植被，节省了混凝土，还防止了大开挖可能带来的热融滑塌和热融湖塘等地质灾害，真正做到了经济、合理、可靠和环保。

（4）新材料、新工艺防冻融设计。冻土基础设计中采用了玻璃钢、热棒、润滑剂、地基土换填等措施防冻融。玻璃钢模板削弱了冻土切向冻胀力，同时可以代替钢模板，一次性浇筑成型，省去了养护和拆模的流程，缩短基础基坑暴露时间，减少了对冻土的扰动，减少混凝土水化热对冻土的影响。热棒可有效地防止多年冻土融化，降低多年冻土地基的温度，提高多年冻土地基的稳定性，保证建筑物地基在运行期可长期处于设计温度状态。

图 9-6　装配式基础　　　　　　　　　图 9-7　锥柱基础

2）冻土地基基础承载性能研究

为验证青藏直流工程基础承载能力，并为类似工程建设提供重要技术参考，中国电科院采取与工程基础设计相同、施工工艺相同、施工时间相同的原则，结合冻土模型试验受力特征的情况，依据全线不同冻土类型、地温分布等多年冻土分类条件下选取了以五道梁地区为代表的各类典型场地和基础形式，在多年冻土地基活动层处于冻结和融化状态下，进行现场真型基础载荷试验，见图 9-8。

图 9-8　青藏直流工程冻土地基现场真型基础载荷试验

试验结果表明活动层冻结和融化状态下青藏直流工程装配式和锥柱式试验基础承载力满足要求。试验所得荷载与位移变化关系呈缓变型的特点，与非冻土地区上拔工况下开挖回填式基础往往表现为陡降型脆性剪切破坏特征存在差异，该特性有利于基础安全承载。

试验基础冻土地基温度监测显示冬期施工有利于地基回冻，回填多年冻土人为上限略深于多年冻土天然上限，场地基底以下地基土处于冻结状态，分析表明在冬期施工及在活动层深度内土体保持适当孔隙率，可起到类似"热棒"效果，有利于地基土回冻，随着土体自然固结及冻土冻融变化，活动层内土体将固结密实，进入融化期时孔隙率减小有利于保持冻结状态；回填冻土物理力学性质试验结果显示冻土地基冻结与否对基础承载力和地基抗剪强度指标有较大影响，尤其细颗粒黏土场地，当含水率较大且处于融化状态时，土体呈流塑状态接近软土特性，显示保持下部地基土体冻结状态的重要性。

9.5.2 冻土基础设计

1207 基冻土基础（基础形式见图 9-9）以大开挖浅基础形式为主，约占 70%，其他基础形式约占 30%。其中，桩基础 182 基、预制装配式基础 126 基、锥柱基础 715 基、挖孔桩基础 41 基和掏挖基础 143 基。

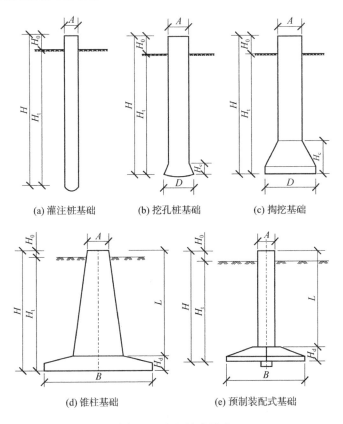

(a) 灌注桩基础　　　(b) 挖孔桩基础　　　(c) 掏挖基础

(d) 锥柱基础　　　(e) 预制装配式基础

图 9-9　冻土基础形式

9.6　冻土检测与监测

在青藏直流线路建设中，建立了输电线路冻土基础长期监测体系，在输电线路 550km

的多年冻土区，系统建立变形、地温、回填土检测三位一体的综合观测体系。为准确掌握冻土基础的变化规律，为输电线路运营、维护及塔基稳定性评价提供科学依据。为工程建设科学决策提供关键支撑，且取得了显著经济和社会效益。

9.6.1　回填土回冻检测与监测

为了确保工程建设质量，保证组塔、架线转序工作的顺利进行以及为后期运行阶段线路安全性夯实基础，青藏直流工程建设总指挥部 2011 年 3 月开始开展了冻土塔基回填土检测工作，检测工作主要由湖南省电力设计院和中南电力设计院执行，通过分析塔基回填土回冻状态的现场检查，为青藏直流工程铁塔基础稳定性分析、工程建设科学转序等重要事项提供重要的科学支撑，也是检验勘察、施工有效性的重要手段。期间湖南省电力设计院对施工标段 3、4 标段多年冻土区的 19 基塔及中南电力设计院对 5、6、7 施工标段的 16 基塔进行了回冻状态检测，涉及的塔型主要以转角塔、耐张塔、跨越塔以及高含冰率、高温不稳定冻土塔为主。

回填土地温监测系统于 2010 年年底开始布设，截至 2011 年初基础施工结束时，监测系统也全面布设结束，并开始启动塔基回填土地温变化的连续性及系统化监测，为线路的试运行提供了决策依据。

1）回填土检测方法与主要内容

以钻探的方式对回填土的冻结状态、结构状况等进行了检测分析。检测工作中，每基抽样检测的塔基呈对角线布置两个钻孔，钻孔深度达到基础底面或原状土层以下 0.5m。钻探采用 XY-100 型液压钻机，开孔直径 127mm，终孔直径 127mm。采用回转、无水、取芯钻进工艺，单个回次进尺一般为 0.2～0.5m，最大不超过 1m。现场地质人员坚守在钻机旁，详细记录钻探过程中回填土的冻结状况、结构状况以及钻进过程中回次进尺、取芯状况等。

2）回填土冻结状态分类与判定原则

根据回填土冻结程度，将回填土地层基本划分为未冻结素填土、弱冻结素填土、冻结素填土及强冻结素填土 4 种类型，判定原则见表 9-5。

回填土冻结状态判定标准　　　　　　　　　　　　　　　　表 9-5

回填土的冻结状态类型	钻孔中岩性性态及含冰、强度特征
未冻结素填土	岩芯呈松散砂土状
弱冻结素填土	岩芯呈可塑土柱状，冻结，用放大镜可观察到冰膜，锤击易碎
冻结素填土	岩芯呈硬塑土柱状，冻结，锤击可碎
强冻结素填土	岩芯呈坚硬土柱状，冻结，锤击不易碎

3）回填土检测主要成果

回填土检测中主要对处于最大冻结期和最大融化期的塔基回填土冻结状态进行了观

测，检测时间分别为 2011 年 5 月份和 2011 年 9 月份。通过检测与后面的监测工作发现，大多数检测塔基在最大融化期，塔基底部都基本处于冻结状态，在经历了将近两个冻融循环过程后，塔基底部及回填土已经基本处于冻结状态，这将明显有利于基础的长期稳定性；经过近两个周期的冻融循环后，塔基水平和垂向变形均已处于基本稳定状态。通过两个融冻周期的检测与监测工作发现，经过多次的冻融循环后，在工程措施（热棒）的影响下，塔基周围回填土已经基本处于冻结状态，年平均地温和塔基变形都趋于稳定，基础未出现因勘测、设计原因而导致的破坏或不正常工作现象。也说明青藏直流工程前期的冻土专题研究、施工图阶段的冻土勘察以及依据冻土研究结果进行的塔基基础设计是合理的。

4）回填土监测原则与内容

回填土监测系统布设遵循了如下原则：

（1）重点监测线路的关键和薄弱环节；

（2）重点选择高温、高含冰率冻土地段；

（3）塔基基础重点考虑浅基础，同时兼顾深基础的传热过程；

（4）塔基位置重点考虑转角、耐张关键塔基位置。

根据监测系统的布设原则，结合沿线塔基类型及场地特征，选择 8 个地段的 10 基塔对包括锥柱基础、装配式基础、掏挖基础及灌注桩基础的 4 种基础形式进行地温监测，对包括地温监测点在内的 130 基塔进行变形监测。考虑到工程中实际使用锥柱和装配式基础形式的数量约为冻土区塔基数量的 70%因素，监测中重点对锥柱和装配式基础形式进行了观测，以基本实现对线路关键、典型及薄弱等塔基重点覆盖的目的。观测系统主要监测有 10 基塔（地温、变形同时观测），分布于整个线路全线 550km 的多年冻土区中，其中，锥柱基础 5 个，装配式基础 3 个，掏挖基础 1 个，灌注桩基础 1 个。

5）回填土监测主要成果

通过分析 10 基塔的典型地温曲线及 8 个场地的不同基础形式其地温场在一个冻融周期的变化特征，获得主要成果如下：

（1）经历近两个冻融周期的循环后，观测场地塔基基础底部总体依然处于冻结状态，与天然场温度对比，灌注桩和掏挖基础与天然场冻土温度基本一致，锥柱和装配式基础的冻土温度略有增加，但增加幅度均小于 0.5℃。

（2）不同形式塔基的温度变化过程，其差异主要体现在桩基周边土体季节融化层的升温速率，其次表现为对基础下部冻土温度的影响。灌注和掏挖基础的季节融化层的升温速率均小于锥柱和装配式基础，其变化过程与天然场地基本一致，对下部冻土基本没有影响。锥柱和装配式基础则明显大于天然场地，受之影响，基础底部冻土则有不同程度升温。

（3）不同形式塔基的融化深度，主要受温度变化过程的影响，与天然场相比，灌注桩和掏挖基础与天然场地基本一致；锥柱和装配式基础明显大于天然场地，多数人为上限深度较天然场地深约 1m 左右，个别达到 2m；各个场地出现最大融化深度的时间基本位于 9

月底至 10 月上旬。推断塔基周边土体升温的原因，可能源于混凝土塔基对热的良导特性，对塔基周围土体的升温起促进作用，也可能源于开挖基坑密实度不够，或冻融过程导致的回填土内部大量裂隙存在，导致暖季降水所携带热量侵入，对地温场升温的促进作用。

9.6.2　冻土塔基长期监测系统

1）观测塔基选位原则

输电线路经过不同的冻土类型分布地段，从含冰率分类包括少冰、多冰、富冰、饱冰和含土冰层，考虑温度特性又包括高温不稳定多年冻土和低温较稳定多年冻土，加上在塔基的设计时采用了掏挖、锥柱、装配、灌注等多种基础形式，这些因素都会对塔基的沉降变形程度造成不同的影响。选取样本的位置需要兼顾到各种因素的组合，才能对整个输电线路情况有较为全面清楚的了解。从线路经过区域的冻土发育状况，塔基的工程重要性、不同类型及采取的工程措施等方面进行了详细的分析研究，为确立合理的实施方案提供依据，建立了观测塔基选择的原则。

（1）重点监测输电线路的关键及薄弱环节

鉴于影响塔基稳定性的因素多，为使选取的变形观测塔基能准确反映输电线路运行情况，对线路最不利的关键及薄弱环节进行重点观测，能在尽量降低人力物力情况下对工程稳定性做出较全面评估。

（2）突出考虑冻土影响

多年冻土区输电线路与非多年冻土区相比，最突出的难点在于冻土的热学稳定性对塔基的影响，因此在塔基分布区域选择方面：只考虑冻土区，不考虑融区。在多年冻土地段，不同类型多年冻土对塔基的影响具有较大差异。在高含冰率地段，施工过程对地下冰更易造成大的扰动，并且因为冰融化成水后的巨大潜热，恢复过程也更为缓慢。同时，对于高温冻土而言，其工程稳定性更差，较低温冻土更易发生蠕变，引起塔基的变形。考虑到高温高含冰率地段为整个输电线路的薄弱环节，因此在冻土类型方面，重点观测高温高含冰率地段。鉴于气候变暖的趋势，低温高含冰率地段或许会变为高温高含冰率冻土区，在塔基选择时予以兼顾。

（3）工程重要性

处于跨越位置的塔基受到的影响因素更多，若变形过大可能对铁路公路的正常运营造成影响，需要有较高的可靠性。冻土区跨越铁路、公路、河流的塔位在工程巡视分类上处于更高的等级，转角塔因其受力特点，也应考虑其工程重要性，在塔基挑选时予以偏向。

（4）塔基基础形式

锥柱、装配式基础属于大开挖基础，施工过程的扰动更大，埋深较浅，大多在多年冻土上限以下 2m 左右，冻土的季节冻融过程及年际变化对此类塔基影响较大，在塔基选择时予以偏重。桩基础一般埋设较深，受冻土的影响相对要小，且在施工时没有大面积的开挖，扰动较小，在塔基选择时予以兼顾即可。

2）长期观测系统布设

根据以上挑选原则，分别建立了变形、地温、回冻监测系统。地温综合监测塔基的相关信息如表 9-6 所示。变形监测塔基通过现场实地调查进行筛选，保证选择的科学性、可行性、代表性，确定观测塔基数量为 130 基，见图 9-10。

地温综合观测系统塔基信息　　　　　　　　表 9-6

编号	塔基编号	观测位置	基础形式	冻土分区类型	有无热管	天然场地温/℃	备注
1	490	斜水河	锥柱	高含冰率	无	−0.52	用于热管效能对比
2	492		锥柱	高含冰率	有	−0.07	
3	571	清水河	装配	低含冰率	有	−1.33	用于热管效能对比
4	572		装配	低含冰率	无	−1.24	
5	754	北麓河	锥柱	高含冰率	有	−0.62	
6	800	风火山	掏挖	高含冰率	无	−2.86	
7	880	乌丽盆地	锥柱	高含冰率	有	−1.15	
8	1020	开心岭	锥柱	高含冰率	有	−0.62	
9	1323	唐古拉山	装配	高含冰率	有	−1.24	
10	1443	头二九	灌注	高含冰率	有	−0.72	

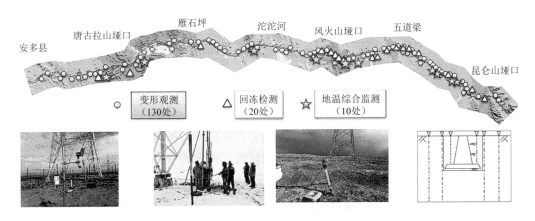

图 9-10　输电线路塔基综合观测系统

3）地温观测系统布设

为了能够较为全面了解塔基传热过程以及气候响应过程，在地温监测方面根据不同的塔基形式布设不同形式的地温观测系统，温度探头采用热敏电阻，室内标定精度为±0.05℃。锥形或装配式基础在基坑内部、基坑侧壁，以及基坑外侧 3m 位置对称布设深度分别为 5m、15m 的测温电缆。灌注桩或掏挖基础，在桩壁布设两个监测孔，在钢筋笼放置过程中将测线固定其上放入基坑中，以此了解其影响范围以及地温变化，测点标准间距为 1m，测点间距根据现场情况进行调整，见图 9-11、图 9-12。此外，在塔基中心位置以及远离塔基中心位置 30m 布设 20m 深的天然孔，用于对比天然状态与塔基地温场的差异，同时将天然孔用于塔基的变形监测的基准点。

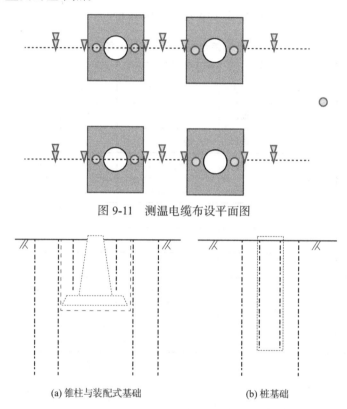

图 9-11　测温电缆布设平面图

(a) 锥柱与装配式基础　　　　　　　　(b) 桩基础

图 9-12　测温电缆布设剖面图

4）变形观测系统布设

变形观测系统共 130 基塔基，为了获得可靠的、满足工程精度要求的实际观测数据，建立合理的观测体系非常重要，结合青藏公路、青藏铁路长期观测的经验，以及国家变形观测技术标准、现场的实际情况，最后经专家研讨，确立的观测系统如图 9-13 所示。

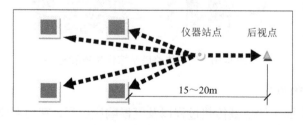

图 9-13　变形监测系统

仪器站点位于后视点与塔基的中间、选取地表较为干燥、适合架设仪器并且能够通视后视点及四条塔腿的点位。同时，为保证仪器的测量精度，仪器站点距离后视点与塔腿的距离均大于 3m，并且在仪器站点观测每个点时其角度都不能太大（主要指塔腿）。

后视点距离塔基为 15～20m，主要选取地质情况良好、不易受到降雨等情况干扰的位置进行布设。后视点的布设方法为先在点位打 15m 钻孔，然后在钻孔中放置 15m 长、32mm 直径镀锌钢管，为防止钢管进水，在所有连接处（管箍及堵头）均使用防水胶带及油漆密封。为了保证仪器测量精度，防止由于仪器倾角过大产生误差，在 15m 钢管基础上再通过管箍延长 50cm。为了能够方便快速的观测，通过在塔腿固定位置设置反射片，从而使得每次观测时可以直接进行观测，节省大量在传统观测中所需要的架设反射棱镜的时间，同时避免了因为不同时间架设反射棱镜位置的不同而引起的误差。反射片固定在主塔腿与塔台的连接处（即连接钢板）中心、上方 10cm 位置（图 9-14），以保证四条塔腿观测点的位置保持相同的高度。同时为保证每条塔腿仪器锁定的反射片位置的唯一性，选择在反射片周围喷涂黑色自喷漆以消除其他反射可能造成的仪器锁定其他位置的可能性。

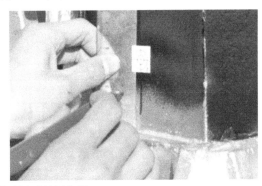

图 9-14　塔腿变形观测反射标位置

5）长期监测过程

温度和水分监测采用数据自动采集系统进行采集，由数据采集器、深孔地温采集器、电力系统组成，观测系统置于塔基中心位置。数据采集器采用进口自动观测设备来进行数据自动采集，采集频率为 2h 一次；为保障数据的连续性，电力系统主要是利用太阳能板和蓄电池（胶体电池）来对数据采集器供电。观测持续时间为 2011 年 1 月 4 日至 2018 年 12 月 31 日，实现塔基稳定性变化过程内在关键要素的现场采集，共获得约 8 年的完整观测数据，这些第一手观测数据被用来开展了塔基多年冻土变化特征和稳定性研究，多年冻土和活动层动态变化对气候变化的响应过程研究，为青藏直流线路工程运营、维护和塔基稳定性评价提供了科学依据。

在变形观测系统中，对 130 个典型地段、关键塔位的高精度三维空间进行每月一次的观测，观测持续时间为 2012 年 6 月中旬至 2018 年 12 月上旬，实现了对 550km 范围内塔基运行状态的准确把握；在回填土检测系统中，在每年冻结期结束时对 20 基大开挖基础定期钻探、取样分析，实现回填特殊土体冻融内在规律系统分析；在地温综合监测系统中，对 10 基典型塔基的地温、应力、水分的系统进行了实时监测。

9.6.3 地温监测主要成果

1）初期塔基回冻状态监测主要成果

建设初期塔基的冻结和地温状态及其变化趋势直接影响到基础施工完成后可否进行组塔、架线等关键工序的展开。通过对监测资料的对比分析发现，截至 2011 年 4 月，在塔基施工完成并经历第一次冻结过程后，低温冻土区塔基地温已恢复原始状态（图 9-15）。虽然在高温冻土区，部分观测塔基周围地温高于原天然地表条件下地温，但所有观测塔基底部均处于冻结状态（图 9-16）。

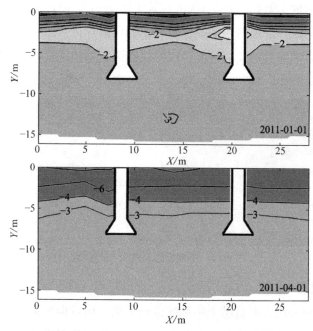

图 9-15　风火山 800 号场地塔基冻结状况

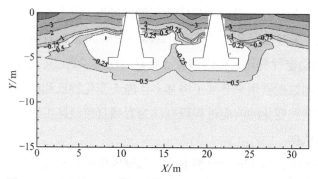

图 9-16　开心岭 1020 号场地塔基 2011 年 4 月 1 日冻结状况

截至 2011 年 10 月，后续进行组塔、架线期间，塔基在度过夏季融化过程后，虽然部分塔基的周围土体的融化深度大于天然地表条件下的融化深度，部分塔基底部温度略高于天然地表条件下地温，但是观测场地塔基基础底部冻土总体依然处于冻结状态。

172

2）运营期间观测塔基冻结、融化变化过程监测主要成果

（1）塔基附近土体冻结变化过程

运营期间的每个冻结期结束（如 4 月 1 日的地温值），监测所有塔腿附近土体都能完全回冻。对有热棒塔基，由于热棒的持续降温效果，每年 4 月 1 日地温逐年降低，表明前期工程热扰动逐渐消散，从 2013 年开始，塔腿附近土体温度已经低于同深度天然场地，塔基冻土热稳定性明显增强（图 9-17）。而对于无热棒塔基，底部冻土地温仍比同深度天然场地高 0.4～0.5℃（图 9-18），混凝土桩基冬季虽然能在一定程度上加速热传导过程，但仍然无法完全抵消其夏季带来的热效应。

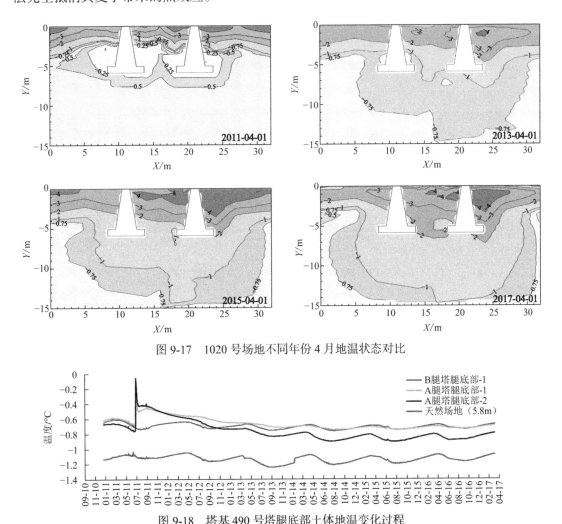

图 9-17　1020 号场地不同年份 4 月地温状态对比

图 9-18　塔基 490 号塔腿底部土体地温变化过程

（2）塔基附近土体融化变化过程

每个融化期结束（每年 10 月 1 日地温值），对于有热棒应用塔基，塔基附近土体融化深度有所减小、融化范围有所缩小。如唐古拉 1323 号监测场地为装配式基础（图 9-19），在基础施工完成后的第二年，由于塔基热效应的影响，以及地下水的影响，导致融化深度

较天然场地深约 2m。但从第三年开始，由于热棒的降温效果的累积，使得融化深度基本恢复至天然场地状态。

但对于无热棒应用塔基，塔基周边土体最大融化深度比天然场深 0.5～1m，在低含冰率冻土区，部分塔基下部最大融化深度已经超过基础埋设深度，表明桩基混凝土热效应显著（图 9-20 和图 9-21）。

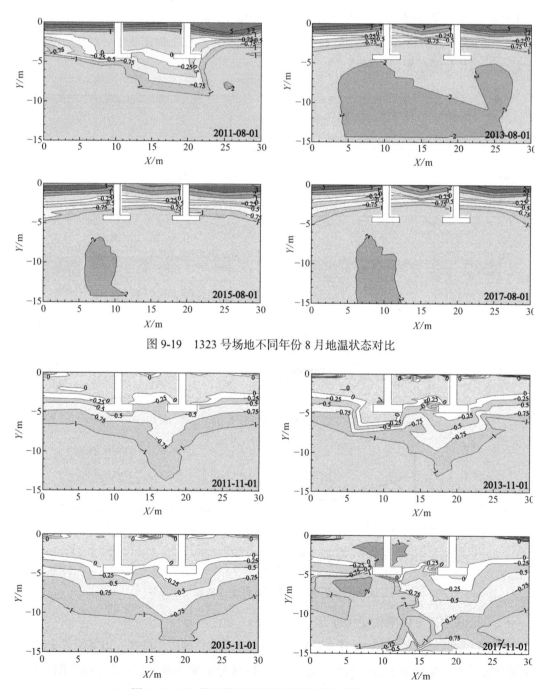

图 9-19　1323 号场地不同年份 8 月地温状态对比

图 9-20　572 号无措施监测场不同年份融化深度对比图

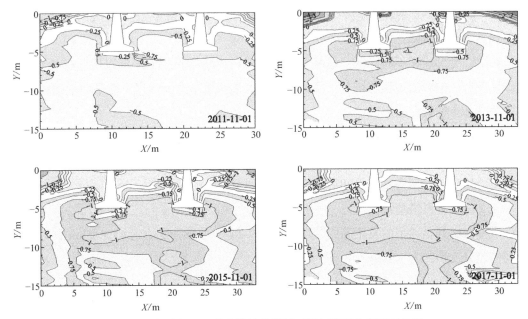

图 9-21　斜水河 492 号有措施监测场不同年份融化深度对比图

9.6.4　变形监测成果

1）塔基总体变形特征

对塔基的垂向、根开和差异变形分别进行了统计。2016 年塔基垂向变形量统计如图 9-22 所示，在 30 基重点观测塔基中，15 基变形量为 0～9mm，9 基为 10～19mm，6 基大于 20mm。最大垂向变形量 36mm，平均变形量 7.6mm。在变形方式上，主要为沉降变形，63% 表现为沉降，37% 表现为冻胀。

在根开变形方面，30 基塔基中有 1 基变形较大（10～19mm），剩余 29 基塔基变形量在 0～9mm 范围内（图 9-23）。与 2011～2015 年塔基根开变形特征对比，2 基塔基根开变形表现为降低趋势，另外 28 基础表现为增大趋势。最大根开变形量 16mm，平均 2.8mm。

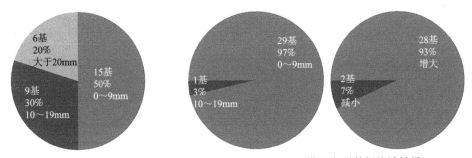

图 9-22　监测塔基变形数据统计结果　　　图 9-23　监测塔基变形数据统计结果

（1）沉降变形塔基特征

490 号塔基变形过程总体表现为沉降，截至 2017 年 3 月，塔基累积总沉降量达到约 90mm，其总体特征表现为以下几个方面：

第一，变形主要表现为沉降。沉降变形过程主要发生于每年 11 月至次年的 4 月，但总体上仍然表现为沉降；

第二，变形速率不断降低。塔基每年的沉降量逐渐降低，2016 年以后已经基本稳定，基础底部冻土的升温过程与塔基沉降过程一致，表明塔基的沉降很可能是由基础底部高温高含冰率冻土的蠕变引起的。

以上结果表明，工程措施的合理应用能够有效降低地温，从而有利于塔基的稳定。由于施工过程的热扰动，塔基基础的热良导体性质，以及考虑气候变暖的背景，采用主动降温的工程措施对保证塔基的长期稳定性具有重要意义。

（2）冻胀变形塔基特征

塔基 492 号是典型的发生冻胀的塔基（图 9-24），总冻胀量达到 45～65mm，不同塔腿之间的差异变形约为 15mm。

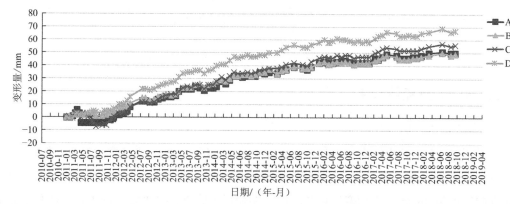

图 9-24　塔基 492 号垂向变形量变化过程观测结果

此外，北麓河 754 号塔基在 2016 年夏季开始呈现较为显著的季节性冻胀变形，每年冷季的冻胀量达到 10～20mm（图 9-25）。

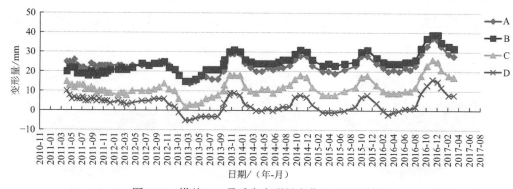

图 9-25　塔基 754 号垂向变形量变化过程观测结果

（3）基本稳定的塔基

这类塔基多采用热棒工程措施，以唐古拉 1323 号塔基为例（图 9-26），从 2011 年基础施工完成后，累计垂向变形量不超过 10mm。

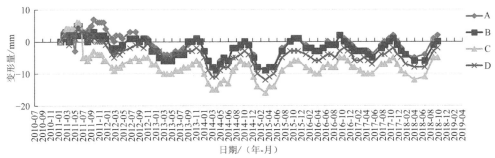

图 9-26　塔基 1323 号垂向变形量变化过程观测结果

2）不同区域塔基总体变形特征

塔基变形呈现较明显的区域特征，不同区域的塔基变形存在显著差异，如图 9-27 所示。根据分不同地形地貌区域对塔基变形特征的统计，研究了塔基在不同区域总体变形特征的差异。塔基变形呈现较明显的区域特征，不同区域的塔基变形存在显著差异，如楚玛尔河高平原、五道梁段塔基主要表现为沉降特征，而乌丽盆地至开心岭区主要表现为冻胀变形特征。昆仑山、唐古拉山塔基总体较为稳定，塔基变形量较小；而在同一地形区域范围内，其塔基内部总体变形特征较为一致，如在楚玛尔河高平原的 21 基变形监测塔中，仅有其中的 2 基表现为冻胀，剩余 19 基均为沉降变形；在乌丽—开心岭区段，16 基监测塔基中除三基基本稳定的塔基之外，剩余 13 基均表现为冻胀变形特征。头二九山区域的 10 基塔基中，9 基为沉降变形。

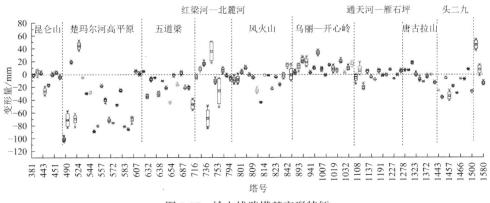

图 9-27　输电线路塔基变形特征

塔基的区域变形分布特征说明基础稳定性受区域地质条件，冻土特征的关键影响，因为在某一地形地貌单元内，其冻土特征、地质条件、水文特征具有较高的相似性，从而导致了塔基相似的塔基变形特征。

9.6.5　总体稳定性评价

现场施工完成后，特别是塔基经历冻融循环过程后，进行了现场实地考察、踏勘等工作，同时对地温监测资料室内模拟试验、模拟计算分析结果、输电线路塔基的变形观测结果、塔基回冻状况的检测结果进行了系统分析，就输电线路塔基的稳定状况、主要影响因素、变化趋势，后续可能出现的一些潜在的或趋势性的问题，总体认为经过8年的地温监测和7年的变形监测，从塔基附近土体的地温和变形特征及其主要影响因素和未来变化趋势评估，多年冻土区输电线路塔基总体处于稳定状态。主要关键性结论如下：

1）地温监测结果

（1）经过一个冻融周期，除451号塔基外，其他受检塔基底部回填土仍处于冻结状态，且与原多年冻土衔接；冻结强度仍处于冻结、甚至强冻结状态。冻土类型主要为富冰冻土和饱冰冻土，其次为少冰冻土和多冰冻土，部分深度上有含土冰层发育。截至2018年，冻土基础稳定性主要受塔基冻融和地温状态两个方面的影响。

在冻融状态和变化过程方面。在经历冬季冻结过程后，监测塔基回冻状况良好，均处于冻结状态；在暖季最大融化深度对应时段，塔基底部仍然处于冻结状态，对于大部分塔基，2012年塔基地基周边土体的融化深度较2011年的融化深度有所减少，冻融循环过程影响范围有所缩小。

（2）在塔基地温状态和变化过程方面。大部分塔基由于布设了热棒，在经历两次冻融循环后，塔基地基温度不断降低；同时，基础底部地温相对较低的等值线区域有所扩大。表明大部分监测塔基地温场的变化过程、冻融状态进一步向着有利于塔基稳定性的方向发展。但对于无热棒应用塔基，塔基底部土体仍然高于同深度天然场地土体，易受气候变暖所影响。

（3）有热棒塔基冻土地温在施工完成后前5年处于持续降温过程中，在2015年基本达到最低温度。之后，由于气温变化等因素影响，冻土地温开始有所回升。此外，在低温稳定冻土区，热棒起到了降低土体温度和最大融化深度的效果，塔腿附近土体温度与天然场地基本接近。但在高温不稳定冻土区，如位于头二九的1443号场地，虽然热棒显著降低了基础附近冻土温度，减缓了活动层厚度增加的速率，但难以将活动层厚度恢复至天然场地相当水平，塔腿周围活动层上限比天然场地深约1m左右，其主要原因在于环境冻土的快速升温和退化。若气候持续变暖，可能需要补强工程措施增加冻土稳定性。

2）输电线路塔基变形监测结果

在可以获得的三个有关塔基变形过程的指标参数中，塔基的垂向差异变形及跟开变形与塔基稳定性的关系更为紧密。然而，在目前的相关规范中并未给出塔基变形量与塔基稳定性之间的明确关系。为对观测塔基变形量有一个更为合理、科学的划分标准，根据观测精度、塔基总体位移变化情况、冻土特性等几方面的因素，在对观测的130基塔各塔腿的垂向和水平向的变化过程进行系统分析的基础上，主要从垂向差异变形、根开变形及垂向变形量三个方面确定了塔基稳定性的评价指标，进而将塔基的稳定性分为基本稳定、欠稳定及不稳定三个等级，划分标准如下：

基本稳定：塔腿垂向差异变形或根开变形量小于50mm，或者垂向变形量小于200mm。

欠稳定：塔基垂向差异变形或者根开变形量为 50～150mm，或者垂向变形量为 200～300mm。

不稳定：塔基垂向差异变形或者根开变形量超过 150mm，或者垂向变形量超过 300mm。

从整体观测结果来看，沿线观测塔基总体处于稳定状态，大部分塔基差异冻胀/融沉较小，不会危及塔基的稳定。从塔基总体的变形特征来看，在所有 130 基观测塔中，65 基（50%）基本上未发生显著垂向位移；48 基（37%）表现为下沉，但多数沉降量较小；17 基（13%）塔表现为垂向上升，最大差异冻胀量为 14mm。塔基跟开变形较为缓慢。

统计（表 9-7）表明，青藏直流输电线路沿线塔基总体上稳定性较好，绝大部分塔基处于基本稳定状态，该类塔基占观测塔基总数的 93.13%；6.87% 塔基处于欠稳定状态；目前尚无不稳定塔基。

观测塔基目前不同稳定状态塔基数量　　　　　　　　表 9-7

塔基状态	数量	比例
基本稳定	121	93.1%
欠稳定	9	6.9%
不稳定	0	0%
总计	130	100.0%

3）总体情况分析与评价

根据对侧重于不利工程地质条件下的现有监测系统得到的连续地温和变形监测结果数据分析，对整个输电线路塔基进行评估预测，主要结论如下：

（1）塔基附近冻土基础的热状态是影响基础稳定性的控制因素。由于在高温高含冰率冻土区的塔基均布设了不同数量的热棒，热棒将塔腿附近土体温度降低至低于同深度天然场地水平，因此，整个线路基础的热稳定性得到了增强，具备了一定的应对气候变暖能力。但需要关注局地因素影响下的冻土快速退化，如地表水、地下水等能加速冻土退化速度，这种局地因素造成的冻土退化速率可能会显著超出之前的预测值，此外，在高温不稳定冻土区原有的热棒措施可能会存在效能不足的情况，需要采取针对性的补强措施。

（2）输电线路塔基主要表现为沉降变形，部分为冻胀变形。且沉降塔基变形的量值显著大于冻胀塔基的变形量，统计塔基中累计沉降变形量最大达到约 130mm，而冻胀塔基的累计最大变形量小于 40mm。高温高含冰率不稳定冻土区、地下水活动强烈区域是塔基变形较显著区域。随着时间的延续，稳定塔基的数量会逐渐减少，欠稳定塔基的数量会逐渐增多。欠稳定塔基主要会出现在高温高含冰率冻土地段以及未采取热棒调控措施的明挖基础塔位，因此，在工程运营管理中，应加强对此类塔基重点巡护和监测，并提出塔基失稳预案和合理的维修加固措施，以保证输电线路的正常运营。

（3）基于层次分析法和模糊综合评价方法计算得到每一个塔基的稳定性指数；根据上

述标准，将塔基分为稳定、基本稳定、欠稳定、不稳定四级。预测结果表明，塔基运行前10年无不稳定塔基，运行20年后不稳定塔基比例约占0.44%，30年后不稳定塔基约占1.05%。

9.7 主要成果贡献与技术创新

青藏直流工程十年来安全稳定运行表明，各项关键技术研究对于工程建设和运营有着相当显著的成效，对高原冻土区类似工程建设具有良好的指导作用。对多年冻土区输电线路勘察、路径选择与优化、基础选型设计与地基处理、塔基稳定性全生命周期评价进行了针对性的研究，获得了一系列研究成果，在此基础上制定形成一系列冻土地区输电线路勘测设计技术标准，并在工程中进行了推广与应用。

（1）针对电力行业冻土工程经验匮乏和技术标准缺失的状况，在工期紧、任务重、挑战性强的情况下，通过充分吸收前人研究成果，结合线路工程特性，首先从方法选择与布设、内容与要点、季节与重点勘测问题等方面建立起了体系化的勘测评价体系；然后从线路的选线选位、基础形式选择、冻土区的基础设计原则及地基处理与保护等方面提供了设计指导思想；在透彻分析冻土特性的基础上，对施工阶段的队伍挑选与管理、施工组织设计与施工预案准备、施工工序与施工工艺等方面提出了一体化的建议。这样一套勘察—设计—施工全过程岩土技术体系的建立，直接支持了国家电网公司对项目的方案决策和施工决策。

（2）基于全线调查和资料分析，按输电线路点线状工程特点划分为21个工程地质区段。通过对冻土微地貌特征及对线路的影响分析研究，系统提出了"选高不选低、选阳不选阴、选干不选湿、选融不选冻、选裸不选盖、选粗不选细、选避不选进、选直不选折"的路径和塔位选择思路。从输电线路冻土区的路径选择（走廊选择、路径选择、特殊区段路径优化）、塔位选择（依冻土特性的塔位选择、依交通便利性的塔位选择、冻土环境与塔位选择）、不同微地貌形态下路径与塔位选择、不稳定及稳定冻土区的选线选位以及关键塔位的选择与保护等多个方面研究，提出了线路路径选择和塔基定位的建议。以"避、绕"的原则，除在选线可实现路径优化外，塔基定位中还进一步实现了塔位前后左右挪移的优化选择，让线路落地有了经济合理的地质保障，做到了线路路径和杆塔位置的2层次优化选择，充分实现了因地制宜思想，有效提升了工程效益。

（3）本工程冻土专题研究编制了1:250000冻土分布图、地温分布图及综合工程地质图等大型成套图件；同时基于多年观测和研究资料，对未来50年青藏高原气温分别升高1°C、2°C及2.6°C背景下的冻土空间分布特征及热稳定性进行了稳定性分区和预测。针对塔基必须挖钻进入永冻层这一与铁路/公路的最大不同工况，专题研究与冻土勘察详细查明了塔基位置冻土上限、高含冰冻土分布、冻土地温等关键技术问题，为设计提供了准确、可靠的冻土工程技术参数，切实保障了冻土基础设计方案的成功。

（4）由于高原多年冻土工程性能的特殊性，使得常规超高压线路的勘测经验很不好套用。从"保护冻土"的理念出发，统筹研究冻土特性、现场环境和线路工况，通过对比研究现场钻探、物探测试结果，分析冻土区勘测方法的特点以及区分不同方法适应性及合理选用的基础上，依地形地貌、地层结构、冻土类型等首次系统提出了多物探、少钻探、区段性测温、轻便型勘探结合、代表性取样、室内重点试验的高原冻土综合勘探作业模式，建立了多年冻土区输电线路"轻迹化"的岩土工程勘察技术体系。施工图勘察过程中，该模式在勘测方法选择、工作量布置、减小现场劳动强度、控制勘测成本以及保证作业工期等方面都取得了极大成功。

（5）输电线路工程有别于公路、铁路等线状工程，路径和塔位的选择不仅要考虑冻土区划因素，还要受冻土类别、冻害现象影响及冻土微地貌形态的制约，因此通过建立的多年冻土识别技术，尤其是冻土类型、冻害问题、不良冻土现象、冻土微地貌识别标准与原则，极大地提高了从业人员对多年冻土影响要素的快速识别。本工程创建的快速、便捷的多年冻土类型、融沉等级的评价方法与原则，为多年冻土的研究和应用开拓了新的思路。现场勘察中采用了可见冰体积含冰率大小结合冻土的构造特征对冻土的类型进行了判别，其结果与室内试验结果一致。按照冻土的含冰率不同其融沉特性不同特点，依据冻土的融沉性与冻土强度及构造的对应关系，创立了沿线冻土类型和融沉性分级的对应关系。依据基底岩土类型、不同含冰率的融沉特性对塔基融沉等级进行分类，从而准确评价塔基的冻土工程地质特性。

（6）在充分吸收前人研究成果的基础上，分析总结了塔基的冻胀、融沉、流变及差异性变形 4 大冻土工程地质问题的特点和危害，同时，在国内首次进行了 1∶5 和 1∶10 的大尺度斜坡（20°、30°两种坡型）锥柱基础反复冻融物理模型试验，对锥柱基础在地基土回冻和冻融循环下的受力状态和变形特征进行了深入研究。针对性地采用了桩基础、预制装配式基础、锥柱基础、掏挖式等多种基础形式，开展了装配式和锥柱式基础真型试验，采取了相应的地基处理防冻胀措施及热棒主动降温等保护措施，在本工程得到了广泛和成功的应用，且为后续类似工程提供了借鉴和指导，为冻土工程建设的诸多创新做出了贡献。

（7）搜集大量工程实例，分析了多年冻土在衰退和冻融循环过程中工程破坏典型案例，总结了多年冻土塔基设计与地基处理、施工与环境保护方面的经验教训，并从保护冻土长期稳定性的角度出发，提出了本工程回填材料选用、基坑开挖、施工降排水、地基基础设计、施工降温防范、施工信息反馈、生态环境保护等一系列建议，在后期的施工中得到了很好的采用。

（8）本工程建立了地温、变形长期监测系统，通过对实测结果的对比分析，很好达到了所设定的目标。通过监测系统获取的大量连续地温数据，可以有效地评价热棒工程措施可行性；变形数据提供了整个输电线路塔基的主要变形特征、变形量值特征、变形年际变化规律。综合地温与变形数据，使得分析影响塔基变形的主控因素成为可能。同时根据不同类型塔基的变形分析，为评估塔基设计有效性提供了关键依据和参考。长期稳定性监测体系有效地反映了线路塔基冻土地温、变形总体特征，其监测系统数据为评估不同工程措施效能、塔基设计有效性提供了依据，其获取的数据有效地支撑了线路施工决策。经过 8 年的地温监测和 7 年的变形监测，从塔基附近土体的地温和变形特征及其主要影响因素和未来变化趋势评估，可以看到多年冻土区输电线路塔基总体处于稳定状态。

第 **10** 章

伊利—库车 750kV 线路工程多年冻土研究与岩土工程

10.1 工程概况

伊利—库车 750kV 线路工程（以下简称"伊库线"）是我国首条横跨西天山主脉的输电线路，是国家电网公司在新疆实施"一带一路"倡议和全球能源互联网战略的重要工程。伊库线是连接新疆南、北疆电网，形成新疆 750kV 环网的关键线路，其中穿越天山段是该输电项目的咽喉节点，走廊带内广泛发育的多年冻土、冰川、寒冻风化等不良地质作用，对输电线路工程危害十分巨大。该项目是我国首条跨越冰川作用区的高等级输电线路，山区道路艰险，人迹罕至，地质条件复杂多变、工程技术难度大，属国内外输电线路工程建设史上从未遇到过的挑战。

输电线路起于尼勒克县苏布台乡 750kV 伊犁变电站，终于库车县 750kV 库车变电站，线路单回最大输送容量 2300MW，途经伊犁地区伊宁县、尼勒克县、新源县、巩留县，巴音郭楞州和静县以及阿克苏地区库车县，见图 10-1 和图 10-2。由西北电力设计院（简称西北院）、中南电力设计院（简称中南院）和东北电力设计院（简称东北院）联合勘测设计，其中西北院路径长度约为 124.5km，中南院路径长度约为 105km，东北院路径长度约为 116km。全线共新建铁塔 717 基，其中冻土区和寒冻风化作用影响区的铁塔数量为 179 基，路径长度约 87.3km，占全线路径长度的 25.3%。该项目从 2010 年 5 月正式启动前期工作，2014 年 6 月获得国家能源局核准，2014 年 11 月开工建设，2016 年 11 月底建成投运，截至 2022 年已经安全稳定运行 6 年。

天山是世界七大山系之一，位于地球上最大的一块陆地欧亚大陆腹地，根据第一次中国冰川编目，中国天山分布有冰川 9035 条，冰川面积 9225km²，冰储量 1011km³。伊库线是国内首条穿越天山冰川区、冻土区以及寒冻风化区的线路工程，见图 10-3，地质条件极其复杂，堪称"地质公园"。特殊的气候特征造就了广袤的冻土发育区，独特的强烈冻融作用导致了各种冷生现象的普遍发育，进而致使不良地质作用频繁，工程地质条件复杂多变。

本章介绍其中穿越天山地区的多年冻土与寒冻风化作用区的输电线路重点区段的工程专题研究、勘测设计、施工与运行等相关内容。

图 10-1　伊库—库车 750kV 线路工程巴音布鲁克段

图 10-2　伊库—库车 750kV 线路工程库尔德宁段

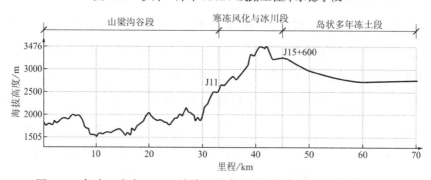

图 10-3　伊库—库车 750kV 线路工程冻土区段沿线海拔起伏折线示意图

10.2　岩土工程条件简介

　　伊库线穿越天山段跨越天山南北,号称输电线路"地质百科全书",几乎涵盖了绝大部分的地质技术难题,但其作为国内首条跨越冰川和高山冻土区的 750kV 输电线路,翻越南、北天山,线路沿线遍布大范围的无人区、高海拔区、崇山峻岭区、古冰川次生灾害影响区、多年高山冻土区等特殊地质,线路同时还穿越了河流平原所形成的沼泽湿地区域、戈壁平原区和雅丹地貌区等。沿线多处具有地形破碎、地势险峻、岩体风化严重、坍塌、滑坡、泥石流发育等地质特征，给工程开展与实施造成巨大阻碍。根据伊库线勘测及课题研究成果资料，伊库线跨天山地段主要分为四个区段，巴音塔拉北达坂冰川与寒冻风化作用区、巴音布鲁克盆地融区、巴音布鲁克盆地南侧岛状冻土区和铁力买提达坂冰川与寒冻风化作用区，沿线工程地质条件特征简述如下。

（1）巴音塔拉北达坂冰川与寒冻风化作用区

巴音塔拉北达坂冰川与寒冻风化作用区位于巴音塔拉北达坂一段，其冰川与寒冻风化作用强烈，共计包含 25 基杆塔，长约 13.2km。地貌单元主要以高山为主，地形起伏较大，地势开阔，海拔高度在 2900～3600m，当海拔超过 3000m 时，寒冻风化现象发育强烈。不良地质（不良冻土现象）作用多以山坡陡峭、冰川作用强烈、岩屑坡、冰碛物发育、岩体松散易发生崩塌和滑坡等为主，地层岩性主要为第四系冰水沉积层的碎石、块石，下伏石炭纪花岗岩。

巴音塔拉北达坂冰川与寒冻风化作用区细分为三个区段，即Ⅰ、Ⅱ、Ⅲ区。Ⅰ区位于 338～349 号塔位，高山地貌，海拔 2500～3500m，冰川侵蚀作用和堆积作用，伴着强烈的寒冻风化作用，植被不发育，地层主要为碎石土和风化岩石。由于碎石气冷作用影响岩屑坡内有裂隙冰存在，在冰碛地层下可能存在埋藏冰，主要以少冰—饱冰冻土为主，冻土上限 2.5～3.5m。多年冻土年平均地温为 -1.0～-0.1℃，属极不稳定—不稳定多年冻土。Ⅱ区主要位于 350～353 号塔位，山麓草原地貌，海拔在 3200～3500m，地层主要为碎石土，部分区域表层也分布有较多的粉土、粉质黏土等细颗粒土为主，山前斜坡区热融阶地发育，沟谷右侧水系发育，沼泽湿地、热融洼地、热融湖塘较为集中，多为富冰—饱冰多年冻土，局部有含土冰层。冻土上限 2.5～3.5m，年平均地温大于 -0.5℃，属极不稳定多年冻土。Ⅲ区主要位于 350～358 号塔位，海拔 2800～3200m，地层主要为粉土、圆砾、卵石等，含少量粉砂，含冰率通常较低，主要为少冰—多冰冻土，多年冻土上限 3.0～4.5m，年平均地温大于 -0.5℃，属于极不稳定多年冻土。

（2）巴音布鲁克盆地融区

起至巴音塔拉沟附近，至巴音布鲁克盆地中北侧，共 56 基杆塔（2962～3016 号），线路长度约 28km，主要为巴音布鲁克盆地，地形起伏相对较小，地势开阔，海拔高度在 2700～3000m。地层岩性主要为第四系冲洪积粉质黏土（Q_4^{al+pl}）、圆砾及卵石（Q_{3-4}^{al+pl}）。

受开都河流水系及区域地质构造影响，形成了多年冻土融区，海拔高程为 2600m 左右，以河流谷地和山前坡洪积扇为主，季节冻深为 2.0～3.5m。根据该段易溶盐测试，部分区段属盐渍化冻土。结合吴青柏等通过恒温条件下粗颗粒土盐胀试验研究表明，粗颗粒土不具有强烈盐胀特性，且在本区域土体盐渍度较低，地表亦未发现有盐分聚集的现象，故该区域的盐胀特性偏弱。巴音布鲁克草原区内的地基土对混凝土结构的腐蚀性为弱腐蚀—中等腐蚀，对钢筋混凝土结构中的钢筋的腐蚀性为微腐蚀。

（3）巴音布鲁克盆地南侧岛状冻土区

从巴音布鲁克盆地 3017～3054 号塔位，共计 39 基杆塔，线路长度约 20.7km，为岛状多年冻土区，地貌单元主要为巴音布鲁克盆地的内梁谷、中低山丘陵、河流阶地等，地形起伏较大，地势开阔，海拔高度在 2600～2900m。地层岩性主要为第四系冲洪积粉质黏土（Q_{3-4}^{al+pl}）、黏土、圆砾、卵石及石炭系灰岩（C_2）。该段多为少冰—多冰冻土，地势低洼或平坦地段多为富冰—饱冰冻土，个别地段存在含土冰层，冻土上限 2.5～3.5m，年平均地温大于 $-0.5℃$，属极不稳定多年冻土。在河流阶地地段多为河流融区。

（4）铁力买提达坂冰川与寒冻风化作用区

从 3055～3111 号塔位，共计 59 基杆塔，线路长度约 25.4km，为低含冰率多年冻土区及冰川作用影响区，地貌单元主要中高山斜坡、山梁、沟谷等，地形起伏较大，地势开阔，海拔高度在 2700～3300m。不良地质（不良冻土）作用主要是融冻阶地、岩屑坡、冰碛物堆积体、崩塌、滑坡等。地层岩性主要为第四系残坡积（Q^{dl+el}）粉质黏土，下伏志留系板岩（S_1）。该段多为少冰—多冰冻土，冻土上限 2.5～3.5m，年平均地温大于 $-0.5℃$，属极不稳定多年冻土。

10.3　冻土、冰川与寒冻风化作用专题研究

10.3.1　专题研究背景与目的

新疆的多年冻土属于高山冻土类型，属典型的岛状多年冻土，具有地温高、含冰率大、热稳定极差的特性，天山地区的多年冻土有着更大的复杂性、多变性、敏感性和特殊性。翻越天山达坂处主要为古冰川退化区，其所处环境中寒冻作用极其发育，岩屑坡、刃脊等随处可见，对于冰川与寒冻风化作用的工程研究几乎无任何可参考资料，属于首次高等级输电线路穿越古冰川退化区，伊库输电线路穿越冰川和寒冻作用影响区是一个重大的技术难题。该工程针对天山地区输电线路的工程特点，对天山地区冻土关键技术问题做了针对性研究，重点研究了古冰川区寒冻作用等工程建设问题，对于古冰川区寒冻作用的研究在工程建设领域属于首次，这对推动冻土与冰川工程继青藏线后又是一次极其重大的突破。

项目对跨越天山冰川、冻土及寒冻风化区的线路，在大雪封山前（通常在 10 月前后）提前部署、合理安排，认真做好科研、勘察、测量等各项工作。西北电力设计院联合中国科学院寒区旱区环境与工程研究所、中铁西北科学研究院等科研院所，依托地质、岩土工程尤其是冻土、边坡及冰川等专业方面的技术优势，开展《伊库—库车 750kV 线路工程冻土、冰川与寒冻作用专题研究》《伊库—库车 750kV 线路工程穿越天山段冻土、冰川与寒冻作用专题研究》《设计风速、覆冰厚度及雷暴特征研究》《雪崩危害及其防治研究》等专题，对天山段不良地质、冰川、冻土、寒冻风化作用的类型、分布特点和工程特性等方面开展系列性专题研究，解决了输电线路合理选线、塔基选位、病害防治等关键技术问题，更好地服务于工程建设。

10.3.2　主要研究关键技术与成果

由于输电线路穿越的天山区段分布着多年冻土、冰川及寒冻风化等大量不良地质作用，而且该区域大型工程建设较少，同时对于这些不良地质作用的研究成果也非常稀少，因此，给线路的路径选择、塔基选位及塔位稳定性都带来了极大的挑战，为此，国网新疆电力有限公司委托开展了专项课题研究。通过对天山段冰川、冻土、寒冻风化作用的类型、分布特点、工程危害及发育特征等方面开展专题研究，在输电线路路径的优化、塔位的合理选择、工程病害的防治和预案等关键问题方面提出了有效措施和建议，为保障工程的设计和施工提供了技术保障。

冻土寒冻风化专项研究工作始于 2014 年 6 月，2014 年 7 月初项目组经过现场踏勘、咨询顾问、资料收集、专门测试、横向沟通等途径开展研究，中间成果及时汇报并通报相关设计单位，2014 年年底专题研究按期完成并通过验收。研究成果多次参与国内外学术交流，并发表了多篇有影响的科技论文。通过大量冻土、冰川研究员与岩土勘测技术人员的不懈努力，在以上关键性技术研究和勘测工作的基础上，主要取得了以下成果：

（1）提出的"以塔定线"的工作思路为线路路径的可行性和顺利实施提供了技术保障。

工程开启之初，由于天山地区多年冻土、冰川作用、寒冻风化等方面的研究成果非常稀少以及工程建设和运行经验相当匮乏，而整个项目的可行性评估非常迫切，在工期紧、任务重、挑战性强的情况下，通过对比以往冻土工程经验，结合区段工程特点，在集国内多个科研院所为支撑的基础上，考虑本工程天山段地形地貌多变、地质条件复杂，提出的"以塔定线"的工作思路，对巴音塔拉北达坂（图 10-4）和铁力买提达坂两段卡脖子瓶颈段以先确定立塔条件的点位再寻求路径可行的方案，通过优先选择塔位的方式确定线路路径，最终达到路径贯通和优化的目的，解决了工程当务之急，确保了工程项目的顺利推进。

（2）集冰川影响、寒冻风化作用及多年冻土进行研究的综合性课题，其成果具有集成性、指导性和首创性，在电力行业甚至专业内都属首次。

由于该项目的天山穿越段包含冰川、寒冻风化、多年冻土等关键工程问题，而以上三个问题在新疆天山山脉既相互关联，又相互伴生。因此，本课题研究将冰川问题、寒冻风化问题以及多年冻土问题融合在一起进行了集成研究。通过研究这些不良地质作用的分布、形成机理、工程性能、工程影响及工程措施等，对线路选线定位、工程勘察设计、施工监理和后期运行监测起到了重要的指导意义。这种集成多个相关联而又独立的重点岩土工程问题的研究方式，在电力行业内甚至岩土工程专业内的科研项目中都具有典型的首创性，对于工程项目在有限的时间内，集中优势科研技术力量完成攻关，既保障了工程项目的顺利开展，又具有较强的指导性。

（3）首次提出了天山达坂区岩石风化速率的定量值。

天山地区因寒冻风化作用的影响，山体岩石极其破碎，伴随冻土和冰川的影响，寒冻风化区刃脊、岩屑坡、冰缘岩柱、石海等遍地丛生，岩石风化速度与常规地区差异性极大，国内对于寒冻风化影响下岩石风化速率的研究极少，尤其对于天山地区及其缺乏。项目通过文献查询、室内外试验、定性定量分析等多种手段研究了线路路径区域内岩石风化的主要影响因素（图10-5～图10-7），并首次提出了天山达坂区岩石风化速率的定量值，这一成果在国内、国际上都具有重要的理论价值和工程指导作用。

根据该段天山地区气象条件、海拔、年平均气温、年平均降雨量、岩性、地理位置等因素，耦合天山哈希勒根达坂和玉玉希莫勒盖达坂海拔3280～3510m，年平均气温-4.8～6.7℃，年平均降水量500～700mm，与本研究区域海拔高度、自然环境类似特征，综合得出该段花岗岩的风化速率为0.45～1.4mm/a，砂岩的风化速率为5.0～11.5mm/a。

（4）采用多因素权重综合评价法，对路径沿线进行了工程地质区划，提出了塔基途径区有利、不利区段，为线路选线、塔基选位及基础选型提供了技术保障。

图10-4　巴音塔拉北达坂以塔定线工作模型展示

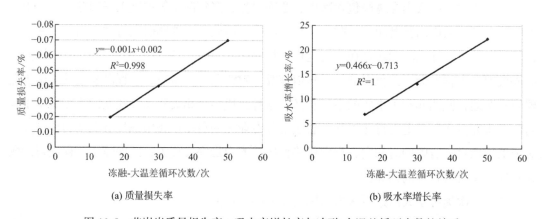

(a) 质量损失率　　　　　　　　　(b) 吸水率增长率

图10-5　花岗岩质量损失率、吸水率增长率与冻融-大温差循环次数的关系

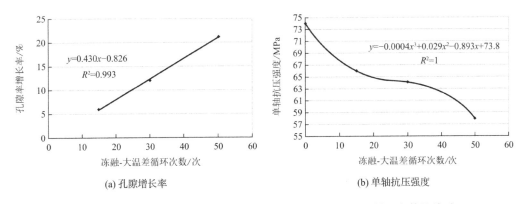

(a) 孔隙增长率　　　　　　(b) 单轴抗压强度

图 10-6　花岗岩孔隙增长率、单轴抗压强度与冻融-大温差循环次数的关系

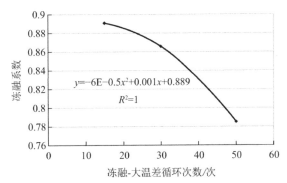

图 10-7　花岗岩冻融系数与冻融-大温差循环次数的关系

　　根据各区段的地形地貌、地层岩性、不良地质作用、冰川地貌、寒冻风化、岸坡等若干大类，数十项细则，采用多因素权重综合评价法对区段内进行分区段评价，对关键杆塔塔位进行重点分析评价。通过多因素权重综合评价体系，将线路区段划分为极差、较差、一般和良好 4 类区段，对关键塔位及影响塔基稳定性的潜在风险进行了详细论述，与此同时，对于岩屑坡工况条件下立塔进行了数值模拟计算。通过区段的划分、关键塔位的分析评价，对线路路径优化、施工图杆塔定位、后期施工运行道路规划等提供了重要的技术保障作用。

　　（5）从选位、选型、防护技术等方面入手，分别针对冰川及寒冻风化作用区、多年冻土区及其他不良地质区提出了相关塔基选位原则和处理措施建议。

　　专题研究从塔基选位、基础选型、边坡防护处理等多方面出发，根据各区段的不同条件，针对多年冻土、冰川作用以及寒冻风化影响区的不同类型，提出了相应区段的路径优化、塔基选位、基础选型原则及工程防治措施，为工程项目的开展提供了有力的技术支撑。

　　专题研究主要围绕新疆天山地区的高山多年冻土、冰川、寒冻风化三个方向对于输电线路选线、选位、选型、防护等多个方向开展研究，编制了研究区段多年冻土、冰川、寒冻风化作用的分布图，划分了分布区段和分布范围，提出了评价体系，对重点问题进行了必要的数值模拟和相应的室内模拟试验。在有限的时间内收集归纳了国内外重要研究成果，总结出了新疆天山山脉地区高山多年冻土、冰川、寒冻风化影响区的选线、选位、选型原则及防护措施建议，对工程项目的顺利开展提供了有效的技术支撑和保障。

（6）开启了电力工程建设领域寒冻风化作用研究、勘测设计以及施工领域的先河。

在以往的输电线路工程中对于寒冻风化问题往往以避让或选取基岩处立塔处理。由于越来越多的工程项目需要穿越高海拔现代冰川退化区，尤其是涉及新疆、西藏等地区的大区域联网、国际联网项目，均涉及现代冰川退化区的寒冻风化问题，而天山南北的巴音塔拉北达坂和铁力买提达坂两段冰川区寒冻风化问题的研究、勘测设计和施工运维揭开了电力工程对现代冰川区研究建设的先河，为后面工程建设提供参考性依据，也补齐了冻土区寒冻风化问题的一处短板，从技术创新上起到了开创性意义。

10.3.3　小结

冻土、冰川与寒冻风化作用等专题研究成果主要表现在：对线路路径区的多年冻土、冰川以及寒冻风化情况进行了相应的区划；对区段内的评价提出了适宜的多因素权重综合评价体系；对重点关注的设计要素（岩石风化速率、寒冻风化边坡防护等）进行了系统研究，在数值模拟和试验的基础上，提出了相关指标和措施及建议；从选线、选位、选型以及防护技术等方面入手，分别针对冰川及寒冻风化作用区、多年冻土区及其他不良地质区提出了相关意见及建议。这些勘测与研究成果不仅直接指导了新疆天山地区输电线路工程的勘察设计，还科学引导了该地区的基础施工、运行，同时成功预测并解决了一些突发性的问题，为工程建设提供了全方位的指导，为伊犁—库车 750kV 输电线路工程的投运提供了强大的技术支持，产生了明显的经济效益和社会效益。冻土、冰川与寒冻风化作用专题研究主要创新体现在以下几点。

（1）通过冻融试验、耦合研究、综合对比等方法研究分析了天山达坂区岩石风化速率，首次提出了天山达坂区岩石风化速率的定量值，其对于寒冻风化问题研究和基础设计与防治处理较为关键。

（2）以多年冻土工程研究为基础，以冰川和寒冻作用为突破，在研究天山地区多年冻土的基础上，成功突破了古冰川退化区寒冻作用在输电线路立塔的成套评价体系、勘测方法和原则，系统性研究了现代冰川、高山岛状冻土、寒冻风化问题等高山型多年冻土问题。

（3）从勘测方法的角度，研究了高山型多年冻土关注方向，对冻土边界、上限（下限）、勘探工作布置，尤其是针对无人区、交通困难区、古冰川退化区的问题采取多种型号地质雷达探测技术在冻土工程中的应用对比分析，为类似工程积累了丰富的工程经验。

10.4　岩土工程勘测

伊利—库车 750kV 线路工程始于伊犁山间凹陷盆地，跨过特克斯河，爬上中天山巴音塔拉北达坂垭口（海拔 3500m），进入巴音布鲁克山间盆地，沿着 217 国道再次翻越南天山的铁力买提达板垭口（海拔 3700m），行进在高山岭上，经越大龙池，到达库车。高山冻土、冰川、寒冻风化问题主要集中在巴音塔拉北达坂至铁力买提达板间，地貌为中、南天山的两个达板山地和巴音布鲁克谷地。伊库线跨天山地段主要分为巴音塔拉北达坂冰川与寒冻风化作用区、巴音布鲁克盆地融区、巴音布鲁克盆地南侧岛状冻土区和铁力买提达坂冰川与寒冻风化作用区，见图 10-8～图 10-11，冻土和寒冻风化作用影响区的铁塔数量为 179 基，路径长度约 87.3km，线路长度占全线路径长度的 25.3%。

图 10-8 巴音塔拉北达坂区冰川与寒冻风化区

图 10-9 巴音布鲁克盆地融区

图 10-10 巴音布鲁克盆地南侧岛状冻土区

图 10-11 铁力买提达坂冰川与寒冻风化区

10.4.1 可行性研究阶段岩土工程勘测

2010 年 5 月启动可行性研究工作，2010 年 5 月至 2010 年 9 月下旬，西北电力设计院联合中国科学院寒区旱区环境与工程研究所等科研院所数次赴现场进行收资踏勘等，特别是翻越天山段，多次徒步进入天山无人区进行实地踏勘等工作。根据室内选线情况，可行性研究阶段规划西、中、东三个线路方案，均需翻越南天山和中天山段。

（1）西方案

750kV 伊犁变出线后直接向南，经尼勒克县、巩留县和特克斯县，在恰甫其海水库上游跨越特克斯河后进入天山。沿乌孙古牧道向南走，需翻越包扎敦、阿拉也皮和阿克布拉克三个达坂，沿线地势险峻，最高海拔约 3900m，其中 3500m 以上终年积雪，多为古冰川地质，地表下存在厚层地下冰。从阿克布拉克达坂向南线路进入阿克苏地区拜城，沿峡谷深涧的边缘坡地向南，从阿克其格山口向东南进入库车县境内的 750kV 库车变。该段翻天山方案主要沿乌孙古道前行，冻土、冰川及寒冻风化作用区较长，路径长度在 120km 左右，距离现代冰川较近，寒冻风化问题极为发育，需翻越三处天山达坂，其中翻越达坂线路长度约 57km，阿克布拉克达坂常年积雪，工程投资较高，见图 10-12、图 10-13。

图 10-12　包扎敦达坂区

图 10-13　阿克布拉克达坂区（摄于 8 月初）

（2）中方案

中方案从 750kV 伊犁变出线段到巩留县城北路径方案与东方案一致，线路经巩留县东北方向转向东南，经过恰甫其海水库跨越特克斯河，沿通往恰西公路向南，从恰西草原景区和西天山国家级自然保护区之间翻越恰西达坂和达江布肯得达坂，之后进入巴音布鲁克草原，线路折向南经铁力买提达坂，最高海拔超过 3900m，向南经大龙池到库如力村，穿过矿区、雅丹地貌等区域后沿库车河和 217 国道向南，再翻越屈勒塔格山后到达 750kV 库车变。该段翻天山方案主要沿江布肯得达坂—巴音布鲁克草原—铁力买提达坂段前行，见图 10-14、图 10-15，路径长度约 110km。在达江布肯得达坂和铁力买提达坂约 45km 涉及冰川和寒冻风化问题（略短于西方案），但江布肯得达坂北侧的不良冻土现象极为发育，融冻阶地、融冻泥流较为发育，见图 10-16、图 10-17。

（3）东方案

东方案与中方案的差别在于：从伊犁变出线后，线路东方案选择从 218 国道向东绕行，在新源县那拉提草原风景区西侧向南折行，避开风景区后翻越那拉提山，在巴音布鲁克乡附近靠近 217 国道，之后沿国道向南走线，并与中方案衔接。该方案为备选方案，仅在巴音布鲁克盆地南侧岛状冻土区和铁力买提达坂区有所涉及冻土、冰川及寒冻风化问题，长度约 50km，冻土、冰川及寒冻风化问题最轻，但整体线路路径较长，工程投资远大于西方案和中方案。

该工程项目可行性研究路径经过多次专家评审对比后，最终确定采用折中的中方案，工程造价合适、冻土冰川问题略小、运行维护可行，并同步开展了《750kV 伊犁—库车输电线路工程冰川、冻土分布及输电线路穿越可行性研究》等高山冻土、冰川、寒冻风化问题专题，雪崩专题，运行检修专道等多个项目研究工作。

图 10-14　江布肯得达坂冰川与寒冻风化区

图 10-15　铁力买提达坂冰川与寒冻风化区

图 10-16　江布肯得达坂北侧融冻泥流

图 10-17　江布肯得达坂北侧融冻阶地

10.4.2　初步设计阶段岩土工程勘测

工程于 2013 年 7 月启动初步设计工作，因天山申遗项目使得原中方案翻越中天山的江布肯得达坂路径通道变化，一直难以确定。天山申遗项目获批后，江布肯得达坂路径通道因天山申遗项目冲突要求变更通道，在此背景下新疆电力公司通知西北电力设计院进一步选取中方案线路通道工作，否则存在可研方案重做风险。为此，西北电力设计院联合中国科学院寒区旱区环境与工程研究所、中铁西北科学研究院等科研院所对中方案中天山的各垭口反复研究，通过多次踏勘选定了库尔德宁入口处的巴音塔拉北达坂翻越中天山，翻越后刚好错开原方案中融冻阶地和融冻泥流发育区，但巴音塔拉北达坂寒冻风化问题非常严重，存在立塔困难、导线、铁塔设计技术方案困难等较多技术问题。2014 年 6 月在确定中方案的巴音塔拉北达坂穿中天山后，紧急启动《穿天山段冻土、冰川与寒冻作用专题研究》增补课题研究工作，与项目初步设计收尾工作通过滚动进行。同时对巴音塔拉北达坂区进行联合踏勘定位工作，为确保路径方案成立，在反复踏勘的基础上采取"以塔定线"的方案，对翻越达坂口一段的现代冰川退化区采取多个方案准备，最终确定了翻越达坂口的关键塔位，基本采取大基降、稳定基岩、加固铁塔和导线、外加连续转角的方案最终确保项目安全可行，于 2014 年 8 月完成了初步设计收口工作。

在初步设计阶段工作中，针对相关专题内容进行进一步的现场调查核实，结合沿线冰川、冻土条件并结合已建线路工程冻土地基处理、基础设计方案，提出针对本工程的冻土基础、地基处理方案。同时进一步查明拟选线路路径方案的区域地质、矿产地质、工程地质条件和水文地质条件，分区段对路径方案提出具体评价，对特殊路段、特殊性岩土、特殊地质条件和不良地质作用发育地段进行专门的工程地质勘测工作，并做出进一步的岩土工程评价，为选择塔基基础类型和地基方案提供必要的地质资料及建议。

在此基础上对塔号 3065～3076 号段路径进行优化选线及塔位选址，由于该段多年冻土发育，地表水坑较多，植被发育，腐殖土厚度大于 3m，初步判断冻土类型为含土冰层或饱冰冻土，属极差的冻土工程地质地段，建议优化该段线路，路径向左侧移 150～200m 至上坡或山顶上，地基土多为碎石土或基岩，冻土类型为少冰冻土或多冰冻土，属较好的冻土工程地质地段。对于高山型冻土，适当地抬高线路走径的海拔高度可减少不良冻土危害，见图 10-18、图 10-19。

图 10-18 原方案地表冻胀情况　　　　　图 10-19 路径方案调整前后路径对比

10.4.3 施工图设计阶段岩土工程勘测

施工图定位工作与初步设计采用滚动工作方式进行，以确定较为准确的工程量，为最终决策提供参考意见。初步设计开始后不久就同步进行局部区段的室内选位工作，其原则为：对路径确定的路径段开展同步定位工作，对路径存疑段采取科研与选线同步推进，确定后再同步确定塔位的模式。施工图定位工作大致分成三个大的阶段：第一阶段，2013 年 9 月初至 9 月底，主要完成已经确定方案的铁力买提达坂段大部分塔位；第二阶段，2014 年 9 月至 10 月，在与科研专题互通的情况下完成全线定位工作；第三阶段，结合初步设计收口及各项专题情况，2015 年 3 月至 4 月，进行局部改线优化。

施工图定位中均采取结合冰川、冻土科研成果的情况下，采用北京洛斯达公司海拉瓦选线工作平台进行逐一甄选，区划重点工作区段，对于寒冻风化影响大及高温、高含冰冻土区段进行了重点性规划，结合科研课题组一同进行塔基二次定位或重点开展相关勘测工作，对瓶颈地段采取"以塔定线"的工作思路（在巴音塔拉北达坂的 339～342 号及铁力买提达坂的 3090～3111 号塔位均出现连续多转角），通过优先选择塔位的方式确定线路路径，最终达到路径贯通和优化的目的，选择了多个杆塔走线方案。施工图定位启动时编制了详细的《岩土工程专业技术指示书》《勘测大纲》《定位手册》《杆塔工程地质成果一览表统一模板》《无人区勘测定位计划》等施工图勘测工作指导文件及作业文件，明确了勘测各专业的工作内容及职责，确定了勘测原则、勘测工作方法和勘测工作量。在此期间着重进行了安全教育、各项技术以及日常工作注意事项，对于线路定位过程的各项风险进行了充分评估，策划了医疗、生活后勤等综合保障措施。

对交通条件较好段按照以往"依靠驻地，日出而作，日落而归，逐段推进"这种传统的线路勘测模式进行；对无人区的勘测定位工作必须按照野外宿营的方式来开展。因此，自本线路工程启动以来，将应急救援保障工作作为重中之重，组织专门的后勤保障队伍。施工图定位时根据现场的实际情况，先采用了逐基的地质踏勘调查，再选择代表性地段的塔基进行钻探（图 10-20）、现场土工试验，塔基范围内采用十字交叉方式的地质雷达探测等手段进行地质勘探和地质条件的判（鉴）别描述，并进行相应的记录和分析。天山跨越段施工图勘测工作量见表 10-1，翻越天山段冻土工程条件特征分布情况见表 10-2～表 10-6。

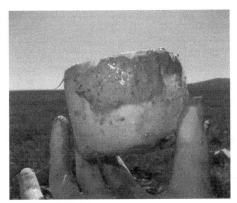

图 10-20　钻孔中纯冰层揭露

天山跨越段施工图勘测工作量　　　　　　　　　　　表 10-1

项目	名称	单位	数量	备注
现场工作	地质调绘（查）	km²	125	
	重点地段勘测调查	点	80	
	现场照片	张	约1000	
	现场视频	个	约20	
	轻型动力触探	个	约50	
	钻孔	个	18	进尺268m
	利用冻土专题钻孔	个	19	进尺285m
	参照冻土专题测温钻孔	个	2	进尺30m
	探井	个	10	

续表

项目	名称		单位	数量	备注
现场工作	地质雷达探测		基	53	测线 104 条
	土壤电阻率		基	257	
	取样	不扰动土样	件	36	
		扰动土样	件	48	
		水样	组	3	
		动力触探试验	次	204	
		含水率	件	244	
土工试验	常规试验	土常规	组	36	
		剪切	组	14	
		变水头渗透试验	组	9	
		击实试验	组	3	
		水的腐蚀性分析	件	3	
		土的腐蚀性分析	件	48	

沿线塔基冻土类型分布　　　　表 10-2

冻土类型	融区	少冰冻土	多冰冻土	富冰冻土	饱冰冻土	含土冰层
塔基数/基	76	23	55	11	10	4
比例	42.5%	12.8%	30.7%	6.1%	5.6%	2.3%

注：统计区段 179 基杆塔。

沿线塔基地温分布　　　　表 10-3

地温/℃	>0（融区）	−0.5~0	−1.0~−0.5
塔基数/基	76	103	/
比例	42.5%	57.5%	/

注：统计区段 179 基杆塔，其他区域有地温低于−0.5℃地段，但塔位处基本接近或大于−0.5℃地温。

沿线塔基冻土上限（融区季节最大冻深）区间分布　　　　表 10-4

冻土上限深度/m	<3	3~6
巴音塔拉北达坂冰川与寒冻风化作用区	100%	/
巴音布鲁克盆地融区	100%	/
巴音布鲁克盆地南侧岛状冻土区	64%	36%
铁力买提达坂冰川与寒冻风化作用区	100%	/

注：统计区段 179 基杆塔，融区地段按最大季节冻深统计。

主要冻土地段冻胀、融沉等级分布 表 10-5

指标等级	I	II	III	IV	V
冻胀比例	1.9%	1.0%	80.6%	12.6%	3.9%
融沉比例	13.6%	56.3%	13.6%	12.6%	3.9%

注：区段内 179 基杆塔，冻胀、融沉统计中不含融区地段，共统计塔位 103 基。

主要冻土地段冻土工程地质综合评价分布 表 10-6

评价等级	良好	较好	不良	极差
塔基数/基	1	74	24	4
比例	1.0%	71.8%	23.3%	3.9%

注：区段内 179 基杆塔，冻土工程地质综合评价统计中不含融区地段，共统计塔位 103 基。

10.4.4 冻土勘测技术应用

伊库线多以高山岛状冻土、冰川退化作用区、寒冻风化问题等为主，其冻土工程问题与青藏直流工程相比，有着相似问题，亦有着众多的不同，主要集中在高温冻土的工程勘察、基础设计选型、冻土保护等理念中，同时对于寒冻风化问题、冰川作用区问题有着很多新的认识和掌握。伊库线本着借鉴青藏直流工程，学习公路冰川作用区建设经验的同时，开展大量科研工作，统筹天山地区高山冻土特性、现场环境和线路工况，采取多种勘测技术手段，完善了冻土勘察技术体系，补足高山型多年冻土短板，开创寒冻风化问题研究，加深冰川退化区工程建设研究与推进，为新疆地区区域联网建设技术攻关起到重要的推进作用。

（1）针对性冻土走廊带专题研究

伊库线的天山穿越段包含冰川、寒冻风化、多年冻土等关键工程技术难题，既相互关联、又相互伴生，为此开展了《伊库—库车 750kV 线路工程冻土、冰川与寒冻作用专题研究》《伊库—库车 750kV 线路工程穿越天山段冻土、冰川与寒冻作用专题研究》《设计风速、覆冰厚度及雷暴特征研究》《雪崩危害及其防治研究》等专题。其中，最为关键的冻土、冰川与寒冻作用专题研究将冰川问题、寒冻风化问题以及多年冻土问题融合在一起进行了集成式的综合勘测和研究，通过研究这些不良地质作用的分布、形成机理、工程性能、工程影响及工程措施等，对线路选线定位、工程勘察设计、施工监理和后期运行监测起到了重要的指导意义。

冻土、冰川与寒冻作用专题研究成果包含了《寒冻风化分区图》《冻土综合分布及分区图》《不良冻土现象分布图》《冰川作用主要分布与分区图》《冻土、冰川与寒冻作用专题研究地质勘察报告》《冻土、冰川与寒冻作用专题研究探地雷达勘察报告》《冻土、冰川与寒冻作用专题研究高精度 3D 激光扫描勘察报告》《冻土勘察的方法和建议》《冻土地质钻探方法和要求》等图册及专项报告。对于冻土与冰川在工程建设领域的深入研究，在电力行业内，甚至岩土工程专业内的科研项目中都具有典型的首创性，对于工程项目在有限的时间内，集中优势科研技术力量完成攻关，既保障了工程项目的顺利开展，又具有较强的指导性，也系统地梳理了高山型多年冻土，尤其是寒冻风化问题。

（2）采用综合物探技术，重点尝试多种型号地质雷达探测技术在冻土工程中的应用

针对新疆天山地区高山型多年冻土地温高、厚度小、热敏感性强的特点，大量采用综合物探技术，尤其是多种型号地质雷达探测技术在多年冻土上限、下限、地下冰分布等探测技术进行重点分析研究与应用，先后采用了加拿大 Ekkopulse pro 雷达、意大利 IDS 雷达、美国 SIR 雷达、瑞典 MALA 雷达 4 个国家不同类型设备进行探测，其优缺点见表 10-7。

不同类型地质雷达在多年冻土中探测的优缺点　　　　表 10-7

地质雷达型号	优缺点
加拿大 Ekkopulse pro 系列	发射功率较大，探测深度也相对较大，在冻土探测的常用频率（50MHz 或 100MHz）为分离式非屏蔽天线，在地形复杂区域数据采集更为灵活，但非屏蔽天线容易受外界金属物体或电磁干扰
意大利 IDS 系列	屏蔽天线，能有效屏蔽外界干扰。具多通道数据采集功能，配合多次叠加数据采集和反演算法能获取更多定量信息，能提高深度探测的精度。测距轮激发方式方便记录测线长度。常用天线频率高，分辨率好，但探测深度较浅
美国 SIR 系列	SIR-20 型号发射功率较大，配置有 100MHz、200MHz、400MHz 等中高频和低频组合天线，其中低频组合天线有 40MHz、80MHz、32MHz、20MHz、16MHz 等多个组合，可以满足多个探测深度要求，以兼顾分辨率和探测深度
瑞典 MALA 系列	MALA 系列配置有 100MHz、250MHz 和 50MHz RTA 非屏蔽耦合天线，100MHz、250MHz 探测分辨率较高，属于屏蔽天线，可以有效屏蔽旁侧来自临近的干扰，50MHz RTA 非屏蔽耦合天线适用于地表坎坷不平和地形起伏较大区域，作业较为灵活方便

在常用地质雷达频率范围内，探测深度通常在 10m 以内，实际深度还取决于地层中的含水率、含盐量及土质类型。雷达信号会受融化的细颗粒和中等颗粒融化层的衰减，粗颗粒土中，信号衰减减小，穿透深度增大，雷达应用条件更有利。在多年冻土区的工程环境应用中常被应用于冻融锋面、活动层厚度、活动层含水率、地层结构及地下冰空间分布的探测中，见图 10-21～图 10-23。

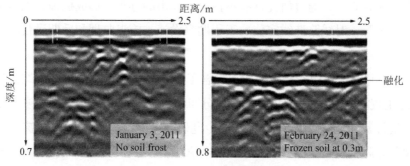

图 10-21　冻结过程雷达图像变化

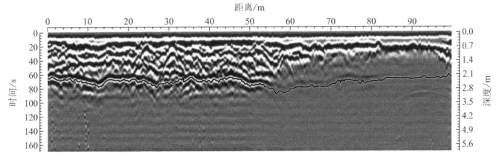

图 10-22　地质雷达勘察多年冻土上限

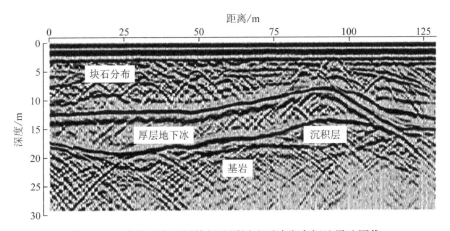

图 10-23　冻胀丘内地层特征及厚层地下冰发育探地雷达图像

（3）冻土钻探

在结合科研课题的情况下，对岛状冻土区地段针对地温测试孔、冻土区边界、冻土上限（下限）、冻融区边界等开展冻土钻探工作，在 127 基（其中 71 基为多年冻土区、56 基为融区）多年冻土杆塔中，进行了 37 基杆塔钻探工作，占比大于 35%，其中对于多年冻土区边缘地段（尤其是跨融区段）、岛状冻土区、冻土下限较浅段工作量布置较大。在高温冻土中，冻土钻探中对于细粒土钻探质量尚可控制，其对于粗粒土冻土钻探质量难以控制，其对于是否为冻土或融区界限判断较为困难，在此基础上采用测量冻土地温来进一步确定。

（4）冻土地温测试

在天山地区结合多年冻土地区工程性能特点以及岩土工程勘测问题，进一步深入应用了冻土地温测试技术，其在粗粒土的冻土边缘地区更好地用于判定冻土边界，见图 10-24。

（5）3D 激光扫描技术对岩屑坡建模的尝试性应用

由于岩屑坡多有碎石滚动下滑风险，在项目科研中尝试性使用 3D 激光扫描技术进行坡体建模。选用北京则泰公司的徕卡 ScanStation C10 进行三维扫描，其属于脉冲式三维激光扫描仪，具有全景测量、高速、高精度、远距离扫描、图形化的控制界面、功能强大的视频/照相采集、一体的数据存储、热拔插内置电池、双轴补偿器等技术特点，见图 10-25。整个系统由地面三维激光扫描仪、数码相机、后处理软件（cyclone）、电源以及附属设备构成，它采用非接触式高速激光测量方式，获取地形或者复杂物体的几何图形数据和影像数据，最终由后处理软件对采集的点云数据和影像数据进行处理转换成绝对坐标系中的空间位置坐标或模型，以多种不同的格式输出，满足空间信息数据库的数据源和不同应用的需要。

　　从扫描结果来看（图 10-26、图 10-27），岩屑坡发育状况与坡度、坡向存在一定的相关性；从岩屑坡发育区域的坡度变化来看，岩屑坡开始发育于坡度大于 20°以上的区域，在坡度 20°~30°的区域内岩屑坡本体具有一定的稳定性，但表层存在一些上部塌落的坠石和滚石；在坡度大于 30°的区域岩屑坡不稳定，处于发育过程。同时，3D 激光扫描技术可降低发育中岩屑坡测量工作的安全风险，也能更多地用于坡体 3D 数字建模。

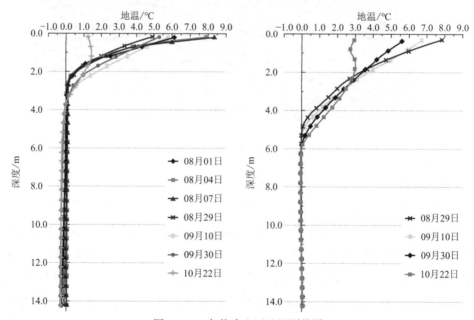

图 10-24　岛状冻土区地温测量图

图 10-25　徕卡 ScanStation C10 三维激光扫描仪

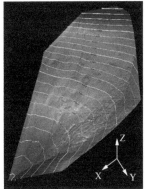

(a) 实景照片　　　　　　　　　　　　　　(b) 3D 扫描结果

图 10-26　铁力买提达坂隧道北口东侧岩屑坡

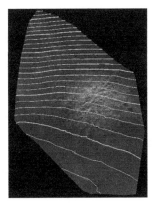

(a) 实景照片　　　　　　　　　　　　　　(b) 3D 扫描结果

图 10-27　铁力买提达坂隧道北口西侧岩屑坡

（6）PFC 法对岩屑坡塔基稳定性建模分析尝试性使用

颗粒流（PFC 法，即 Particle Flow Code）是通过离散单元法来模拟圆形颗粒介质的运动及其相互作用，可以成为模拟固体力学和颗粒流复杂问题的一种有效工具。针对岩屑坡的稳定性验算，在 3D 扫描技术的情况下，尝试性选用 PFC 法模拟岩屑坡自然稳定性、架塔后坡体稳定性模拟计算，对其塔基稳定性进行验证分析。

数值模拟选取垭口北侧岩屑坡（图 10-28）进行验证分析，简化计算断面，坡面坡度 30°~40°，坡高 70m，长度 110~140m，岩屑体厚度 0.5~10.0m。模型将坡体分成基岩和岩屑体两部分，利用基岩面将两部分分开，设定运算过程中基岩保持稳定仅上层岩屑体运动进行模拟分析。利用 PFC 法对天山垭口南侧冰斗岩屑坡和岩屑锥裙类型的岩屑坡进行计算分析，可以验证岩屑坡立塔条件及塔基稳定性作为参考性依据。通过 PFC 法分析以及稳定性评估结果表明，冰斗岩屑坡不稳定，无法立塔；岩屑锥裙等分布面积有限且堆积物厚度不大的岩屑坡通过采取适当的处理措施进行加固整治是可以保证塔基稳定性的。PFC 法从数值模拟的角度分析验证了岩屑坡稳定性评估方向的一种可行性参考方法。

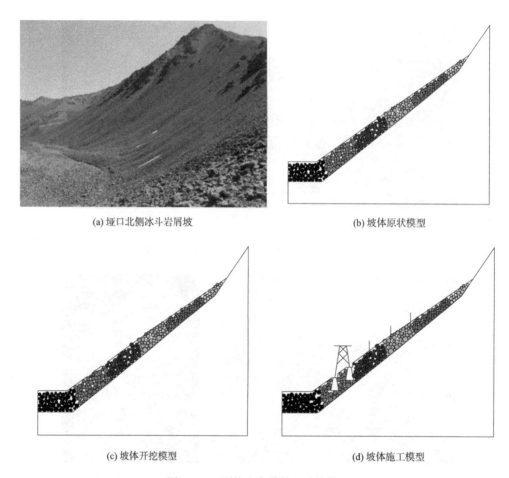

(a) 垭口北侧冰斗岩屑坡　　　　　　　　　　(b) 坡体原状模型

(c) 坡体开挖模型　　　　　　　　　　(d) 坡体施工模型

图 10-28　颗粒流离散单元计算模型

10.5　基础设计

10.5.1　高山多年冻土区基础设计原则

高山多年冻土由多年冻土分布下界往高处，冻土分布的连续性增大，由岛状分布至大片分布再至连续分布，冻土温度逐步减低，冻土厚度逐步增大，具有明显的垂直带性。在制定基础设计原则时，需要根据勘察成果的冻土类型和分布、地温带分类和承载力情况，划分冻土地基冻结状态利用原则、基础选型原则和基础设计原则。

在多年冻土分布的边界附近的塔位，应优先选择各种融区、基岩裸露和粗颗粒土的场地。岛状多年冻土的极不稳定带，在施工的扰动下按照保持地基冻结状态比较困难，宜优先采用允许融化状态和预先融化状态进行设计，而工程中发现的多年冻土层厚度较小、分布较浅、底部为承载力较高的粗颗粒和岩石持力层的情况，可采用开挖板柱基础和桩基础等类型。由于不需要采取保持冻结的措施和要求，该部分塔位可以在适宜的季节组织施工，避免了寒季高山地区常见的大雪等恶劣环境，因此，对全线的基础施工季节安排也需要根据地基冻结状态利用原则进行分段策划。但对于岛状多年冻土区中多层冻土和融土夹杂的复杂地质，以及表层生态脆弱的地段，仍需要考虑优先采用桩基础。

10.5.2　岩屑坡防护与治理

寒冻区的岩屑坡、石海等的滚石会对输电线路和人员安全造成严重威胁（图 10-29），常用的防护方式主要有危岩清除、危石加固、滚石槽、拦石墙、主动防护网系统和被动柔性防护网系统。根据输电线路的特点，常用的有危岩清除、拦石墙和被动柔性防护网系统（图 10-30）。

图 10-29　新疆某输电线路岩屑坡段损伤情况

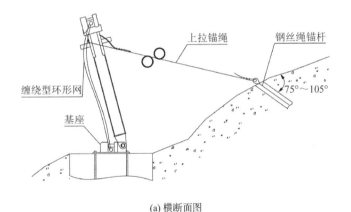

(a) 横断面图

(b) 立面图

图 10-30　被动柔性防护网系统

10.5.3　雪崩防护与治理

伊犁—库车 750kV 输电线路从南向北依次翻越科克铁克山，尤尔都斯盆地和那拉提山，最后从新源县县城附近进入巩乃斯河谷。沿途穿越天山中部和南部山脉及其山间盆地与河谷，地形复杂、高差变化很大，且所经过路段地质地貌情况复杂，植被多样，气象条件也存在较大差异。那拉提山以江布肯得达坂为核心，受风吹雪和冬季雪崩危害影响严重；霍拉山地区以铁力买提达坂为核心的地段则属于高山夏季雪崩危害区。雪崩的工程治理根据其工程特点可分为稳雪工程、导雪工程、阻挡工程和缓阻工程 4 种主要类型。

1）稳雪工程

稳雪工程主要目的是把积雪稳定在山坡上不使其断裂下滑。这种工程设施，一般从雪崩沟槽顶端或山坡源头开始，沿等高线在相邻一定距离内逐级排列修建稳雪台阶、栅栏，分段撑托山坡积雪，改变积雪层的力学性质，将积雪稳定于山坡，不使其移动和滑动而形成连续的运动体。同时，也可阻挡较短距离的坡面积雪滑动。这种工程类型的种类很多，包括稳雪的水平台阶、地桩障、各种结构和材料的稳雪栅栏等。其主要工程有以下几种。

（1）稳雪水平台阶：稳雪水平台阶是在山坡上挖成宽约 1.5m，长短随雪崩区大小而定，间距为 10～20m 的多道式的水平台阶。目的是改变山坡微地貌，增加坡面的摩擦力，增大积雪稳定性。由于山坡上积雪层的蠕变作用，使台阶上的积雪实化，密度增大，山坡积雪的支撑作用增强，人为隔断山体积雪滑动面，破坏了坡面的整体效应，将坡面积雪分割成一个个小块，使个别小块的雪层断裂不致于使整个积雪坡面受到影响，从而减小全坡面雪崩发生的可能性。此工程适应于山坡土层较厚、透水性好、植被自然再生快、坡面角度在 18°～35°、不发生滑坡与泥石流的山坡上。水平台阶工程是预防坡面雪崩发生的一种经济、合理、有效的措施。缺点是不能彻底阻止雪崩的发生，特大雪年份仍会发生一些新雪雪崩。一般水平台阶的宽度约是当地最大积雪深度的两倍。

（2）稳雪栅栏：稳雪栅栏是用钢筋混凝土或轻型钢轨作立柱、柱与柱之间用钢板网或木板连接起来的一种栅栏。其作用与稳雪水平台阶相似，适用于不宜设水平台阶的山坡，如坡面较陡、土层较薄、甚至有些部位基岩裸露或有灌林生长的坡面。栅栏立柱离地面高度一般不超过 2m，柱间距离约为 2m，两排栅栏之间的斜距，可根据当地环境计算得出，一般间距为 8m。此工程的缺点是，一旦大雪年份有雪崩发生，对其有一定的破坏作用，并且随使用时间的延长，工程的立柱、栅网等会有一定损坏，需定期修复。

2）导雪工程

一般设在沟槽一侧，但与雪崩运动主流线斜交或设在输电线路基站上方一侧，通过工程改变雪崩体的运动方向，将雪崩体引导到预定的路径或场地，使其不危害输电线路设施。导雪工程主要是导雪堤，是干砌或浆砌片石或者钢丝笼堆砌起来的构造物。设计时导雪堤的轴线方向应与雪崩主流线方向成锐角相交，交角不宜大于 30°，其长短和设置位置应视当地地形与基站位置而定。堤的高度和长度与雪崩大小有关，雪崩越大，导雪堤越高，一般高度在 3～5m 为宜，夹角越小，导雪堤越长。导雪堤内侧应陡直、平滑，以利于雪崩体流过。设计导雪堤时，应考虑最大堆雪量、雪崩速度、冲击力、雪崩体高度等，据此计算出导雪堤的长、宽、高，基座的深度和宽度。也有人把一种"人"字形的导雪堤称为破雪堤。

3）缓阻工程

缓阻工程是设在雪崩运动区的一种工程，目的是肢解雪崩体。当雪崩运动时，可使雪崩的雪块体互撞，以减缓雪崩运动速度，缩短雪崩抛程，消耗雪崩体能量。此外，还可以阻拦滞留部分雪崩的雪在它的上方堆积，减少雪崩总量。这类工程有土丘、木楔、石楔、储雪坑和挡雪坝等。例如土丘是用当地土石建筑而成的丘状土堆，土丘一般设在沟槽雪崩的主流线上，山坡纵坡在 22°～28°，沟谷较宽，平时无水流。它的有效高度要求超过雪崩的最大锋面高度，雪崩体越大，土丘越高，一般高度为 3～5m，个别达 7m，宽度为 10～14m。据以往经验，其对雪崩的阻挡消能作用效果明显，缺点是不能完全避免雪崩灾害。

雪崩治理中可以采用综合的方法，即多种工程并用，合理设置，综合治理。一般在汇雪区设各类稳雪工程，运动区设缓阻、导雪工程，堆积区设导雪和阻雪工程。对道路危害严重，且雪崩发生频率高的雪崩单元，宜采用防雪崩走廊工程。在各类工程设置时，一定要考虑使其充分发挥最大效应，严格按照各类工程的最佳坡度进行工程设置。

由于输电线路的特殊性，能造成危害的区域不是线状，也不是面状，而是点状。只要把塔基位点防护住，就能避免雪崩灾害，针对这种雪崩危害的特殊性，考虑在每个可能发生雪崩灾害的塔基点设置人字形导雪墙。人字形导雪墙针对性强，综合造价低，防护效果好，比较适合输电线路塔基的雪崩灾害防护。因此，设计时主要从"避"和"护"两方面减少其危害：

（1）选线时，将大部分塔基选在山梁、山脊等正地貌处，避开大部分雪崩危害区域；

（2）对无法避让的可能发生雪崩的塔位设置人字形导雪墙（图 10-31）。

图 10-31　人字形导雪墙

10.5.4　热棒技术应用

伊库线跨越多年冻土区段中 37 基融沉严重地段塔位采用了热棒技术（图 10-32），为新疆地区首次使用。采用热棒可以防止多年冻土融化，降低多年冻土地基的温度，提高多年冻土地基的稳定性，保证建筑物地基在运行期可长期处于设计温度状态。

图 10-32　伊库线热棒使用情况

10.6　主要成果贡献与技术创新

伊库线 6 年安全稳定运行表明，各项关键技术研究对于翻天山线路工程建设和运营有着相当显著的成效，对高山型冻土区类似工程建设都有良好的指导作用。对多年冻土区输电线路勘察、路径选择与优化、基础选型设计与地基处理、塔基稳定性全生命周期评价进行了针对性的研究，获得了一系列研究成果，在此基础上制定的一系列输电线路多年冻土地区勘测设计技术标准，形成了完整的关键技术和指导文件，并在冻土区大量工程中推广与应用，尤其是高山岛状冻土、现代冰川作用区、寒冻风化问题等技术的分析研究。

（1）在高山型多年冻土、现代冰川作用区、寒冻风化问题等方面进一步丰富了多年冻土区输变电工程岩土工程勘察技术体系。伊库线与青藏直流线路不同，新疆地区多年冻土属于高山冻土类型，属典型的岛状多年冻土，具有地温高、含冰率大、热稳定极差的特性，因此，导致天山地区的多年冻土有着更大的复杂性、多变性、敏感性和特殊性。翻越天山达坂处主要为古冰川退化区，其所处环境中寒冻作用极其发育，岩屑坡、刃脊等随处可见，属于首次高等级输电线路穿越古冰川退化区。通过伊库线在高山型多年冻土、现代冰川作用区、寒冻风化问题等方面的研究总结，尤其是在寒冻风化问题的系统梳理，完善了高山型多年冻土、寒冻风化问题等多项多年冻土区岩土工程勘察技术体系内容，对线路穿越内陆高寒山区岩土工程勘察提供了指导性借鉴意义。本工程针对天山地区输电线路的工程特点，对天山地区冻土关键技术问题做了针对性研究，重点研究了古冰川区寒冻作用等工程建设问题，对于古冰川区寒冻作用的研究在工程建设领域属于首次，进一步推动了冻土与冰川工程的研究。

（2）进一步研究了综合物探技术在多年冻土中的应用，尤其是多国多型地质雷达探地技术的应用与推广。在多年冻土"轻迹化"的岩土工程勘察技术中提出广泛性采取综合物探技术的前提下，基于岛状冻土、寒冻风化问题中工作量偏大、交通困难等实际勘测问题，探讨性采用多国多型地质雷达进行探测，对多年冻土边界、冻土上限（下限）、厚层地下冰、碎石层厚度等多年冻土勘察问题进行尝试性区分研究，为多年冻土区综合物探技术应用与推广起到了重要的推动作用，也总结归纳各型地质雷达在高山型多年冻土勘测的优缺点以及实用性。

（3）尝试性使用 3D 激光扫描技术、尝试用敏感因子法和颗粒流法（PFC）对寒冻风化问题中的岩屑坡稳定性问题进行建模、数值模拟及分析评价。高山型多年冻土往往海拔较高，又兼顾寒冻风化问题，对于现代冰川周边特殊的地貌形态难以避免地存在岩屑坡稳定性评价问题，在伊库线中先后尝试使用 3D 激光扫描技术测量正在发育的岩屑坡，通过 3D 激光扫描进行建模分析，有效地降低技术人员安全风险，也较好地完成坡体 3D 建模任务。在 3D 建模条件下，采用颗粒流法进行数值模拟代表性坡体稳定性验证敏感因子法的评价结果，成功地实现了 3D 激光扫描技术、敏感因子评价法和颗粒流数值模拟的定性-定量稳定性评估体系，也在项目中尝试使用了勘测新技术、新方法，取得了较好的成果。

（4）系统梳理总结了新疆高山型冻土基础设计与寒冻风化、雪崩等相关问题的防治，为类似工程建设提供示范性参考。伊库线针对天山地区高山岛状冻土、冰川退化作用区、寒冻风化等问题，系统性分析并创建了高山型冻土区基础选型原则、杆塔基础冻胀融沉防治原则与措施、岩屑坡防治关键技术、雪崩的防护与治理相关细则等，为今后高山型多年冻土、现代冰川退化区、寒冻风化作用区输电线路设计与建设提供了工程示范。

第 11 章

玉树联网工程多年冻土研究与岩土工程

11.1 工程概况

玉树与青海主网 330kV 联网工程是继"电力天路"——青藏直流联网工程之后，又一项建设在雪域高原的重大电网工程。工程由班多—日月山 330kV 线路∏接入唐乃亥工程、唐乃亥—玛多 330kV 输电线路工程、玛多—玉树 330kV 输电线路工程三部分组成，沿线海拔高、严寒缺氧、地质条件复杂、多年冻土广泛分布。该工程海拔高度在 3200～5000m，穿越海拔 4000m 以上线路 482km，是目前世界上海拔最高的 330kV 输变电工程，同时工程处于三江源国家级自然保护区，生态保护要求高。

该工程由西北电力设计院有限公司牵头，由西北电力设计院有限公司和青海省电力设计院共同设计，其中唐乃亥—玛多段由青海省电力设计院负责，玛多—玉树段由西北电力设计院有限公司负责。本工程于 2010 年 4 月底启动前期工作，2012 年 3 月初获得国家发改委核准后启动初步设计工作，并同步开展冻土相关课题。2012 年 5～7 月开展施工图定位工作，2012 年 12 月 31 日线路工程基础施工完成并开展地温和变形监测系统的建立和实施，2013 年 6 月 6 日工程建成投运。

11.2 岩土工程条件简介

输电线路位于青藏高原的东南部，自东北向西南穿越青藏高原三江源区黄河流域北部的广大地区，地形地貌复杂多变。沿线冻土属青藏高原多年冻土区，具有强烈的垂直地带性，多年冻土温度、厚度受海拔高度的控制，海拔越高，温度越低，多年冻土就越厚。主要分布有岛状不连续多年冻土、大片连续多年冻土、多年冻土融区和季节性冻土，沿线地质地貌单元及其冻土分布情况详见表 11-1。

线路沿线地貌、冻土分布情况 表 11-1

分段	地形地貌	塔位号	冻土类型
唐乃亥变—共和二十道班以北	低山丘陵、冲洪积平原	G001～G188	季节性冻土区

续表

分段	地形地貌	塔位号	冻土类型
共和二十道班—花石峡四道班以北	山前坡洪积扇及冰水堆积台地	G189~G302	主要为片状多年冻土区，局部夹融区
花石峡五道班	冲洪积扇平原	G303~G324	多年冻土融区
花石峡六道班—花石峡九道班	冲洪积扇平原、低山丘陵	G325~G412	主要岛状多年冻土区，局部夹融区
花石峡	冲洪积扇	G413~G430	多年冻土融区
十道班—多钦安科郎山	山前缓坡、冲洪积扇	G431~G513	片状多年冻土
多格茸—野牛沟乡	冲洪积扇及低山丘陵	G514~G591、G1001~G1127	多年冻土融区，局部为岛状多年冻土
野牛沟乡—清水河	高山、山前缓坡、山前冲洪积扇	G1128~G1365	以片状、岛状多年冻土为主，局部夹融区
清水河—珍秦乡	冲洪积平原及低山丘陵	G1365~G1447	季节性冻土区

11.3　冻土工程专题研究

11.3.1　专题研究背景与目的

唐乃亥—玛多—玉树线路路径穿越青藏高原多年冻土区，沿线地带海拔高，气候严寒，尤其是多年冻土发育。与具有"电力天路"之称的青藏直流工程中的多年冻土相比，该线路沿线的多年冻土特征更具复杂性、多变性和工程脆弱性，主要表现在：

（1）可借鉴资料少。青藏直流工程走径于青藏工程通道，已有 5 项重大工程的建设经验可借鉴，而该线路沿线仅有国道 214 公路的资料。

（2）分布位置及冻土环境的差异性大。青藏直流工程分布于青藏高原腹部，以片状连续多年稳定性冻土为主，而该线路分布于青藏高原边缘的东南部，气温高、水系发育，且沿线人为活动对冻土的稳定性影响大。因此，冻土类型、含冰率及冻土地温等均变化较大，沿线冻土主要以高温极不稳定冻土为主，这是该线路最明显且最具有挑战性的特点。

（3）关注点不同。该线路沿线虽然有公路的一些资料可借鉴，但由于输电线路工程为点线状工程，基础施工中以破坏冻土为主，而公路/铁路工程为线状工程，路基的垫高主要表现为保护冻土，因此，关注点的不同，使得资料的可借鉴性有限。

基于上述分析，为了解决路径方案优化、科学选择冻土区塔基的基础形式、确保工程安全可靠以及有效控制投资等问题，开展线路沿线多年冻土特征、分布及工程区划研究具有重大的理论和工程实践意义。

11.3.2　主要研究关键技术与成果

唐乃亥—玛多—玉树线路沿线由于冻土环境的差异性以及多年冻土具有的强烈的分异性和复杂性，具有热稳定性差、厚层地下冰和高含冰率冻土所占比重大、对气候变暖反应极为敏感以及水热活动强烈等特性，特别是在高含冰率、高温多年冻土的地带，微弱的工程扰动可能引起冻土工程特性的变化。对于这样一种敏感性极强的介质，工程勘测、设计和施工时都应引起极大的重视，否则将给工程带来极大的危害。为此，针对冻土区输电线路实际需要，主要从如下几个方面开展了冻土的研究工作：

（1）沿线冻土分布类型、分布规律及其特性；

（2）沿线冻土分布工程区划；

（3）沿线冻土层上限及其分布规律；

（4）沿线不良冻土现象类型及分布特征；

（5）代表性地基土的物理力学参数；

（6）沿线输电线路中的冻土工程地质问题；

（7）冻土中适宜的勘测测试方法及施工注意事项。

通过实地调查、资料收集、现场钻探、工程物探、坑探、地温测试及室内试验等多种方法，对输电线路冻土问题进行了深入的研究，取得了输电线路多年冻土的研究成果。

1）对沿线冻土进行工程地质分区，建立了不同区带的冻土工程地质评价成果。

根据沿线冻土分布特征，结合工程区划需要，制定工程分区指标，主要包括多年冻土在平面和垂直剖面上的连续程度、多年冻土年平均地温、多年冻土的含冰特征。根据多年冻土地带性影响因素、地形地貌、年平均地温及含冰特征等，将沿线多年冻土进行三级分区，第一级主要以多年冻土在平面和垂直剖面上的连续程度划分；第二级主要以反映多年冻土的含冰特征划分；第三级则以冻土的热稳定性进行划分，反映多年冻土的物理力学和热学性质等。沿线多年冻土工程地质分区见表 11-2。

沿线多年冻土工程地质分区　　　　　表 11-2

工程地质分区	工程地质亚区	工程地质次亚区
季节冻土	—	—
多年冻土融区	—	—
岛状多年冻土	低含冰率岛状冻土亚区	低温岛状冻土亚区
		高温岛状冻土亚区
	高含冰率岛状冻土亚区	低温岛状冻土亚区
		高温岛状冻土亚区

续表

	低含冰率片状冻土亚区	低温片状冻土亚区
片状多年冻土		高温片状冻土亚区
	高含冰率片状冻土亚区	低温片状冻土亚区
		高温片状冻土亚区

遵循"区内相似、区际相异"的原则，对沿线 594km 路径长度分 33 个工程地质区段，进行了包括地层岩性、多年冻土上限、冻土地温及工程地质条件和相应工程措施处理的研究，形成了沿线冻土工程地质评价成果。

2）编制了沿线带状冻土工程地质图，为保证路径安全、塔位选择、基础优化等提供了依据。

根据沿线地形地貌、海拔高程、地层岩性、冻土的含冰特征，以及冻土的工程类型等，编制了沿线 1∶100000 多年冻土分布图（图 11-1），同时根据沿线地温特征，不良冻土现象发育特征等，编制了 1∶100000 沿线地温及不良冻土现象分布图（图 11-2）。

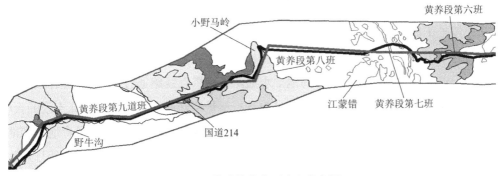

图 11-1　线路沿线典型冻土分布图

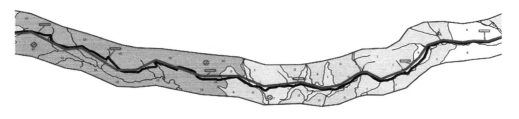

图 11-2　线路沿线典型地温及不良冻土现象分布图

在编图中首先考虑冻土分布的地带性影响因素，其次是考虑区域性因素，以达到反映输电线路沿线多年冻土分布的基本规律及其与主要自然环境因素的生成关系，并依据多年冻土的主要特征进行区划。气温是多年冻土生成与消亡的重要因素，与太阳辐射的关系密切，青藏高原的多年冻土分布与年平均气温有着良好的关系。青藏高原的海拔高度控制着年平均气温值，也就控制着多年冻土的发育和连续性，以及多年冻土年平均地温和厚度。

3）基于沿线不良冻土现象类型及分布特征和发育规律的分析，建立了不良冻土现象发育区的路径绕避原则。

输电线路沿线不良冻土现象较为发育，这对工程的安全，甚至对工程造价都有一定的影响。沿线不良冻土现象主要包括冰幔、冰锥、厚层地下冰、冻胀草丘、水草地及热融湖塘等，见图11-3、图11-4。

图11-3　野牛沟冰幔　　　　　　　　　图11-4　野牛沟冰锥

不良冻土现象对线路的影响主要包括：基础流变移位问题，耐张段及耐张塔布设影响，铁塔档距的影响，对路径优化的影响等。线路不良冻土现象的绕避应遵循，绕避厚层地下冰或从厚层地下冰分布较窄和较薄的地方跨过；应跨越热融湖塘，若无法跨越则宜从热融滑塌体外缘下方通过；线路遇到冰锥、冻胀丘等不良冻土现象时，应以跨越为主，当无法跨越时，应避免在冰锥、冰丘上方的地下水通路上立塔；线路通过多年冻土沼泽地段时，如果铁塔能跨过沼泽地，则选择直接跨过为宜；尽量避开或缩短在不稳定冻土区的长度，细致调整耐张段长度和铁塔档距，选择稳定塔位，尽可能避开冻土现象的发育地域和部位，同时在导线弧垂的设计上也要考虑这些冻害现象的成长性和迁移性；线路选择时应考虑已有建筑物对冻土环境的影响范围，以避让次生不良冻土现象对线路的影响。

4）通过冻土力学特性的专项试验，获得了高温、高含冰率典型冻土地基基础设计参数和力学特性规律。

线路沿线选择4种典型的地基土（角砾、砾砂、粉质黏土、粉土）在不同含冰和含水率状态下进行了包括冻结土、融土的抗剪强度试验，冻胀试验及融沉试验（图11-5、图11-6），获得了冻结土的黏聚力，融化土的黏聚力和内摩擦角，融化土的冻胀率及冻结土的融沉系数和融化压缩系数。

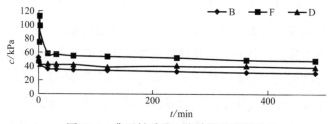

图11-5　典型粉质黏土冻结抗剪强度曲线

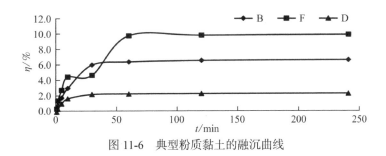

图 11-6　典型粉质黏土的融沉曲线

通过这些试验不仅提供了基础设计过程中的一些参数取值建议，还对高温、高含冰率典型冻土力学特性规律进行了总结，主要包括：

（1）冻土中含冰率的多少是影响冻土抗剪强度的主要因素之一，对于不饱和土，冻土强度是随冰率增大而增大的，但当地基土饱和之后，随含冰率的增加，地基土的强度反而会降低。

（2）粗颗粒地基土由于含有黏粒或细粒成分充填，在融化状态下是有黏聚力的，这与以往只以粗粒进行的试验结果有区别。

（3）密实度越大，融化状态下，地基土的抗剪强度越高。同时，随含水率的增加，融化状态下地基土的抗剪性能降低。

（4）土体的冻胀在一定的含水率区间内，冻胀率是随含水率的增加而增大，在相同密度及含水率工况下，细粒土的冻胀率总体呈现出比粗粒土大的特性。同时对于同一类型的地基土，在相同饱和度条件下，随着密度增加，土体的冻胀率有减小的特性。

（5）含冰率对各类土的融沉性影响很明显，通常情况下，含冰率越高，其融沉系数就越大。地基土的颗粒组成对融沉性也有较大影响，粗粒含量越高，地基土孔隙比越大，融沉特性也越明显。

5）通过冻土区物探测试方法对比研究，形成了高原复杂冻土环境条件下物探方法适用性成果。

沿线开展了一系列的工程物探与钻探的对比试验工作，对所采集的原始数据进行分析处理、对比分析，结合类似工程经验及他人应用研究成果形成了高原复杂冻土环境条件下物探方法选择及适用性成果。

（1）第四系季节冻土区及多年冻土融区探测方法优先选择面波勘探，其次为地质雷达法、对称四极电测深、高密度电法等。

（2）基岩区勘探时应以覆盖层探测及风化带划分为目的，探测方法优先选择面波勘探，其次为地质雷达法、对称四极电测深、高密度电法等。

（3）多年冻土上限的探测优先选择地质雷达法，其次为面波勘探、对称四极电测深或高密度电法等。

（4）多年冻土类型的探测优先选择高密度电法，其次为地质雷达法、面波勘探及对称四极电测深等。

（5）多年冻土与季节冻土存在一定的物性差异，可以利用地质雷达法探测多年冻土与季节冻土的分区界限。电剖面法也是一种行之有效的方法。

6）针对高温冻土热稳定敏感性特点，对典型地段开展地温观测。

多年冻土温度场及其状态是评价冻土地基热稳定性的重要依据。目前常用热敏电阻、热电偶等方法制成测温探头，并将其埋设于钻孔中，对冻土温度开展连续的长期观测，其观测结果对于揭示冻土现象、研究冻土的发育及其变化都具有重要的意义。温度测点从地面起算，5m 深度范围内，按 0.5m 间隔布设温度传感器，5m 以下按 1.0m 间隔布设。测量深度为 15～20m，测量精度为 ±0.05℃（分辨率为 0.01℃），专题研究全线共布设了 8 个地温监测孔，获得了地温监测数据（图 11-7），结合融化进程图进行修正，获得了多年冻土上限值。

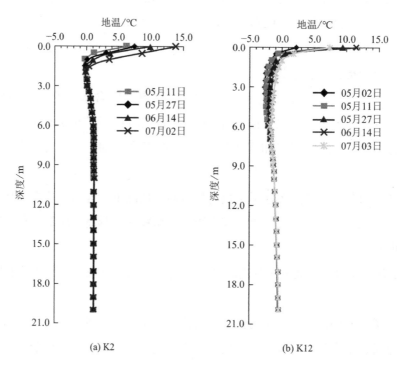

图 11-7　钻孔测温曲线

7）针对高温高含冰率冻土特性，积极、主动保护冻土生态环境。

本工程收集和分析了多年冻土在衰退和冻融循环过程中工程破坏典型案例，总结了多年冻土塔基设计与地基处理、施工与环境保护方面的经验教训，并从保护冻土长期稳定性的角度出发，从地基基础设计、回填材料选用、基坑开挖、施工降排水等相关方面采取了切实可行的工程措施，从施工信息反馈、施工组织管理、输电线路沿线寒区生态和冻土环境的保护等方面提出了建议。

11.4 岩土工程勘测

11.4.1 可行性研究阶段

2010 年 4 月正式启动前期工作，2010 年 8 月完成可行性研究。在可行性研究勘测工作中，针对各个路径方案进行了多方走访收资调查和实地踏勘工作，分派多路人员，踏勘和了解沿线的相关工程经验。重点踏勘研究了玉树变出线段、清水河、珍秦乡、查拉坪、巴颜喀拉山垭口、玛多、星星海保护区、花石峡等影响因素较多的区段。

（1）唐乃亥—玛多段线路：所经地区主要位于青海省海南藏族自治州兴海县和果洛藏族自治州玛多县境内，经现场踏勘，考虑线路走廊、工程地质条件以及施工、运行方便等因素，确定本段整体为一个方案，局部为两个方案。

（2）玛多—玉树段线路：知地到玉树变一带分东、西两个预选方案，其中东方案出玉树变后往东沿 S308 北走线，经结古寺，遇 G214 国道后一直沿国道线走线直至玛多开关站；西方案出玉树变后往西北走线，遇 35kV 玉称线后一直沿该线走线，途径仲达乡、通天河自然保护区、称文公社、称多县，在知地附近遇 G214 国道后与东方案合并为一后直至玛多开关站。对局部段的方案进行了比选，从岩土工程专业角度考虑推荐采用东方案。

在沿线 214 国道的工程实践经验的基础上，结合本工程特点，进一步收集相关工程、气象、冻土分布等资料，分析研究适合本工程的勘测手段及冻土地基基础方案。通过可行性研究阶段的大量工作，初步查明了沿线各路径方案的工程地质条件、冻土类型、分布范围、特性和存在的其他主要工程地质问题，从岩土工程角度推荐了较优的路径方案，确立了该项目的可行性，明确了下阶段勘测工作的重点，确定了开展冻土分布及物理力学特性综合研究。

11.4.2 初步设计阶段

2012 年 2 月开展初步设计阶段工作，勘测任务的重点是进一步收集完善相关资料，在同步开展的《玉树与青海主网 330kV 联网工程冻土特性及勘测评价应用研究》中间成果的基础上，进一步查明拟选线路路径方案的区域地质、矿产地质、工程地质条件和水文地质条件，分区段对路径方案提出具体评价，对特殊路段、特殊性岩土、特殊地质条件和不良地质作用发育地段进行专门的工程地质勘测工作，并做出进一步的岩土工程评价，为选择塔基基础类型和地基方案提供必要的地质资料及建议。

结合冻土科研成果，密切配合设计专业对线路的优化起到了很好的作用，及时调整了巴颜喀拉山垭口附近、查拉坪附近、小野牛沟附近等线路路径方案，线路路径得到了合理的优化，降低了工程费用。

11.4.3　施工图设计阶段

2012 年 5 月启动施工图设计工作，在北京洛斯达公司进行海拉瓦选线工作，对不良冻土现象从航片上首先进行了逐一排查，并区划了重点地段，对于高温高含冰区段进行了重点性规划。充分结合科研课题确定的选线原则，逐基选择具体塔位，重点疑难地段选择了多个杆塔走线方案。根据工程总体进度安排，2012 年 6 月，分多个作业组（含定线定位组、物探测试组及勘探工作组）进行终勘定位与勘测工作。编制了《岩土工程专业技术指南》《勘测大纲》《定位手册》《杆塔工程地质成果一览表模板》等施工图勘测工作指导文件及作业文件，明确了勘测各专业的工作内容及职责，确定了勘测原则、勘测工作方法（尤其是冻土勘测方面）和勘测工作量。在此期间，着重进行了安全教育、各项技术以及日常工作注意事项、对于线路定位过程的各项风险进行了充分评估，策划了劳动保障、医疗保障、生活保障等保障措施。

施工图勘测工作量见表 11-3，冻土区段冻土类型、冻土上限、冻土地温以及冻胀、融沉情况见表 11-4～表 11-6。

施工图勘测工作量　　　　　　　　　　　　表 11-3

项目	名称		单位	数量	备注
资料搜集	区域资料及公路资料		本	4	
现场工作	地质调绘（查）		km²	111	
	重点地段勘测调查		点	400	
	现场照片		张	约 3000	
	现场视频		个	约 20	
	轻型动力触探		个	约 50	
	钻孔		个	165	总进尺 2508m
	利用前期钻孔		个	2	
	地质雷达探测		基	53	测线 104 条
	土壤电阻率		基	660	
	取样	不扰动土样	件	8	
		扰动土样	件	277	
		水样	组	7	
		动力触探试验	次	274	
		标准贯入试验	次	44	
		颗粒分析	件	204	
		含水率	件	478	

续表

项目	名称		单位	数量	备注
土工试验	常规试验	土常规	组	8	
		剪切	组	8	
		压缩	组	8	
		黏粒含量	件	9	
		水的腐蚀性分析	件	7	
		土的腐蚀性分析	件	94	

沿线塔基冻土类型分布　　　　　　　　　　　表 11-4

冻土类型	季节性冻土	融区	少冰冻土	多冰冻土	富冰冻土	饱冰冻土	含土冰层
塔基数/基	271	185	164	247	60	90	9
比例	26.4%	18.0%	16.0%	24.1%	5.8%	8.8%	0.9%

沿线塔基冻土地温分布　　　　　　　　　　　表 11-5

地温/℃	> −0.5	−1.0～−0.5	−2.0～−1.0	< −2.0
比例	65%	15%	20%	0%

注：不包含融区地段。

主要冻土地段冻胀、融沉等级分布　　　　　　表 11-6

指标等级	I	II	III	IV	V
冻胀比例	5%	35%	42%	17%	1%
融沉比例	31%	25%	27%	15%	2%

　　施工图勘测中，进一步分析和总结了桩基础、预制装配式基础、锥柱基础和直柱、掏挖基础等基础形式，总结提出了在基础设计时应根据多年冻土的类别、含冰情况、冻胀和融沉性能、不同基础形式的特点等考虑对基础侧面进行必要的防冻胀措施以及基础防融沉、主动降温等辅助措施。并对多年冻土施工中的建筑材料、施工、回填、热棒工艺、基坑降水、基坑支护等问题进行了相应的分析。

11.5　基础设计

　　本工程途经区域地形较复杂，水文地质条件较差，冻土分布较广，冻土地基中基础形式主要采用了锥柱基础、掏挖基础、直柱基础、灌注桩基础等（图 11-8）。其中灌注桩基础为 296 基，占基础总量的 39.2%，掏挖基础 200 基，占基础总量的 26.5%，直柱基础 217 基，占基础总量的 28.7%；锥柱基础 42 基，占基础总量的 5.6%。

　　本工程设计中对地下水及冻土层上水丰盈的区段较多地采用了灌注桩基础形式，地形复杂和高差大的杆塔采用掏挖基础、高低腿基础形式，施工时对临时道路采取先移植草皮后恢复、地表铺设钢板等措施，都起到保护生态环境的作用，大部分塔基施工后达到"无痕迹化施工"的理念。

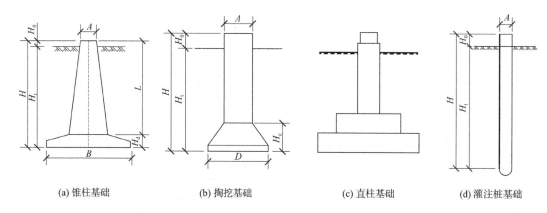

| (a) 锥柱基础 | (b) 掏挖基础 | (c) 直柱基础 | (d) 灌注桩基础 |

图 11-8　冻土基础形式

2021 年 5 月 22 日玛多发生 7.4 级地震，震源距输电线路 1～163 号最近直线距离约 21km，地震烈度 7～8 度，塔基周边由于地震引发的地震地质灾害有砂土液化（图 11-9）、地表破裂。根据《中国地震动参数区划图》GB 18306—2015，该段线路位于地震动峰值加速度（0.10～0.15）g，相当于地震基本烈度属 7 度区。震后 163 基杆塔地质灾害及稳定性调查表明，148 基杆塔塔基为稳定，12 基杆塔为较稳定，3 基杆塔塔基稳定性为稳定差。对受砂土液化影响危害程度中等的杆塔塔基周边需要采取加固措施，地表裂缝需进行回填夯实处理，受地震影响危害程度大的 3 基杆塔需采取应急加固、监测和改造措施，总体来看，工程设计达到了抗震目标。

| (a) | (b) |

图 11-9　塔基周边砂土液化

11.6　冻土监测

11.6.1　冻土塔基监测系统

1）监测系统建立原则

监测系统主要指典型地段、典型塔基的地温及变形观测系统。为保证监测系统作用的有效发挥，监测点的选择根据冻土的类型、稳定性状态、线路关键塔位及薄弱环节等进行，以保证监测系统的覆盖性全而代表性强。总的来说，此次监测系统的建立，主要遵循了如下原则：

（1）冻土地段重点选择高温、高含冰率地段；

（2）关注冻土退化严重的边缘地带；

（3）塔基基础重点考虑锥柱基础，同时兼顾桩基础的传热过程；

（4）塔基类型选择转角塔、耐张塔等重点塔位；

（5）对比分析不同地温、不同塔型状态下杆塔的稳定性。

2）监测场地选择

据工程的实施方案，将全线划分为 6 个标段，分别是唐—玛 1 标、唐—玛 2 标、唐—玛 3 标及玛—玉 1 标、玛—玉 2 标、玛—玉 3 标。根据《冻土特性及勘测评价应用研究》专题成果及全线施工图勘测报告可知，沿线冻土主要分布在唐—玛 2 标、唐—玛 3 标及玛—玉 1 标、玛—玉 2 标 4 个标段，故此次监测系统主要布设在冻土分布的 4 个标段。

3）地温监测点选择

按照代表性强、覆盖面全的原则，首先确立每个冻土标段都有地温监测塔位，在冻土条件相对较差的标段增加 1 基地温监测塔。另外结合各标段塔基基础的类型、分布、比例及各自工程要素等，对锥柱基础选了 3 基、灌注桩基础选了 2 基进行地温监测。

沿线灌注桩设计中，桩长分别有 16m、16.2m、17m 和 20m 4 种，其中 20m 长的桩在地质条件差的转角塔处多见，16m 长的桩在全线分布比例最多，而且埋深相对较浅，因此，在有限的灌注桩监测数量中，经全面对比和综合分析，主要对 16m 和 20m 两种桩长的塔基地温进行监测。

冻土地段的锥柱基础共计 42 基，埋深分别有 4.7m、4.9m、5.2m、5.9m 和 6.2m 几种类型，其中基础埋深 4.7m 共计 26 基，5.2m 共计 11 基。沿线主要以 4.7m 和 5.2m 为主，锥柱基础 3 基塔的代表性选择中主要以这两种为主，见表 11-7。

地温监测各点详细情况一览表　　　　　　　　　　　　　表 11-7

编号	标段	塔基编号	杆塔类型	基础形式	桩长（埋深）/m	冻土类别	地形地貌	地层岩性	天然场地地温/℃	冻土工程地质条件	有无热棒
1	唐—玛2标	G373	直线塔	锥柱	（4.7）	多冰冻土	坡积扇	细砂	−0.2	不良	有
2	唐—玛3标	G491	直线塔	灌注桩	16	含土冰层	冲洪积平原	粉土、粉质黏土	−0.4	极差	有
3	玛—玉1标	J1120	转角塔	锥柱	（5.2）	饱冰冻土	山前缓坡	粉土、角砾、全风化板岩	−0.12	不良	有
4		J1111	转角塔	灌注桩	20	富冰冻土	山前冲积平原	粉土、砾砂、粉砂	−0.02	极差	有
5	玛—玉2标	J1243	转角塔	锥柱	（5.2）	多冰冻土	山麓斜坡	粉质黏土、碎石	−1.3	不良	有

4）地温监测方案

锥柱基础分别对每个基础的回填土、基础底部及距离一个基础 3m 位置的地温进行监测。其中，回填土地温和基础底部地温监测位置选择在基础底部边缘部位，观测深度为超过基础底部 10m，距离基础 3m 位置的监测点测量深度为 15m（图 11-10）。在整个基础施工完成后，测温孔采用钻探进行测温电缆的布设。在每基塔基以外 20m 处布设有一个深 20m 的天然测温孔，放置测温电缆的钢管，以用于对比观测和塔基变形监测的基准点。

对于灌注桩基础，同样对塔基 4 个塔腿的基础进行监测。测温电缆分别对基坑坑壁和距离基础 3m 位置的桩身和桩底地温进行观测。基础观测深度为超过桩身 5m，距离基础 3m 位置的观测孔深度为 20m。同时，塔基以外 20m 处同样设有 20m 深的天然测温孔和变形监测的基准点（图 11-11）。

测温元器件布设时，锥柱基础埋设深度内，0.5m 间隔一个测温点；塔基底部以下部位，1m 间隔一个测温点；灌注桩基础沿桩身，1m 间隔 1 个测温点。

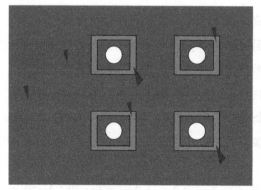

图 11-10　锥柱基础地温监测方案

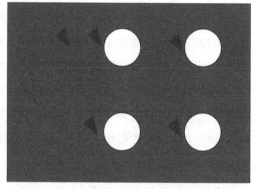

图 11-11　灌注桩基础地温监测方案

5）变形监测方案

变形监测点的选择除了与地温监测点相对应外，还适当在 4 个标段增加了部分点位。共进行 20 基塔位变形监测，其中 8 基有基准点，进行垂直和变形监测，12 基为简易监测，不设基准点，只进行水平位移监测。

根据监测点选择依据、各标段塔基类型及工程地质条件分析，变形监测塔基选择的详细情况见表 11-8，变形监测中正常塔基监测的主要内容为垂直位移和水平位移，垂直位移采用电子水准仪几何水准测量法，水平位移采用全站仪（强制对中）极坐标法。简易监测的塔基主要内容为水平位移，不建立基准点，仅用全站仪进行水平位移监测。

6）塔基监测实施

2012 年 11 月初监测系统进行布设，2013 年 1 月，整个监测系统全部布设完毕，开始正常监测。监测系统实施工作量见表 11-9，实施过程见图 11-12～图 11-14。

变形监测点情况一览表　　　　　　　　　　表 11-8

编号	标段	塔基编号	杆塔类型	基础形式	冻土类别	地形地貌	地层岩性	天然场地温/℃	冻土工程地质条件	备注
1	唐一玛2标	G321	直线塔	直柱基础	季节	冲洪积平原	粗砂	—	一般	简易监测
2		G341	直线塔	灌注桩	富冰饱冰	冲洪积扇	粉土、角砾	−0.2	不良	简易监测
3		G360	直线塔	灌注桩	多冰富冰	山前倾斜平原	粉土、角砾	> −0.5	不良	简易监测
4		G373	直线塔	锥柱	多冰冻土	坡积扇	细砂	−0.2	不良	正常监测
5	唐一玛3标	G479	直线塔	灌注桩	含土冰层	冲洪积平原	粉土、黏土	−0.4	极差	简易监测
6		G483	转角塔	灌注桩	含土冰层	冲洪积平原	粉土、黏土	−0.4	极差	简易监测
7		G491	直线塔	灌注桩	含土冰层	冲洪积平原	粉土、粉质黏土	−0.4	极差	正常监测
8		G555	转角塔	直柱基础	多冰冻土	丘陵	粗砂、角砾	−0.3	一般	正常监测
9	玛一玉1标	J1027	转角塔	灌注桩	少冰冻土	冲积平原	砾砂、粉质黏土	−0.09	不良	简易监测
10		Z1045	直线塔	灌注桩	饱冰冻土	山前平地	粉（细）砂、砾砂	−0.09	极差	简易监测
11		J1111	转角塔	灌注桩	富冰冻土	冲积平原	粉土、砾砂、粉砂	−0.02	极差	正常监测
12		J1120	转角塔	锥柱	饱冰冻土	山前缓坡	粉土、角砾、全风化板岩	−0.12	不良	正常监测
13		J1167	转角塔	掏挖基础	多冰冻土	缓坡上部	粉质黏土、板岩	−0.27	良好	简易监测
14		J1188	转角塔	灌注桩	含土冰层	高台地	腐殖土、砾砂、粉土	−1.8	极差	简易监测
15		J1224	转角塔	锥柱	饱冰冻土	高阶台地	粉质黏土碎石	−1.8	不良	正常监测
16	玛一玉2标	J1243	转角塔	锥柱	多冰冻土	山麓斜坡	碎石	−1.3	不良	正常监测
17		J1266	转角塔	灌注桩	含土冰层	冲洪积平原	角砾、碎石	−0.43	极差	正常监测
18		Z1272	直线塔	灌注桩	富冰冻土	山前冲积扇	粉土、粗砂、角砾	−0.43	不良	简易监测
19		J1287	转角塔	灌注桩	饱冰冻土	冲洪积平原	粉质黏土、角砾、碎石、花岗岩	−0.43	一般	简易监测
20		J1363	转角塔	掏挖基础	季节冻土	丘陵	粉质黏土、板岩	—	一般	简易监测

监测系统实施工作量　　　　　　　　　　表 11-9

项目		数量	项目		数量
测温孔	/个	30	测温元件	/个	675
基准桩	/座	13	筛分	/组	6
地质钻探	/m	809	含水率	/组	30
数采仪	/台	5	扩展箱	/台	10
电池	/块	15	数采仪保护箱	/个	15
电池充电器	/台	2	基准桩保护箱	/个	13
无线路由器	/台	1	数据接收机	/台	1
测温管	/m	550	钢管标	/m	260
电子水准仪	/套	1	全站仪	/套	1

图 11-12　地温数据采集仪器

图 11-13　地温采集系统安装

图 11-14　变形观测

11.6.2　地温监测主要成果

1）地温监测曲线

地温监测系统于 2013 年 1 月初开始运行，2013 年 1 月 15 日获得第一批监测数据，共获得 12 个月共 12 批次监测数据，塔基典型地温曲线见图 11-15，锥柱基础、灌注桩基础典型地温场见图 11-16～图 11-18。

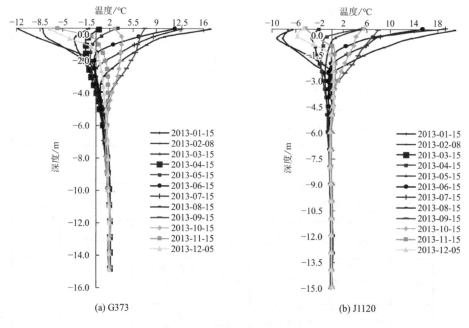

(a) G373　　　　　　　　　　　　　　　　　(b) J1120

图 11-15　塔基典型地温曲线

（1）唐—玛 2 标锥柱基础

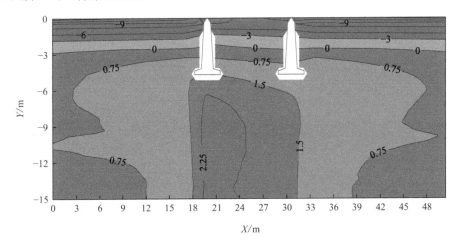

(a) 2013 年 1 月 15 日

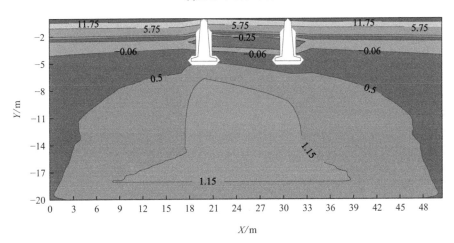

(b) 2013 年 6 月 15 日

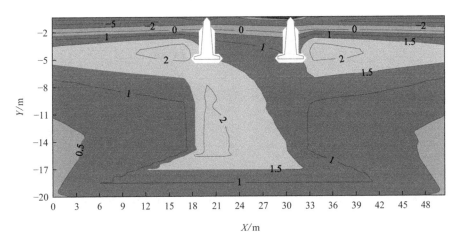

(c) 2013 年 12 月 5 日

图 11-16　G373 塔基地温场

（2）唐—玛 3 标灌注桩

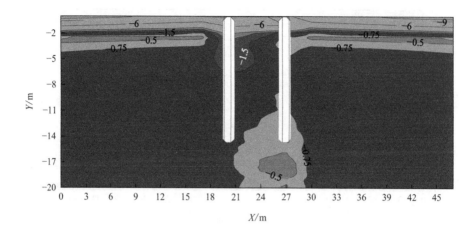

(a) 2013 年 1 月 15 日

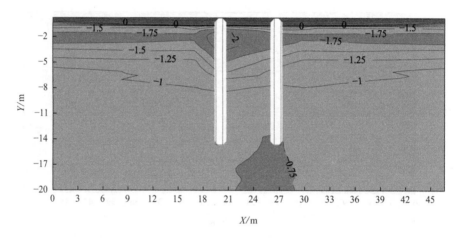

(b) 2013 年 5 月 15 日

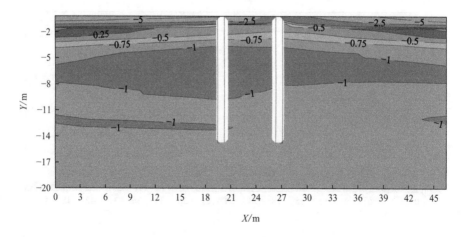

(c) 2013 年 12 月 5 日

图 11-17　G491 塔基地温场

（3）玛—玉 1 标灌注桩基础

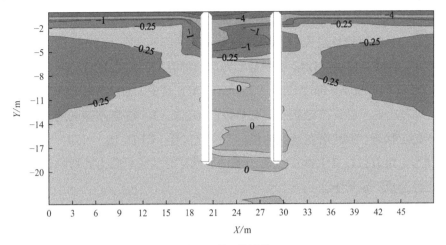

(a) 2013 年 1 月 15 日

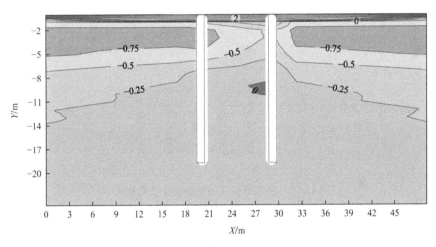

(b) 2013 年 6 月 15 日

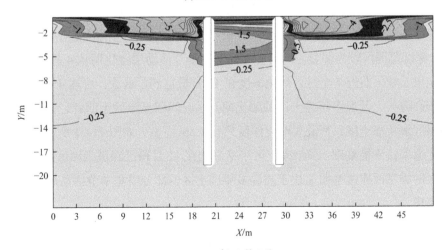

(c) 2013 年 12 月 5 日

图 11-18　J1111 塔基地温场

2）地温监测结论

监测系统运行了一个冻融循环周期，通过分析监测资料，可得出如下结论：

（1）在近一个冻融循环过程中，G373 塔基基础底部温度在 1.01～1.77℃，还处于未冻结状态；G491、J1111、J1220、J1243 塔基基础底部的地温均为负值，分别为 −0.84～−0.83℃、−0.10～−0.08℃、−0.86～−0.21℃、−1.77～−1.5℃。其中，J1111 基础底部多年冻土地温仍然较高，地基土处于临界冻结状态，而 G491、J1220、J1243 塔基基底地温较低，多年冻土处于基本稳定状态。但从塔基基底地温动态变化过程（图 11-19）可知，地基土仍未处于完全冻结状态（如 J1111、J1120），随着地温的波动，对基底承载力的影响较大，进而会对塔基的稳定性造成一定影响。

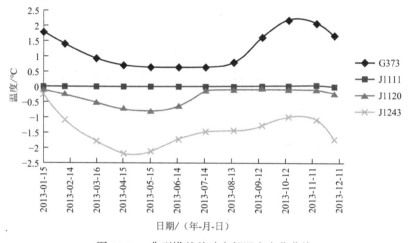

图 11-19　典型塔基基础底部温度变化曲线

（2）与天然场温度对比，灌注桩基础底部及周围地基土增温幅度较小，锥柱基础底部及回填土的升温效应较明显，升温幅度接近甚至大于 0.5℃，其原因主要源于采用大开挖方式，对冻土环境影响大有关；同时，回填土质量问题也可能引起锥柱基础地温升高。

（3）各塔基的地表温度和大气温度具有很好的正相关性，大气温度对塔基地温的影响在地表 2m 深度范围内较为明显。高温多年冻土区季节活动层融化期从 4 月开始，到 10 月份融化期结束，融化期近 7 个月，融化深度在 10 月份达到了最大，可达 4.5m，如图 11-20 所示。处于高海拔、低温多年冻土区的融化期开始时间明显滞后于前者，并且融化速率明显低于高温区多年冻土区，其最大融化深度只有 1.5m 左右，如图 11-21 所示。锥柱基础地基土的融化速率快于桩基础。多年冻土区塔基基础在 11 月份已经进入回冻期，高海拔低温多年冻土区的塔基回冻速率明显快于高温多年冻土区，部分塔基季节活动层仅经过 2 个月已经回冻完毕。

（4）在高温极不稳定冻土区中，基础的施工以及其他人为活动的影响，使得多年冻土上限明显下移，如 J1120 塔基。在多年冻土边缘地带，部分区段的多年冻土可能变成了季节性冻土，如 G373 塔基。

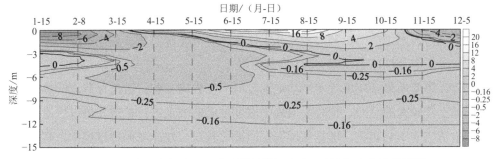

图 11-20　高温多年冻土区典型塔基塔腿地基土地温年变化等值线图

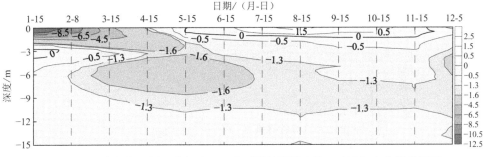

图 11-21　高海拔、低温多年冻土区典型塔基塔腿地基土地温年变化等值线图

3）地温场变化特征

（1）不同基础形式

锥柱基础与灌注桩基础的差别主要体现在施工工艺、埋置深度、基础形式三个方面。锥柱基础施工主要采取明挖施工，混凝土浇筑成型后，进行回填土的密实回填；而桩基础主要采取旋挖等成孔后直接进行混凝土灌注，而不存在回填问题。锥柱基础埋深较浅，埋深约为5m，而灌注桩基础埋深普遍在 15m 左右。锥柱基础与灌注桩基础均破坏了多年冻土的热平衡，但锥柱基础的平均桩径较其他基础大 50%，锥柱基础的影响效应和范围明显大于灌注桩基础。锥柱基础明挖施工使得基础周围的多年冻土长时间暴露，导致地基多年冻土物理力学性质发生改变；若基础回填过程中存在回填不密实问题，则会造成地表水极易渗入，热侵蚀作用将影响多年冻土赋存，对塔基地温变化过程产生重要影响。灌注桩基础埋置较深，施工快速，对多年冻土的热干扰小得多。上述因素使得锥柱基础底部以及塔基周围地温的升温效应比较明显；在融化深度方面，锥柱基础周边土体的融化深度一般大于天然场的融化深度，灌注桩桩周土体的融化深度一般与天然场保持一致，如图 11-22 所示，J1111 和 J1120 塔基冻土条件相差不大，J1111 塔基为灌注桩基础，在暖季，塔基周边土体和天然场融化深度除 6 月份外基本一致，而 J1120 锥柱基础塔基的融化深度比天然场深 2.5m。

（2）不同冻土条件

不同冻土条件主要在于冻土类型或含冰率的差异，以及冻土年平均温度状况等。本次塔基地温监测覆盖了多冰冻土、富冰冻土、饱冰冻土以及含土冰层。年平均地温的状况受海拔高度控制，除 J1243 塔基外，其他 4 基塔的年平均地温均大于−0.5℃，为高温极不稳定冻土区，所处的冻土环境极易受到施工及气温干扰，影响地基多年冻土的赋存。在多年冻土区边缘地带，人为活动影响对多年冻土环境的影响非常明显，有些区段的多年冻土可能暂时性变成了季节性冻土（如 G371 塔基附近）。

而 J1243 塔基所处多年冻土年平均地温较低，工程施工和营运过程造成的热扰动，由于塔基周围土体较大的温差，很容易向周围温度较低的冻土进行扩散，可以快速消除工程活动对冻土造成的不利影响，塔基基础底部回冻比较快，在冻融循环过程中，其融化开始的时间明显滞后于高温多年冻土，并且融期跨度的时间比高温多年冻土短。

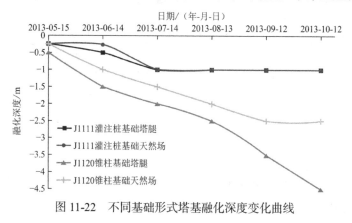

图 11-22　不同基础形式塔基融化深度变化曲线

（3）多年冻土人为上限变化特征

多年冻土的天然上限是指多年冻土顶面的埋藏深度，由于天然上限是历史过程中地表与大气（太阳辐射）热量交换的结果，是地表辐射-热量平衡的产物，因此具有相对的稳定性。塔基基础施工，使原有地表的草皮、植被等遭到破坏（图 11-23），改变了原天然地面地热平衡特性，同时塔基基础回填土的密度、含水率（图 11-24、图 11-25）等物理力学特性与原天然地面不同，这些因素都有可能导致多年冻土上限位置发生变化。

一般情况下，冻土地温越高，人为上限越大。以 J1120 塔基为例，其天然场年平均地温为−0.12℃，为高温极不稳定冻土区，10 月份其最大融化深度达到 4.5m，而天然场的最大融化深度只有 2.5m，人为影响达到 2m。

人为上限除了与冻土地温有关外，还与活动层的岩性和含水率以及基础形式有关。J1111 塔基其天然场年平均地温为−0.02℃，年平均地温比 J1120 塔基高，冻土条件比 J1120 塔基还差，但 10 月份其天然场地的冻土上限和塔基基础周围冻土的人为上限基本一致，并没有出现多年冻土上限下移现象。这其中的原因在于：①J1111 塔基周围主要由砾砂和粉质黏土组成，粒径比 J1120 塔基（碎石）小，碎石的导热系数明显比前者高，更有利于热量的传导，暖季可以加速融化；②J1111 塔基活动层物质的含水率也比后者高，导致暖季前者的融化速率比后者慢；③J1111 主要为桩基础，基础的扰动引起的增温效应比后者小。

高海拔低温高含冰率冻土区塔基在一定的外在条件下，人为上限深度增加。J1243 塔基多年平均地温−1.3℃，其天然场地冻土上限−0.3m，而经工程扰动后多年冻土上限达到了−1.0m，这其中与天然场地草皮植被遭到破坏以及其他人为活动影响应有一定的关系。

图 11-23　J1243 塔基场地地表情况

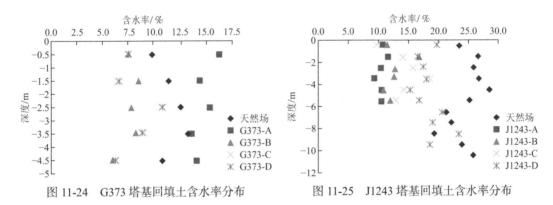

图 11-24　G373 塔基回填土含水率分布　　　图 11-25　J1243 塔基回填土含水率分布

（4）热棒对温度场的影响

本线路中多年冻土区塔基周围均埋设热棒。在经历了近一个冻融周期后，多数场地塔基周围土体温度没有表现出明显降低的特性。J1111 塔基基础底部的温度仍然在−0.08～−0.10℃，基本上处于零度相变区附近；G373 塔基周围地温比天然地温场要高近 2℃。分析其原因主要在于，受热棒安装完成影响，热棒工作时间较短，没有经历一个完整的冬天；塔基施工过程和混凝土水化热产生的热量都会导致较大程度热量的积累；施工过程冻结层上水的富集，以及相变放热过程产生的热量等导致塔基需要较长时间的散热过程，热棒表现出的降温效能不明显。

11.6.3　变形监测成果

1）塔基变形曲线

各塔基的竖向变形以及水平变形随时间变化曲线如图 11-26～图 11-53 所示。

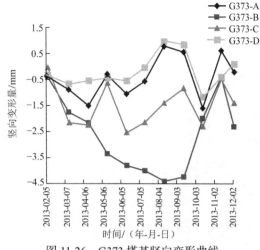

图 11-26　G373 塔基竖向变形曲线

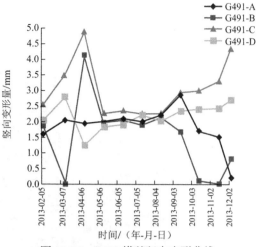

图 11-27　G491 塔基竖向变形曲线

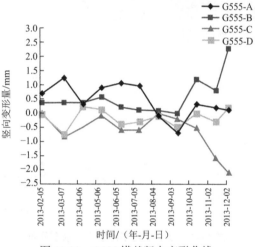

图 11-28　G555 塔基竖向变形曲线

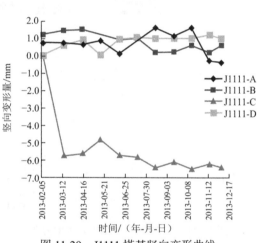

图 11-29　J1111 塔基竖向变形曲线

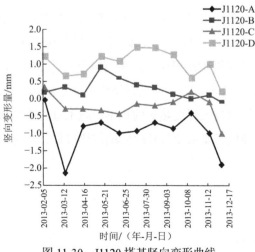

图 11-30　J1120 塔基竖向变形曲线

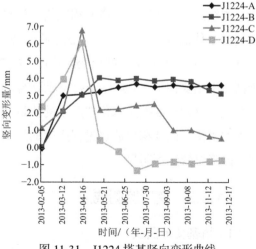

图 11-31　J1224 塔基竖向变形曲线

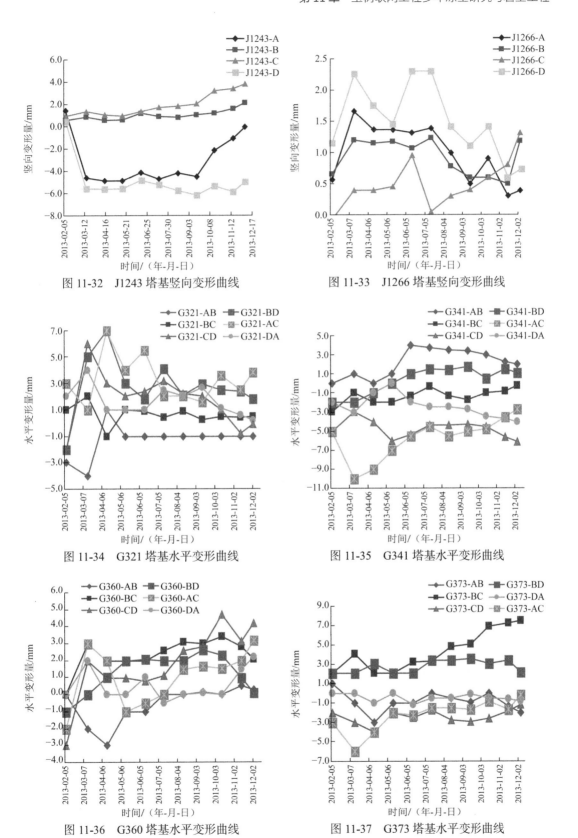

图 11-32　J1243 塔基竖向变形曲线

图 11-33　J1266 塔基竖向变形曲线

图 11-34　G321 塔基水平变形曲线

图 11-35　G341 塔基水平变形曲线

图 11-36　G360 塔基水平变形曲线

图 11-37　G373 塔基水平变形曲线

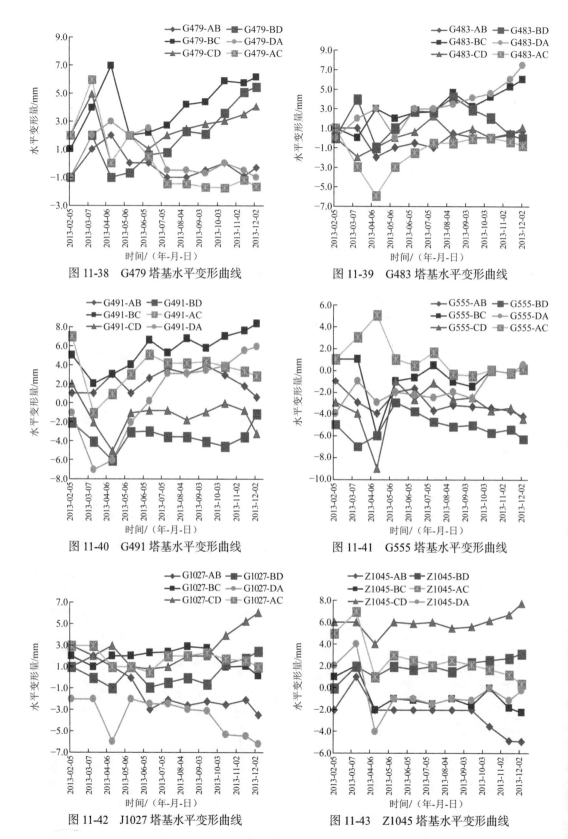

图 11-38　G479 塔基水平变形曲线

图 11-39　G483 塔基水平变形曲线

图 11-40　G491 塔基水平变形曲线

图 11-41　G555 塔基水平变形曲线

图 11-42　J1027 塔基水平变形曲线

图 11-43　Z1045 塔基水平变形曲线

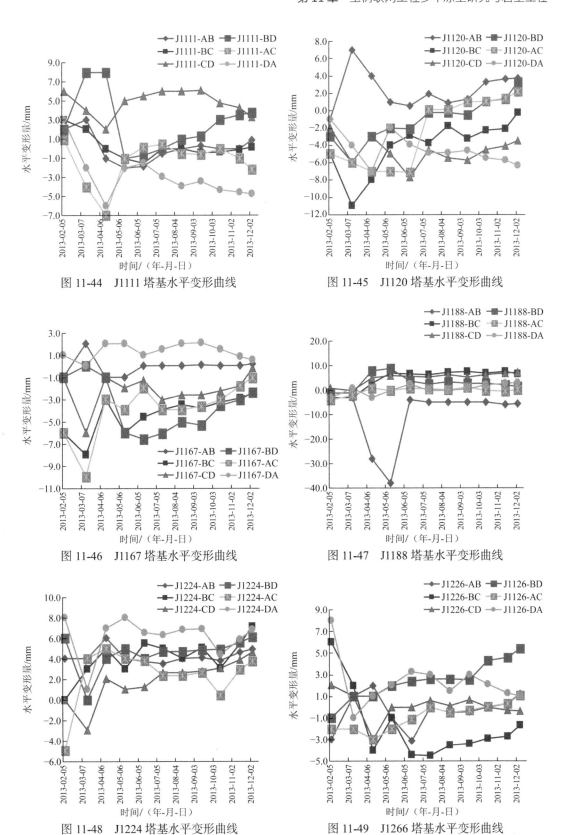

图 11-44　J1111 塔基水平变形曲线

图 11-45　J1120 塔基水平变形曲线

图 11-46　J1167 塔基水平变形曲线

图 11-47　J1188 塔基水平变形曲线

图 11-48　J1224 塔基水平变形曲线

图 11-49　J1266 塔基水平变形曲线

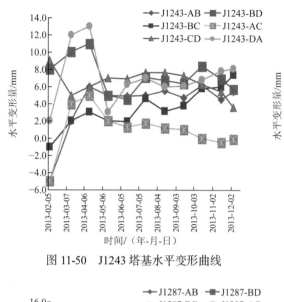

图 11-50　J1243 塔基水平变形曲线

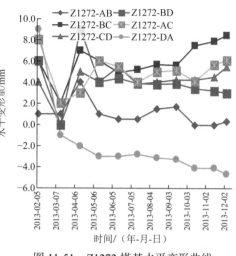

图 11-51　Z1272 塔基水平变形曲线

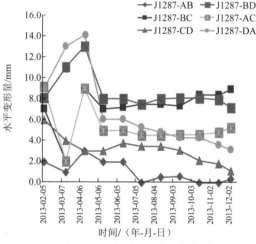

图 11-52　J1287 塔基水平变形曲线

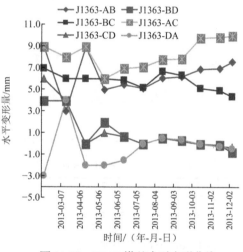

图 11-53　J1363 塔基水平变形曲线

2）塔基变形特征

（1）塔基竖向变形特征

①沉降变形。J1111 塔基沉降变形较为明显。J1111 塔基位于富冰冻土区，年平均地温为−0.02℃，冻土条件极差，为高温极不稳定冻土，该塔基周围冻土主要由砾砂和粉质黏土组成，设置有热棒，总体呈现为沉降变形。其中：2013 年 3 月份总变形量为 2～6mm，塔腿间差异沉降量最大达到 7.2mm；2013 年 4～5 月份沉降变形有减少趋势，进入 5 月份以后，各塔腿沉降整体表现为波动变形，总沉降量在 1～7mm，但塔腿之间的差异变形量均没有超过 10mm（图 11-54）。造成这种现象的原因主要为基底持力层处于零相变区（图 11-55），冻土强度十分薄弱，承载力较低，在上部荷载作用下易发生蠕动变形。

②冻胀。以 J1243 塔基为例。J1243 塔基为高海拔、低温、高含冰率冻土区，冻土工程

条件极差，监测系统布设时，塔基附近有出水现象。因此，在冬季随着地温变化，基底或回填土体积的变化会使基础发生冻胀变形。2013 年 10 月开始进入冬季后，塔基的冻胀变形较为明显，整体变形量在 5mm 左右，塔腿之间的差异变形量最大达到 8.8mm（图 11-56）。

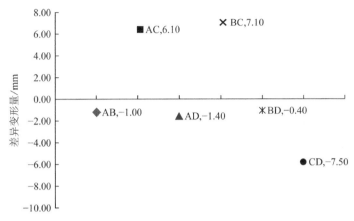

图 11-54　J1111 塔基 12 月份塔腿垂向差异变形量

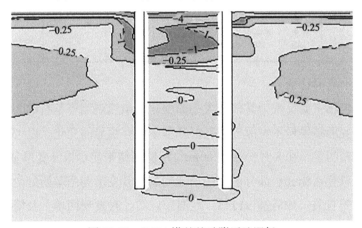

图 11-55　J1111 塔基基础附近地温场

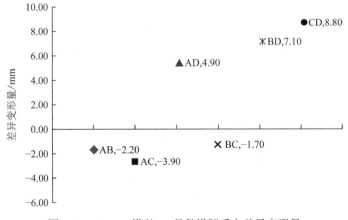

图 11-56　J1243 塔基 12 月份塔腿垂向差异变形量

③差异变形。由表 11-10 可知，处于不同冻土类型的各类塔基累积变形绝大部分小于

3mm，最大达到 4.4mm。虽然塔基结构形式对差异沉降较为敏感，但塔腿之间的差异变形量均没有超过 5mm。

监测标段塔基 12 月份垂向差异变形成果　　　　表 11-10

塔基编号	杆塔类型	基础形式	冻土类别	地形地貌	地层岩性	天然场地温/℃	塔腿最大累积变形量/mm	塔腿最大相对变形量/mm	塔腿最大差异变形量/mm
G373	直线塔	锥柱	多冰冻土	坡积扇	细砂	−0.20	−2.3	−1.8	2.4
G491	直线塔	灌注桩	含土冰层	冲洪积平原	粉土、粉质黏土	−0.40	4.4	−1.3	4.2
G555	转角塔	直柱基础	多冰冻土	丘陵	粗砂、角砾	−0.30	2.3	1.5	4.4
J1120	转角塔	锥柱	饱冰冻土	山前缓坡	粉土、角砾、全风化板岩	−0.12	2.1	−0.9	4.0
J1224	转角塔	锥柱	饱冰冻土	高阶台地	粉质黏土、碎石	−1.80	3.5	−0.2	4.3
J1266	转角塔	灌注桩	含土冰层	冲洪积平原	角砾、碎石	−0.43	1.3	0.7	0.9

（2）塔基水平变形特征

塔基的水平位移主要反映为其根开大小的变化，虽然观测塔基有的为转角塔、有的为耐张塔，但塔基变形结果显示大部分塔基根开基本没有明显的变化。以 G373 为例，虽然竖向差异变形比较明显，在 8 月份达到 6mm，但监测结果显示根开变形基本不大，8 月份根开变形最大值只有 4.8mm。部分塔基的塔腿间的根开变形与塔基所处的冻土条件、地形地貌及地温变化等有关。如塔基 J1243，地温布设钻孔时发现回填土及塔基底部一定深度范围内含水率较高，且塔基所处位置存在明显的坡度（图 11-57），因此在地形、含水率以及塔基重力等综合影响下，导致了塔腿间在观测初期出现了水平位移，但随着后续处理措施的跟进，塔基的水平变形得到了有效控制，未再进一步出现大的变形。

图 11-57　J1243 塔基现场情况

从根开变形的绝对数值上看，最大值是 J1188 的 AB 根开变形（图 11-58），在 5 月份水平变形量达到 38mm，到 6 月份由于采取措施，其根开减少到−4mm。各标段 12 月份塔基水平变形监测成果见表 11-11，唐—玛 2 标、唐—玛 3 标、玛—玉 1 标 3 个标段大部分观测塔基根开变形在−4～4mm 范围内，根开最大值在 7mm 左右；玛—玉 2 标各观测塔基的水平变形整体上比前 3 个标段大，将近 1/3 塔基基础的水平变形量在 6mm 以上，其中 J1363 塔基的根开变形达到了 10mm；各标段观测塔基塔腿的根开相对变形绝大部分小于 2mm，塔基的水平变形处于稳定发展阶段。

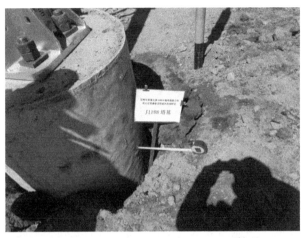

图 11-58　J1188 塔基 5 月份 B 腿监测情况

各标段 12 月份塔基水平变形监测统计成果　　　　　　　　表 11-11

变形及分析	标段及基础形式										
	唐—玛 2 标			唐—玛 3 标		玛—玉 1 标			玛—玉 2 标		
	直柱基础	灌注桩基础	锥柱基础	直柱基础	灌注桩基础	掏挖基础	灌注桩基础	锥柱基础	掏挖基础	灌注桩基础	锥柱基础
最大水平变形量/mm	3.8	6.1	7.4	6.3	7.5	2.5	7.5	7.1	10	8.9	8.1
变形分析	87.5%的塔基基础水平变形量在−4～4mm，8.3%的基础水平变形量在 6mm 以上			58.3%的基础水平变形量在−4～4mm，20.8%的基础水平变形量在 6mm 以上		64.2%的基础水平变形量在−4～4mm，21.4%的基础水平变形量在 6mm 以上			50%的基础水平变形量在−4～4mm，26.7%的基础水平变形量在 6mm 以上		

11.6.4　总体稳定性评价

（1）在经历了近 1 个冻融循环过程后，塔基底部及回填土处于未冻结、临界冻结、冻结三种状态；即使是冻结状态，基底温度始终处于波动过程，基础底部的回冻还处于不稳定状态，还需要进行长期监测。

（2）塔基基础施工，打破了原有的热平衡，引起多年冻土上限下降。在多年冻土边缘区以及过渡区，扰动后的部分区段可能出现了多年冻土的暂时性退化现象，这种状况对基础，尤其是锥柱基础的稳定性十分不利。

（3）在近1个周期的冻融循环中，塔基竖向和水平变形规律整体上不明显，大部分塔基竖向变形呈现不均匀变形特点，塔基塔腿根开的方向变化交替出现，竖向和水平变形仍然处于紊乱无秩序状态，塔基变形到达稳定阶段所需的时间较长，基础的稳定性还难以做出明确判定。

（4）塔基的变形受多种复杂因素的影响，由于监测时间短，目前地温与变形对应关系特征不是很明显，仅个别塔基在地温升高和降低的过程中出现沉降以及冻胀变形，塔基变形与地温间的关系需要长期的监测数据作支撑。

（5）少部分塔基由于回填土质量及含水率较高，在冻融循环过程中，初期出现了根开变大以及各塔腿间差异性沉降较明显的特性，但随着后续一些措施的跟进，变形得到了有效控制。

11.7　主要成果贡献与技术创新

（1）作为灾后重建保障的玉树与青海主网330kV联网工程，在勘测过程中强化组织管理，战胜了极其恶劣的高原自然环境条件，攻克了高原高海拔高温多年冻土的勘测与评价、地基处理与基础设计、施工与监测等众多难题，为项目的顺利实施提供了重要的技术支撑。

（2）通过搜集已有资料和专题研究，结合现场调查、钻探、室内专门试验以及现场地温测试等方法，对青藏高原东南部工程走廊内冻土的类型、类别、多年冻土上限及其分布规律进行了系统研究；编制了工程走廊内冻土分布图和不良冻土现象图。为宏观认识沿线冻土分布特征，路径规避不良冻土现象、基础形式合理选择以及指导工程勘测、设计和施工都具有重要的指导意义。

（3）以冻土工程地质区段划分为基础，做到了线路路径和杆塔位置的2层次优化选择。经数次优化后的路径长度缩短了约16km，通过对比不同基础形式对不同冻土类型的适应性，力求在保证塔基合理、稳定的同时，减小对地基土的扰动影响，避免大开挖对周边环境造成的影响及植被破坏，有效降低工程投资，取得很好的经济效益和社会效益。

（4）根据沿线冻土工程地质条件、塔基基础形式、关键塔位等具体情况，首次在线路走廊内建立集地温和变形一体化的自动监测系统，为工程的安全、可靠运行"保驾护航"。通过对塔基周围回填土、冻土的温度、变形等进行重点监测，获取了很多有价值的数据。通过这些关键数据的分析，对于塔基稳定性的变化趋势做出了准确把握，并对可能出现的工程病害提早做出科学预防和诊断，监测系统的建立对输电线路塔基稳定性的预测、预警、问题分析等提供了重要保证，避免危及塔基安全因素的隐患发生。

第12章

青海拉脊山750kV输电工程多年冻土研究与岩土工程

12.1　工程概况

　　青海拉脊山是贵德与湟中的界山，由西向东蜿蜒，海拔一般在3200m以上，最高峰海拔4524m。拉脊山属于祁连山东脉，据《中国冻土区划及类型图》，祁连山区属青藏高原区，阿尔金山—祁连山高寒带山地多年冻土区（Ⅲ₁），多年来对祁连山北麓多年冻土的特征进行了研究，其多年冻土下界海拔为3170～3390m，冻土厚0～23m，地温为−0.05～0.05℃，属高温极不稳定型，而拉脊山属于祁连山南麓，受经济条件限制、工程建设缺乏和山区交通不便等因素影响，对该地多年冻土的研究较少，使得该地段的工程建设面临不小的挑战。

　　2014年以来，国家电网公司在青海海南州至西宁相继建设Ⅰ、Ⅱ、Ⅲ回750kV输电工程（图12-1），为青海—河南±800kV特高压直流输电工程的电源配套工程，工程的建设满足了黄河上游水电站群分散接入、可靠送出的要求，加强了青海南部750kV网架结构，提高了750kV网架送电能力，促进了地区太阳能开发。三条输电线路工程均在拉脊山走线，其中Ⅰ回西宁—玛尔挡750kV线路、Ⅱ回青海海南750kV输变电工程（直贺曲—西宁变Ⅱ回线路工程）由西北电力设计院负责勘测设计，分别于2014年9月、2018年7月完成施工图定位勘测，Ⅲ回750kV海南—西宁Ⅲ回线路工程（县道303—拉脊山段）由陕西省电力设计院负责勘测设计，于2019年1月完成施工图定位勘测。在长度130km的路径中，拉脊山段的13～15km线路位于岛状多年冻土区，工程建设面临的各种冻害和冻土现象成为设计中必须妥善解决的问题。

图12-1　青海拉脊山750kV输电工程

12.2　岩土工程条件简介

1）区域地质与地形地貌

输电线路位于祁连加里东褶皱系拉脊山优地槽带和松潘甘孜印支褶皱系青海南山地槽带之内。拉脊山位于青藏高原腹地边缘，是青藏高原主体与黄土高原之间重要的地貌分界，构成黄河和湟水河的分水岭。南北两侧分别为拉脊山北缘断裂和拉脊山南缘断裂所围限，组成了一组弧形逆冲构造带；拉脊山断裂带平均宽度仅 10km，输电线路与拉脊山南缘断裂带斜交。根据岩土工程条件差异，将该段线路划分为低高山和侵蚀河谷阶地两个地质单元。

（1）低高山区段。山势起伏较大（图 12-2），大部分地段山坡坡度不大，一般 15°～30°，山梁顶部较宽大，基岩部分裸露，坡面植被一般发育，受侵蚀和剥蚀影响，表层岩石多风化呈碎块状。该段沿线海拔一般在 3600～4100m，高差一般在 150～450m。该段海拔 3700m 以上分布多年岛状冻土，融区一般发育在河流冲沟段。

（2）侵蚀河谷阶地。地形较平坦、开阔（图 12-3），地势由河谷向山区缓慢抬升，地表覆盖稀疏植被，多为牧民草场。海拔一般在 3600～3700m。局部分布有冻土沼泽和冻土湿地，其特点为夏季地表低洼处积水较多，地表呈现为沼泽和湿地。该类地貌一般为富冰、饱冰等高含冰率冻土发育地段，同时伴有热融湖塘、热融滑塌等不良冻土现象发育。

图 12-2　低高山地貌

图 12-3　侵蚀性河谷地貌

2）地层岩性

地层主要为第四系覆盖层和下伏基岩，其中第四系覆盖层主要为粉质黏土、碎石，基岩主要为花岗岩、板岩、砂岩、泥质砂岩和砾岩等。

粉质黏土：该层土一般位于季节冻深范围内，受大气降水和地表径流的影响，暖季（雨季）表层土含水率较大，寒季冻结过程中存在水分迁移现象，冻胀作用明显。冻土沼泽地段，土层中多年冻土上限以下发育有富冰、饱冰的高含冰率多年冻土，以层状、薄层状冰为主，局部发育含土冰层。

碎石土：在季节冻土区，该土层中含水率较小，在多年冻土区，该土层中上限以下含冰率较低，可见少量冰晶和冰包裹体，以少冰、多冰为主。

花岗岩：强风化厚度一般 2～4m，在季节冻土区，该层中含水率较低；在多年冻土区，该层中上限以下含冰率较低，可见少量冰晶和冰包裹体，以少冰、多冰为主。

板岩：强风化厚度一般 2～3m。在季节冻土区，含水率较低；在多年冻土区，上限以下含冰率较低，可见少量冰晶和冰包裹体，以少冰、多冰为主。

砂岩：上部强风化厚度 1～4m。该层风化层，在季节冻土区含水率较低；在多年冻土区，中上限以下含冰率较低，可见少量冰晶和冰包裹体，以少冰、多冰为主。

砾岩：上部强风化厚度 1.5～3.0m，该层风化层，在季节冻土区含水率较低；在多年冻土区，上限以下含冰率较低，可见少量冰晶和冰包裹体，以少冰、多冰为主。

3）水文地质条件

拉脊山山区气候严寒，大气降水多以冰雪的形式而得以保存，当暖季融化后，成为地表水及地下水的主要补给来源。拉脊山具有一定厚度的多年冻土，形成了一个较完整的隔水层，地下水类型有冻结层上水、冻结层下水、融区水。

冻结层上水属潜水类型，埋藏条件随季节而改变，含水层厚度受冻土上限的控制，含水层薄且不稳定，一般仅 1～2m，水量大小也随季节而变。由于径流及垂向蒸发的影响，其分布受微地形控制较为明显，在地势较高处则基本疏干，不能形成统一的含水层。每年 4 月初地表开始解冻，随着土中冰体的融化，这一含水层便在活动层中逐渐形成，9 月底或 10 月初融化深度达到极限，含水层厚度也最大。10 月初地面开始冻结，随着冻结深度逐渐加深，直至来年 1 月土层完全冻结并与多年冻土衔接起来而结束。

拉脊山局部发育冻结层下水，根据含水介质的不同主要有孔隙水、裂隙水、孔隙裂隙水。在公路垭口附近冻土厚 10m 左右，冻结层下水发育，具有承压性。

融区水主要赋存于较大河流的河床下部及河谷两侧，呈带状发育，水位变幅受季节性影响大。

12.3　冻土工程特性研究

沿线海拔为 3600～4100m，高差为 150～450m，局部微地貌为山梁阴坡侧的缓坡地段，植被覆盖度高，岛状多年冻土较为发育，含冰率较高。Ⅰ回输电线路基本位于阳坡地带，仅局部塔位位于有冻土分布的阴坡地带；Ⅱ、Ⅲ回线路受制于扎哈公路、涩宁兰管线，路径须选择在Ⅰ回线路南侧的阴坡地带，需要查明冻土分布及类型，并评价冻土对工程的影响。

1）多年冻土分布

冻土分布区域和常见的冻土现象在遥感影像上都具备一定的特征，结合现场调查发现，蠕滑等冻土现象发育区与地形、植被发育状况有很好的一致性。对航片、Google Earth 卫星影像、奥维地图的图像资料进行了遥感解译，识别出微地貌单元如阴坡、阳坡、平台、山嘴、鞍部、河口等处的冻土形态特点，分析其与周边冻土的性状差异，经野外实地验证后形成了冻土分布图，见图 12-4。

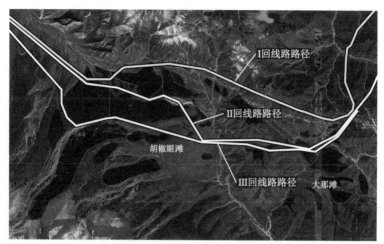

图 12-4 青海拉脊山冻土分布及路径走向示意图

在遥感解译基础上，通过钻孔岩芯验证，获得了拉脊山区冻土分布及其特点为：

（1）拉脊山区冻土属高山岛状多年冻土，具有地温高、厚度薄、热敏感性强等特点，多年冻土下界海拔为 3660m。

（2）在山脊、山梁阳坡或山前陡坡等地段，植被覆盖度较低，地表裸露或植被稀疏，这些区段冻土不发育，多为低含冰率地段，冻土类型为少冰、多冰冻土。地基土冻胀等级为 Ⅱ～Ⅲ级，冻胀类别多为弱冻胀—冻胀，地基土融沉等级为 Ⅰ～Ⅱ级，融沉类别多为不融沉—弱融沉，冻土工程地质条件较好。

（3）受微地貌的影响，在山前阴坡侧的缓坡地段或山间洼地，植被覆盖度高，为高含冰率多年冻土赋存提供了有利条件。这些区段一般分布高温-高含冰率多年冻土，冻土类型为富冰、饱冰冻土，局部发育含土冰层。冻胀类别多为冻胀—强冻胀，地基土融沉等级为 Ⅲ～Ⅴ级，融沉类别多为融沉—融陷，冻土工程地质条件差。

（4）个别地段为侵蚀河谷阶地地貌，地形较平坦、开阔，地势由河谷向山区缓慢抬升，地表覆盖稀疏植被，季节性河流地段一般为融区。

局部区域分布有冻土沼泽和冻土湿地，其特点为夏季地表低洼处积水较多，普遍发育有富冰、饱冰等高含冰率冻土，同时伴有热融湖塘、热融滑塌等冻土现象。

2）冻土现象

研究区域内冻胀草丘发育，暖季可见热融滑塌、融冻泥流、热融沉陷、热融湖塘、冻土沼泽化湿地等特殊地貌形态；寒季则容易在河口、河漫滩等地出现冰锥、冻胀丘、冰幔等冻土现象，见图 12-5。

(a)冻胀草丘

(b)热融滑塌

(c)融冻泥流

(d)热融沉陷

(e)热融湖塘

(f)冻胀丘群

(g)冰锥

(h)冻胀拔石

图 12-5　拉脊山常见的冻土现象

因在冻土中存在地下冰，斜坡地段融化过程中逐渐使上覆土体的含水率增大至饱和，易沿山坡向下滑动形成热融滑塌，且具有溯源侵蚀，直至坡顶；冻结的饱水松散土层和风化层解冻后，在重力作用下沿斜坡发生缓慢流动或蠕动形成融冻泥流，在滑移过程中遇阻常形成台阶状的泥流堆积体。

热融沉陷和热融湖塘主要见于山前缓倾平原及山间洼地，零星分布，洼地面积一般较小，呈圆形、椭圆形。平坦地面地段，冻土或地下冰部分融化，造成地表下沉形成凹地形的热融沉陷；当凹地积水时，则形成热融湖塘。

山前缓坡和山间洼地地段，还分布有冻土层上水补给形成的冻胀丘，一般个体小，直径多为数米，丘高小于 1m，但呈群体片状分布；地下冰埋藏浅，冰层薄，以分凝冰为主。冻土沼泽地段冻结层下水的天然露头在寒季形成冰锥或冻胀丘，在山前缓坡可见寒冻夷平面上发育有冻胀拔石。

3）冻土地温和冻土上限

为研究区域内冻土地温，结合沿线冻土分布和微地貌等特征，在山梁斜坡低含冰率冻土区、草丘发育的高含冰率冻土区共布设 3 个地温观测孔，地温曲线见图 12-6，地温观测数据见表 12-1。

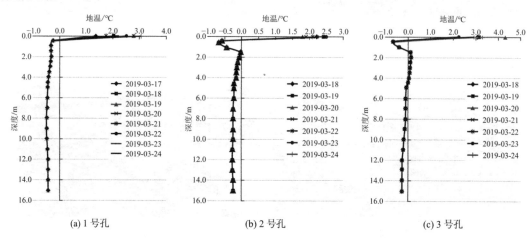

(a) 1 号孔 　　　　　　(b) 2 号孔 　　　　　　(c) 3 号孔

图 12-6　拉脊山钻孔地温曲线

地温观测数据一览表　　　　　　　　　　　表 12-1

孔号	海拔高度/m	冻土上限/m	年平均地温/℃	冻土类型
1	3766	3.5	−0.43	少冰、多冰
2	3862	3.8	−0.26	富冰、饱冰
3	3937	4.1	−0.30	富冰、饱冰

观测资料表明，拉脊山地段多年冻土区均为高温极不稳定多年冻土，年平均地温 −0.43～−0.26℃。综合地温观测和沿线塔基勘测资料，多年冻土上限深度在 1.6～4.3m，山间洼地和冻土沼泽地带冻土上限较浅。

12.4　冻土工程问题与对策

1）工程问题

研究区高温冻土具有强烈的不稳定性，在冻融交替作用下易发生蠕动变形，从而影响塔基的稳定性，尤其是当塔基位于斜坡上时，安全风险更大。现场塔基定位及调查表明，即使斜坡很缓，坡度很小，蠕变也一样会发生，如通信电线杆发生过大的倾斜变形，见图 12-7。

一般认为，冻胀、融沉、差异性变形可以通过工程措施来解决，而冻土流变或长期蠕变则更为复杂多变，对塔基稳定性的影响通过采取工程措施不易消除，某 750kV 输电线路工程中曾因地基蠕滑变形而导致塔基移位，所以塔基定位遇热融滑塌等冻土现象时应予以绕避。

图 12-7　斜坡与通信电线杆

2）工程对策

针对以上分析的冻土工程问题，工程建设当应优化线路路径、优选塔基位置、合理选择基础形式、重点塔位采取相应工程措施、加强施工管理和后期维护，方能保障工程建设的顺利进行和安全运行。

（1）输电线路属于点、线状工程，冻土现象发育地段可以通过优化线路路径加以绕避，路径选择遵循如下原则：

①尽量绕避工程地质条件复杂的不良冻土地段；

②选择在海拔相对较高、地表干燥的地段立塔；

③线路在冻融过渡地段尽量选择在融区通过，减少在冻融过渡地段和冻土岛等不稳定冻土地段的长度；

④塔基要尽量选择在地表排水条件好、地下水不发育的部位。

根据以上原则，Ⅱ、Ⅲ回线基本避开了冻土现象发育地段，优化了线路路径，为线路顺利穿越拉脊山段多年冻土区奠定了良好基础。

（2）塔位选择时贯彻执行"选高不选低、选阳不选阴、选干不选湿、选融不选冻、选裸不选盖、选粗不选细、选避不选进"的定位原则，尽量避开热融滑塌易发区等严重不良冻土地段。选择在地形位置相对较高的山梁、坡面的上部位置或者河流沟谷中阶地或台地等较高位置、地表干燥的地段立塔。选择塔基周围地表排水条件好、地下水不发育的地段。通过优选，塔基大部分位于低含冰率多年冻土，避开了冻土现象和高含冰率多年冻土发育地段。

（3）因各塔基已避让不良冻土发育严重地区，基础设计按照一般冻土进行。河流融区和热融湖塘等存在热源的地区可选择桩基础。深季节冻土区、低含冰率的多年冻土区、地下冰分布均匀的富冰冻土粗粒土地段可选择锥柱基础。锥柱基础能够依靠自身的截面形式全部或部分消除切向冻胀力，且能够减少基坑开挖量和混凝土方量。基岩埋藏浅或基底附近岩土性能较好的塔位也可选择掏挖式基础。

（4）对冻胀土接触的基础侧表面进行压平、抹光处理或采用玻璃钢包套，基础周边采用粗粒土回填的工程措施，减小冻胀力影响。采取修筑挡水埝、排水沟等辅助措施，防止雨水、融化期地表水和地下水对塔基的浸泡、渗透和冲刷。塔基设计还应充分考虑气温升高的影响，利用热桩（棒）冷却地基，消除冻土工程施工和运营产生的热干扰，防止地基多年冻土的衰退和融化，增强地基和基础的长期稳定性。

（5）由于冻土层中冰的存在，消融或开挖暴露会造成基坑少量积水，位于斜坡部位的塔基还要注意上方冰雪消融水、雨水、裂隙水对施工的影响，需做好季节性融水及地下水的降、排水措施。基础施工需做好支护措施，防止坍塌；基坑开挖完后应及时浇筑，避免长期暴露；基础周边应回填密实，防止形成负地形。施工中应加强地基验槽工作，及时处理与勘察资料不一致的冻土工程问题。

（6）在后期的运行过程中，注意多年冻土区内塔基附近冻土的变化、塔腿的变形情况，做到早预测、早沟通、早处理。

12.5　基础设计

（1）Ⅰ回工程

西宁—玛尔挡 750kV Ⅰ回线路在拉脊山岛状多年冻土区共有 14 基塔，以少冰、多冰冻土为主，部分地段为富冰冻土、含土冰层。多年冻土上限 0.7～4.6m，年平均地温−0.65～−0.1℃，属高温多年冻土区。地基土含水率在 1.7%～15.3%，冻结期间地下水位距冻结面距离为 0.7～2.0m，冻胀、融沉等级见表 12-2。本段采用了灌注桩基础、锥柱基础、掏挖桩基础，除此之外，还采用了热棒、玻璃钢等辅助措施，灌注桩基础 7 基，占比 50%，锥柱基础 5 基，占比 35.7%，掏挖桩基础 2 基，占比 14.3%。

拉脊山岛状多年冻土区冻胀、融沉等级判定表　　　　表12-2

杆塔位区段	冻胀等级	冻胀类别	融沉等级	融沉类别	冻土类型
J1158~J1162	Ⅱ	弱冻胀	Ⅰ	不融沉	少冰冻土
Z1165	Ⅱ	弱冻胀	Ⅰ	不融沉	少冰冻土
J1166、Z1168	Ⅱ	弱冻胀	Ⅱ	弱融沉	多冰冻土
J1187	Ⅱ	弱冻胀	Ⅰ	不融沉	少冰冻土
Z1188	Ⅳ	强冻胀	Ⅴ	溶陷	含土冰层
J1189	Ⅲ	冻胀	Ⅱ	弱融沉	多冰冻土
Z1191	Ⅳ	强冻胀	Ⅴ	溶陷	含土冰层
Z1193~Z1194	Ⅱ	弱冻胀	Ⅰ	不融沉	少冰冻土

（2）Ⅱ回工程

西宁—玛尔挡750kVⅡ回线路在拉脊山岛状多年冻土区共有32基塔，地基土含水率大，冻结期间地下水位距冻结面距离为0.7~2.0m，地基土冻胀等级为Ⅱ~Ⅲ级，属弱冻胀—冻胀，融沉等级一般为Ⅰ~Ⅱ级，冻胀、融沉等级见表12-3。本段采用了灌注桩基础、挖孔桩基础、掏挖基础、锥柱基础等（图12-8），对于少冰冻土、弱冻胀性、弱融沉塔位采用锥柱基础，对于多冰冻土、富冰冻土、饱冰冻土及含土冰层，弱冻胀性以上、弱融沉以上的塔位采用灌注桩基础。冻土区32基塔中，灌注桩基础5基，占比15.6%，挖孔桩基础7基，占比21.8%，掏挖基础18基，占比56.3%，锥柱基础2基，占比6.3%。此外，在锥柱基础、灌注桩基础中采用了玻璃钢等防冻胀措施。

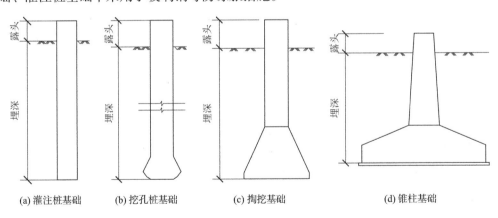

(a) 灌注桩基础　　　(b) 挖孔桩基础　　　(c) 掏挖基础　　　(d) 锥柱基础

图12-8　冻土基础形式

拉脊山岛状多年冻土区冻胀、融沉等级判定表　　　　表12-3

杆塔位区段	冻胀等级	冻胀类别	融沉等级	融沉类别	冻土类型
3076	Ⅱ	弱冻胀	Ⅰ	不融沉	少冰冻土
3077	Ⅲ	冻胀	Ⅱ	弱融沉	多冰冻土
3078~3081	Ⅱ	弱冻胀	Ⅰ	不融沉	少冰冻土

杆塔位区段	冻胀等级	冻胀类别	融沉等级	融沉类别	冻土类型
3082 + 1	Ⅲ	冻胀	Ⅱ	弱融沉	多冰冻土
3082 + 2～3084	Ⅱ	弱冻胀	Ⅰ	不融沉	少冰冻土
3086～3107	Ⅱ	弱冻胀	Ⅰ	不融沉	少冰冻土

（3）Ⅲ回工程

750kV 海南—西宁Ⅲ回线路拉脊山岛状多年冻土区有 30 基塔，地势较低洼、细粒土为主的地段地基土冻胀等级一般为Ⅲ～Ⅴ级，冻胀类别一般为冻胀—强冻胀，地基土融沉等级一般为Ⅲ～Ⅴ级，融沉类别一般为融沉—融陷；而在地势较高、粗颗粒土为主的地段地基土冻胀等级一般为Ⅱ～Ⅲ级，冻胀类别一般为弱冻胀—冻胀，地基土融沉等级一般为Ⅰ～Ⅱ级，融沉类别一般为不融沉—弱融沉，冻胀、融沉等级见表 12-4。本段主要采用了灌注桩基础、挖孔桩基础，其中灌注桩基础 7 基，占比 23%，挖孔桩基础 23 基，占比 77%。

拉脊山地区地基土冻胀性 表 12-4

杆塔位区段	冻胀等级	冻胀类别	融沉等级	融沉类别	冻土类型
ZX092～ZX093	Ⅱ	弱冻胀	Ⅰ	不融沉	少冰
ZX094～ZX095	Ⅱ	弱冻胀	Ⅰ	不融沉	少冰、多冰
ZX097	Ⅱ	弱冻胀	Ⅱ	弱融沉	少冰
JX098～JX100	Ⅱ	弱冻胀	Ⅰ	不融沉	少冰
ZX101	Ⅲ	冻胀	Ⅱ	弱融沉	少冰、多冰
JX102	Ⅲ	冻胀	Ⅱ	弱融沉	多冰
ZX103～ZX105	Ⅱ	弱冻胀	Ⅰ	不融沉	少冰
JX106～ZX108	Ⅲ	冻胀	Ⅱ	弱融沉	少冰、多冰
ZX109～ZX111	Ⅱ	弱冻胀	Ⅰ	不融沉	少冰
ZX112	Ⅲ	冻胀	Ⅱ	弱融沉	少冰、多冰
ZX113	Ⅱ	弱冻胀	Ⅰ	不融沉	少冰
JX117～JX122	Ⅱ	弱冻胀	Ⅰ	不融沉	少冰
ZX123～JX130	Ⅱ～Ⅲ	弱冻胀—冻胀	—	—	季节冻土
ZX131～ZX133	Ⅱ	弱冻胀	Ⅰ	不融沉	少冰

12.6 主要成果贡献

（1）针对青海拉脊山岛状多年冻土场地工程经验较少、研究程度较浅的特点，采用工程地质调绘、工程物探、钻探、地温观测等手段对多年冻土的分布与类型、冻土现象、冻土地温及冻土上限等进行了研究，工程中采取了优化线路路径、优选塔基位置、合理选择基础形式、重点塔位采取相应工程措施的对策，提出了加强施工管理和后期维护等建议，为输电线路工程的质量安全提供了技术支持。

（2）通过钻孔地温观测资料，揭示了拉脊山高温极不稳定多年冻土的热物理特性，结合地层岩性、含水率、地下水等特征，对冻胀、融沉等级进行了评价，为优化基础形式，降低多年冻土的危害提供了依据。

第13章

塔河变—漠河变线路多年冻土研究与岩土工程

13.1 工程概况

塔河变—漠河变 220kV 输电线路新建工程（简称塔河变—漠河变线路工程）是中俄石油管道中国境内漠河—大庆段兴安首站供电工程 220kV 塔河—漠河、漠河—兴安、兴安—塔河三角环网工程的一部分。中俄石油管道从俄罗斯斯科沃罗季诺经中国边境城市漠河到大庆的石油管道全长 1030km，中国境内陆上全长 965km，是中俄两国能源合作的重大项目。

塔河县、漠河市地处大兴安岭山脉北麓，气候寒冷，是我国高纬度多年冻土发育主要地区之一，属欧亚大陆冻土区的南部地带。塔河变—漠河变线路工程是建设于我国最北部寒区、不连续和大片连续多年冻土区的输电线路。工程起于黑龙江省塔河县西南约 3.5km 已建塔河变电站室外开关场，止于黑龙江省漠河县东南约 5km 新建漠河变电站室外开关场，全长 171.24km，其中通过多年冻土区长度 72.5km。工程于 2009 年 1 月开始可行性研究阶段工作，2009 年 10 月开工建设，2010 年 7 月 30 日前达标投产，供电工程为两国能源战略合作提供电力保障，满足中俄石油管道运营的用电需求（图 13-1、图 13-2）。

图 13-1　塔河变—漠河变线路
工程（低山丘陵）

图 13-2　塔河变—漠河变线路
工程（沼泽地段）

13.2 岩土工程条件简介

线路路径方案自东向西翻越伊勒呼里山脉北麓的扎林库尔山和额木尔山，地貌单元类型主要为中山、低山、丘陵等，沿线地质地貌单元及其冻土分布情况见表 13-1。

线路沿线冻土分布情况　　　　　　　　　表 13-1

地貌单元	塔位号	冻土类型
丘陵、坡地及山间河谷	G1～G42	季节冻土区的岛状多年冻土
低山丘陵	G43～G108	
扎林库尔山、额木尔山	G109～G282	岛状多年冻土
额木尔山、丘陵	G283～G432	岛状多年冻土
低山丘陵	G433～G485	大片连续多年冻土

（1）丘陵、山前坡地及山间河谷

自塔河变电站室外开关场出线至转角（J₄）段，属于季节冻土区中的零星岛状多年冻土，为高温冻土，植被发育。在 15.50m 深度范围内上覆岩性主要由第四系全新统腐殖土、粉质黏土、粗砂、角砾和碎石组成，下伏为花岗岩、石英二长岩和石英闪长岩等。多年冻土上限 2.50～3.50m，年平均地温−1.0～−0.5℃。其中，呼玛河河谷（塔位编号 G11～G15），属于季节冻土区。地层上覆主要为冲积、洪积的粉质黏土、粗砂、砾砂、圆砾、卵石等，下伏为花岗岩、石英二长岩和石英闪长岩等。

（2）西罗尔奇山、蒙克山

转角（J₄）至蒙克山段，属岛状多年冻土，地貌类型为低山丘陵、坡地及平地沼泽区，海拔高程为 400～847m，低山、丘陵山体坡度较缓，山体呈浑圆状，植被发育。在 12.0m 深度范围内上覆第四系松散层岩性为粉质黏土混碎石、砾砂、角砾及碎石等，下伏为黑云母二长花岗岩、石英二长闪长岩等，多年冻土上限 0.90～2.30m，年平均地温−0.5～1.0℃，厚层地下冰发育。

（3）交鲁山、扎林库尔山

蒙克山至扎林库尔山段，属岛状多年冻土，地貌类型为低山丘陵，海拔高程为 473～857m，低山、丘陵山体坡度较陡，植被发育。在 8.50m 深度范围内上覆第四系松散层岩性为角砾、碎石混粉质黏土、碎石等，下伏黑云母二长花岗岩、石英二长闪长岩等，多年冻土上限 1.80～2.90m，年平均地温−1.0℃，地温变化较大，与地貌部位及岩性相关。

（4）东老槽河山、木石神山

扎林库尔山至木石神山段，地貌类型为低山丘陵、坡地及沼泽区，为衔接性多年冻土或岛状多年冻土，海拔高程一般为 440～650m，低山、丘陵山体坡度较缓，山体呈浑圆状，植被发育。在 20.0m 深度范围内上覆第四系松散层岩性为粉质黏土、粉质黏土混碎石、角砾及碎石等，下伏凝灰角砾岩、流纹质凝灰熔岩、砾岩及安山岩等，多年冻土上限 0.60～2.50m，年平均地温−2.0～−0.3℃，地温变化大，与地貌部位及岩性相关。

漠河地区多年冻土层上限与季节冻深衔接，为衔接性多年冻土。线路沿线主要冻土现象有：冻胀丘、冰锥、厚层地下冰、热融滑塌、冻土沼泽湿地等。

13.3 冻土工程专题研究

13.3.1 专题研究背景与目的

为了配合中俄石油管道建设和运营，2009 年 2 月，黑龙江省电力有限公司开始实施 220kV 塔河变—漠河变线路工程勘察设计，满足中俄石油管道投产时用电需求。

长期以来，低温及多年冻土问题一直限制着大兴安岭地区的电力建设，制约了地方经济的发展。输电线路基础不同于一般建筑工程，杆塔基础除承受拉、压交变荷载外，还承受着较大的水平荷载。在一般情况下，杆塔基础抗拔和抗倾覆稳定性是其设计控制条件，以往东北大庆地区 110kV 龙任线 29 号、220kV 奇让线 17 号和二火线 273 号等塔位，都因地基冻胀基础失稳而发生倒塔的工程事故。据统计，仅 4 年时间处理冻害的工程投资达 856.4 万元。因地基土冻胀、融沉失稳而导致的倒塔的工程事故，不仅影响了输电线路的安全和正常运营，也给国家造成较大经济损失。因此，在冻土地区进行输电线路建设时，必须考虑冻土地基对基础受力的影响，选择合理的设计原则和计算方法，并采取措施减小冻胀、融沉造成的影响。

中俄石油管道建设项目涉及到国际协议和中俄两国之间的战略协作，其投产时间已经确定，要求为其配套的供电项目必须在规定时间内完成，否则不仅会带来重大的国际影响，而且可能引发巨额赔偿。大兴安岭地区冬长夏短，无霜期只有 3 个月且存在大片连续多年冻土，要实现工程的按期投产，工期十分紧张，难度相当大，工程能否按期完工直接关系到石油管线能否按期输油，涉及两国达成的能源战略合作能否按期实施，具有很强的政治敏感性，不能提供较长的冻土回冻时间，要求杆塔基础施工后必须尽快施工上部结构，为尽早架线、尽早投产创造条件，这是工程界在多年冻土地区尚未解决的工程难题。为解决多年冻土区的工程难题，结合在高纬度多年冻土地区建设的塔河变—漠河变 220kV 送电线路新建工程，对多年冻土的物理力学性质进行了研究，开展了冻土基础设计、桩基础模型试验和原型试验研究工作。

13.3.2 研究场地概况

依托塔河变—漠河变线路工程的试验场地位于黑龙江省漠河县东部，祖国的最北端，居于黑龙江源头的大兴安岭，大部分属低山丘陵区。境内最长的河流为额木尔河，河谷宽广，发育永久性多年冻土层及大片沼泽，年平均气温−4.9℃。

冻土研究选择塔河变—漠河变线路工程直线段的 G358、G359 塔位，场地位于大兴安岭林业管理局阿木尔林业局南部约 6.5km 的林地中，其东侧距阿木尔—呼中公路约 500m，土地性质为林地，植被发育，交通较方便。场地地形变化较小，地势东高西低，地貌单元属剥蚀丘陵区的山前坡地。试验区位于高纬度大片连续多年冻土区，属衔接型多年冻土（即冬季土层冻结，夏季只有表层土融化，其余土层仍处于冻结状态），冻土类型为少冰冻土—饱冰冻土。

试验场地布置钻孔 10 个，深度为 20m，采集冻土试样进行室内土工试验。场地钻孔布置如图 13-3 所示，钻探设备采用两台 XY-100 型工程钻机进行勘测，配备一台 J50 型拖拉机，钻探工艺采用无冲洗液回转取芯钻探工艺，全断面取芯，钻孔终孔直径大于 130mm。试样采用岩芯管内取样，经现场检验为 Ⅱ 级以上合格者及时密封保存，现场和运输中采取了防振、防热和保温冷冻措施。

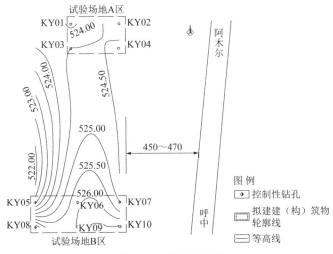

图 13-3　钻孔布置图

根据试验场地所在区域地层的地质年代、岩土的类别，结合地基（岩）土的成因、岩土的工程特性，将揭露的地层由上至下分为四大层。

①层腐殖土：黑色、灰黑色为主，松散，很湿，主要由冰、植物叶、茎、根系等有机质、黏性土组成，混角砾及碎石，为草炭土。层厚一般为 0.80～1.10m，该层在勘察区内分布较广泛。

②层粉质黏土混角砾（含碎石）：灰黄、褐黄色为主，冻结，层状构造，微层状产状，可见少量冰层和冰晶体，含砂，混角砾及少量碎石，冻土状态（融化后呈软塑状态，很湿，韧性低，稍有光滑，无摇振反应）。其中角砾、碎石主要由风化后砾岩形成，粒径 2～5mm，最大粒径大于 100mm，角砾均为棱角与次棱角状，碎石为亚圆状。层厚一般为 0.90～2.40m，该层在勘察区内分布广泛且稳定。

②₁层淤泥质粉质黏土混角砾：灰黑、黑灰为主，冻结，层状构造，层状产状，可见少量冰层和大量冰晶体，含植物叶、茎、根系及砂，混少量角砾，冻土状态（融化后呈流塑状态，饱和，韧性很低，稍有光滑，无摇振反应）。其中角砾主要由风化后砾岩形成，粒径 2～

3mm，角砾为棱角与次棱角状。层厚一般为 0.50～0.80m，该层在勘察区内分布广泛且稳定。

③层粉质黏土混角砾、碎石：黄褐色、灰黄为主，冻结，层状构造，微层状产状，可见多量冰晶体，含角砾，冻土状态（融化后呈可塑偏软状态，很湿，韧性中等偏低，稍有光滑，无摇振反应）。其中角砾、碎石主要由风化后砾岩形成，粒径 2～5mm，最大粒径大于 200mm，角砾为次棱角状，碎石为亚圆状。层厚一般为 6.60～8.60m，该层在勘察区内分布广泛，较稳定。

④层粉质黏土混碎石：黄褐色为主，冻结，层状构造、整体构造，微层状产状，可见少量冰晶体，含角砾，冻土状态（融化后呈可塑状态，湿，韧性中等，稍有光滑，无摇振反应）。碎石主要由风化后砾岩形成，粒径 2～5mm，最大粒径 260mm，角砾为次棱角状，碎石为亚圆状。在勘探深度内未被揭穿，最大揭露厚度 10.30m。该层在勘察区内分布广泛，且较稳定。

13.3.3　冻土物理力学性质试验

冻土物理力学性质试验包括冻土含水率、密度、颗粒分析、冻胀系数、融沉系数、导热系数、单轴抗压强度、冻结的起始温度、未冻水含量等。

1）含水率和密度

室内试验测得试验场地土层的含水率、密度见表 13-2、表 13-3。

场地土的含水率　　表 13-2

试样编号	含水率/%	①层土平均含水率/%	试样编号	含水率/%	②层土平均含水率/%	试样编号	含水率/%	②₁层土平均含水率/%
①-1	559.2		②-1	24.4		②₁-1	48.4	
①-2	273.2	409.3	②-2	21.8	23.6	②₁-2	60.8	52.2
①-3	392.4		②-3	24.6		②₁-3	47.4	

场地土的密度　　表 13-3

试样编号	冻土密度/（g/cm³）	平均值/（g/cm³）	①层土密度平均值/（g/cm³）	试样编号	冻土密度/（g/cm³）	平均值/（g/cm³）	②层土密度平均值/（g/cm³）
①-1	2.00	1.99		②-1	1.91	1.90	
	1.99				1.89		
①-2	1.01	1.01	1.39	②-2	1.97	1.96	1.95
	1.02				1.96		
①-3	1.14	1.14		②-3	1.98	1.98	

2）冻胀和融沉

冻土试样在开敞体系、自上而下试验条件下，冻胀、融沉试验过程中所获得的试样内各点温度与时间的变化规律如图 13-4、图 13-5 所示。②层、②₁ 层、③层、④层土的融沉量随时间变化曲线如图 13-6～图 13-9 所示，冻胀量随时间变化曲线如图 13-10～图 13-13所示。场地土的融沉量、融沉系数及工程性质评价见表 13-4，冻胀量、冻胀系数及工程性质评价见表 13-5，可以看出，②₁ 层土的冻胀量、融沉量最大，②层土的冻胀量、融沉量较大，对杆塔基础影响较大；③层土的冻胀量、融沉量小于其他土层，说明③层土的工程性质较好。

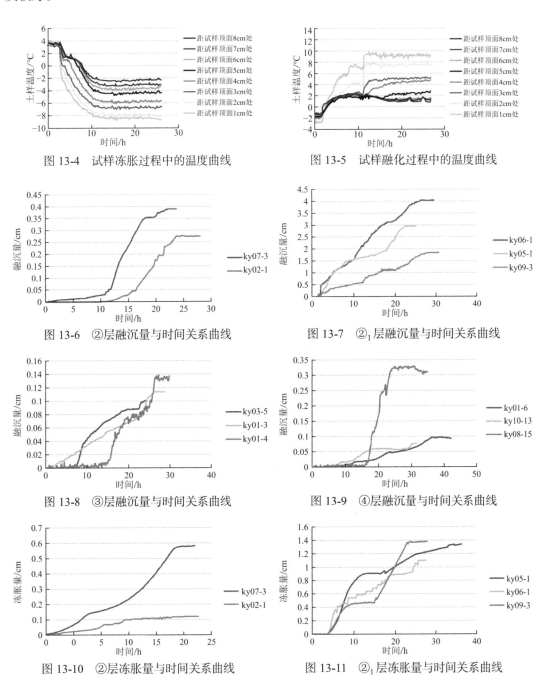

图 13-4　试样冻胀过程中的温度曲线　　　图 13-5　试样融化过程中的温度曲线

图 13-6　②层融沉量与时间关系曲线　　　图 13-7　②₁ 层融沉量与时间关系曲线

图 13-8　③层融沉量与时间关系曲线　　　图 13-9　④层融沉量与时间关系曲线

图 13-10　②层冻胀量与时间关系曲线　　　图 13-11　②₁ 层冻胀量与时间关系曲线

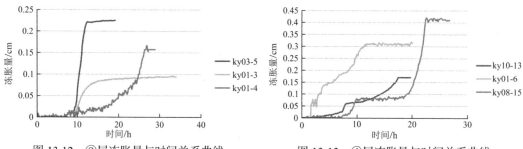

图 13-12 ③层冻胀量与时间关系曲线　　　　图 13-13 ④层冻胀量与时间关系曲线

场地土的融沉量、融沉系数及工程性质评价　　表 13-4

土层	编号	土样初始高度/cm	融沉量/cm	融沉系数/%	平均融沉系数/%	工程性质评价
②	②-1	10.036	−0.378	3.765	3.34	富冰冻土，融沉
	②-2	11.520	−0.084	0.729		
	②-3	9.350	−0.273	2.922		
②₁	②₁-1	12.860	−1.856	14.431	27.42	含土冰层，融陷
	②₁-2	11.030	−2.980	27.017		
	②₁-3	9.975	−4.070	40.802		
③	③-1	9.028	−0.114	1.267	1.10	多冰冻土，弱融沉
	③-2	13.020	−0.136	1.044		
	③-3	10.142	−0.101	0.994		
④	④-1	11.160	−0.076	0.685	1.85	多冰冻土，弱融沉
	④-2	11.770	−0.094	1.102		
	④-3	12.216	−0.330	3.765		

场地土的冻胀量、冻胀系数及工程性质评价　　表 13-5

土层	编号	土样初始高度/cm	冻胀量/cm	冻胀率/%	冻胀率平均值/%	工程性质评价
②	②-1	9.658	0.588	6.088	3.71	强冻胀冻土
	②-2	11.436	0.074	0.650		
	②-3	9.077	0.120	1.322		
②₁	②₁-1	11.004	1.370	12.450	15.81	特强冻胀冻土
	②₁-2	8.050	1.330	16.522		
	②₁-3	5.905	1.090	18.459		
③	③-1	8.914	0.094	1.059	1.48	弱冻胀冻土
	③-2	12.884	0.158	1.223		
	③-3	10.041	0.217	2.159		
④	④-1	11.084	0.173	1.557	2.59	弱冻胀冻土
	④-2	11.676	0.318	2.720		
	④-3	11.886	0.416	3.497		

3）导热系数

室内试验得到试样在常温下与−2℃时土的导热系数，见表 13-6。可以看出，导热系数是随着土的温度降低（负温）而稍有增大。腐殖土的导热系数最大，粉质黏土混角砾、碎石层的导热系数最小。

场地土的导热系数　　　　　　　　　　表 13-6

土层	导热系数/[W/(m·K)]	
	常温	−2℃
①	1.422	1.708
②	1.294	1.683
③	0.772	1.379
④	1.072	1.430

4）单轴抗压强度

试验采用原状冻土，由于现场所采集的土试样受条件限制，同时为了减少对原状冻土试样的扰动，试验选择试样直径 100～135mm，高径比为 1.0～1.1。

（1）②层土单轴抗压强度试验

冻结土体在受压时，沿上直径和下直径产生一条斜缝，沿斜截面发生剪切错动而破坏。冻土随温度的降低，脆性越来越明显，其他各层土体也具有相同的特点。−2℃、−10℃时，试验过程中土体破坏如图 13-14、图 13-15 所示，荷载-变形量曲线如图 13-16、图 13-17 所示，单轴抗压强度与温度的关系见图 13-18。

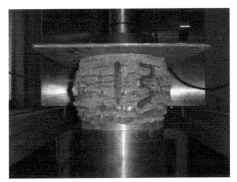

图 13-14　−2℃②层单轴抗压强度试验　　　　图 13-15　−10℃②层单轴抗压强度试验

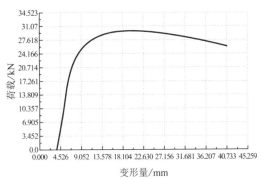

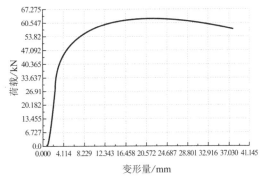

图 13-16　−2℃②层荷载与变形量关系曲线　　　图 13-17　−10℃②层荷载与变形量关系曲线

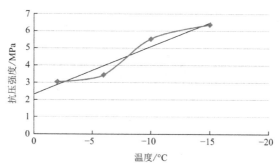

图 13-18　②层单轴抗压强度与温度关系

（2）③层土单轴抗压强度试验

−10℃、−15℃时，试验过程中土体破坏如图 13-19、图 13-20 所示，荷载-变形量曲线如图 13-21、图 13-22 所示，单轴抗压强度与温度的关系见图 13-23。

图 13-19　−10℃③层单轴抗压强度试验

图 13-20　−15℃③层单轴抗压强度试验

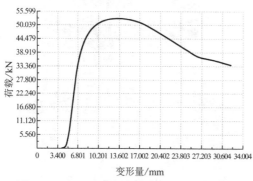

图 13-21　−10℃③层荷载与变形量关系曲线

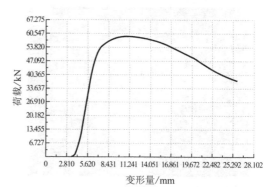

图 13-22　−15℃③层荷载与变形量关系曲线

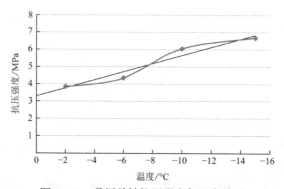

图 13-23　③层单轴抗压强度与温度关系

（3）④层土单轴抗压强度试验

−6℃、−10℃时，试验过程中土体破坏如图 13-24、图 13-25 所示，荷载-变形量曲线如图 13-26、图 13-27 所示，单轴抗压强度与温度的关系见图 13-28。

图 13-24　−6℃④层单轴抗压强度试验

图 13-25　−10℃④层单轴抗压强度试验

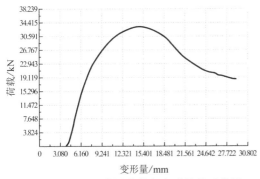
图 13-26　−6℃④层荷载与变形量关系曲线

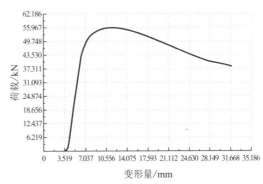
图 13-27　−10℃④层荷载与变形量关系曲线

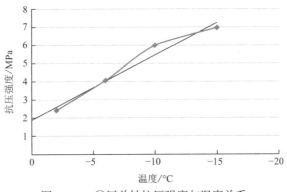
图 13-28　④层单轴抗压强度与温度关系

（4）单轴抗压强度试验结果分析

冻土的单轴抗压试验结果见表 13-7、图 13-29。从试验结果看，冻土的单轴抗压强度随温度的下降而呈线性增大，③层土随着温度的升高，其单轴抗压强度衰减的最慢，随着温度的下降，冻土的脆性越来越强，冻土受压时产生的斜裂缝趋于明显，含冰率大的②层土承受荷载的时间大于其他土层。由图 13-29 可以看出，在温度较高时，相同温度条件下，3 种土层的强度相差较大；随着温度的降低，3 种类型的冻土强度趋于接近。

单轴抗压强度试验结果　　　　　　　　　　　　　　　　表 13-7

土层	试验编号	温度/℃	试验时间/s	破坏荷载/kN	抗压强度/MPa
②₁	②₁-1	−2	122	29.977	3.043
	②₁-2	−6	140	47.423	3.465
	②₁-3	−10	112	62.617	5.537
	②₁-4	−15	78	69.797	6.382
③	③-1	−2	110	32.081	3.850
	③-2	−6	100	37.787	4.364
	③-3	−10	96	52.358	6.047
	③-4	−15	93	58.956	6.681
④	④-1	−2	76	21.161	2.444
	④-2	−6	88	33.148	4.057
	④-3	−10	96	55.839	5.984
	④-4	−15	70	67.461	6.971

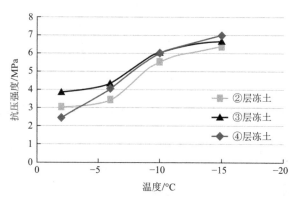

图 13-29　冻土单轴抗压强度与温度的关系

5）起始冻结温度试验

含有水分的土在一定的温度条件下就会冻结，我们把土开始冻结最高、最稳定的温度称之为起始冻结温度，不同的土体具有不同的起始冻结温度。图 13-30 为土体中水冻结的过程曲线，可以看出，土体冻结的过程经历过冷（Ⅰ段）、跳跃（Ⅱ段）、恒定（Ⅲ段）和递降（Ⅳ段）四个阶段。结晶中心是在比冰点更低的温度下才形成的，所以在过冷阶段，土体中水处于负温，但无冰晶存在，土体温度随时间线性降低。温度跳跃阶段，土体中水形成冰晶芽和冰晶生长时，立即释放结晶潜热，使土温骤然升高。恒定阶段为土体水相变为冰的过程。递降阶段，随着土体中的水部分相变成冰，水膜厚度减薄，土体颗粒对水分子的束缚能增大及水溶液中离子浓度增高，土体温度持续降低。根据曲线中温度跳跃的特征，得到跳跃后最高且稳定点的温度即为土体的起始冻结温度，即图 13-30 中第Ⅲ阶段所对应的温度为土的起始冻结温度。

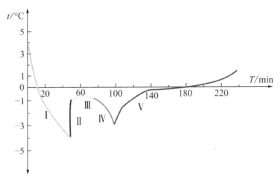

图 13-30　土中水冻结的时间过程

　　开启冻融循环试验箱的三向制冷系统对试样进行温度控制，温度控制模式见表 13-8。试样各测温点温度数据、冻胀量数据每隔 10s 自动采集一次。②层、③层、④层土的温度-时间曲线如图 13-31～图 13-33 所示，得到②层、③层、④层土的冻结起始温度分别为 −0.271 57℃、−0.322 67℃、−0.289 33℃。

起始冻结温度试验温度控制模式　　　　　　　　　　　　　　表 13-8

冷端	初始温度/℃	终结温度/℃	时间/h	温控模式	次序
顶板	2	2	6	恒温	1
	−2	−2	24	恒温	2
箱体	2	2	6	恒温	1
	2	2	24	恒温	2
底板	2	2	6	恒温	1
	2	2	24	恒温	2

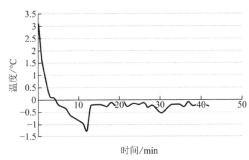

图 13-31　②层土的温度-时间曲线

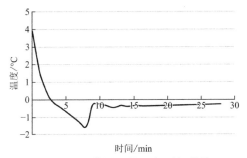

图 13-32　③层土的温度-时间曲线

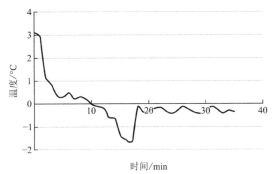

图 13-33　④层土的温度-时间曲线

6）未冻水含量试验

土体水有多种存在形态，可分为结合水、自由水、气态水、固态水，未冻水包括结合水和自由水。因此，根据水的各种形态在核磁共振过程中衰减的速度不同，在核磁共振仪上可得到水在冻结成冰过程的三种形态，如图 13-34 所示。

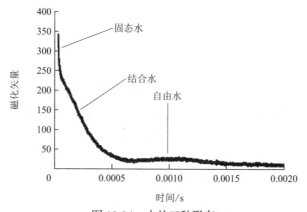

图 13-34 水的三种形态

冻土中冰的含量和性质对冻土的物理力学性质有重要影响，而冻土中冰的含量和性质在很大程度上又取决于土中的未冻水含量。试验场地各土层在不同温度下的固态水、结合水、未冻水含量，见表 13-9、表 13-10，按试验数据绘制未冻水含量随负温变化曲线，并按幂函数进行拟合，得到曲线如图 13-35～图 13-38 所示。

①层和②₁层土体水的三种形态含量　　　　　　　　　　　　　表 13-9

土层	温度/℃	固态水磁场强度A_1	结合水磁场强度A_0	自由水磁场强度A_2	含水率/%	冰含量/%	结合水含量/%	未冻水含量/%
①	−1	190.814	—	4.509		399.831	—	9.449
	−4	203.256	—	4.454		400.504	—	8.776
	−7	205.312	—	3.169		403.058	—	6.222
	−11	210.737	—	2.738	409.28	404.030	—	5.250
	−14	268.302	—	2.289		405.818	—	3.462
	−16	514.941	—	2.250		407.499	—	1.781
②₁	−1	196.081	39.192	4.128		43.899	7.389	0.941
	−4	205.802	39.119	4.069		44.721	6.598	0.911
	−7	259.725	37.196	3.485		44.881	6.760	0.589
	−11	265.651	35.649	3.226	52.23	45.338	6.347	0.545
	−14	278.940	33.004	2.834		45.392	6.377	0.461
	−16	286.229	30.365	2.636		46.074	5.738	0.418

③层和④层土体水的两种形态含量　　　　　　　　　　　表 13-10

土层	温度/℃	固态水磁场强度A_1	结合水磁场强度A_0	自由水磁场强度A_2	含水率/%	冰含量/%	未冻水含量/%
③	−1	235.765	2.630	89.658	23.06	22.806	0.254
	−4	243.720	2.559	95.231		22.820	0.240
	−7	292.735	2.489	117.621		22.866	0.194
	−11	337.488	2.472	136.531		22.892	0.168
	−14	398.618	2.360	168.895		22.924	0.136
	−16	484.684	2.258	214.611		22.953	0.107
④	−1	63.461	3.146	20.172	20.49	19.522	0.968
	−4	65.658	2.606	25.196		19.708	0.782
	−7	67.577	2.515	26.870		19.755	0.735
	−11	101.016	2.500	40.414		19.995	0.495
	−14	118.998	2.110	56.402		20.133	0.357
	−16	143.675	1.949	73.731		20.216	0.274

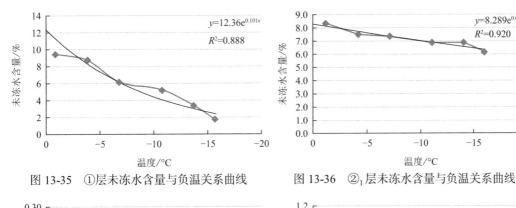

图 13-35　①层未冻水含量与负温关系曲线　　　图 13-36　②₁层未冻水含量与负温关系曲线

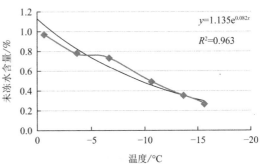

图 13-37　③层未冻水含量与负温关系曲线　　　图 13-38　④层未冻水含量与负温关系曲线

　　试验得到冻土的未冻水含量与负温关系曲线与其二者的拟合曲线的吻合程度较高，有的试样两曲线接近重合。从冻土未冻水含量与负温关系曲线及其拟合曲线可以看出：未冻水含量随土样温度的降低呈现递减趋势。在其他因素不变的条件下，未冻水含量与温度具有单一的确定性，即随温度降低，冻土中未冻水含量按温度的幂乘规律减少。对某一特定的温度来说，冻土中的未冻水含量也是定值。若冻土温度降低，则未冻水含量减少，减少的未冻水将以冰的形式出现，负温度值是影响未冻水含量的主要因素。

三种土质相同温度条件下未冻水含量对比见图 13-39，可以看出：在密度基本相同、含水率基本相近的前提下，③层土的未冻水含量减小速率较④层土慢。

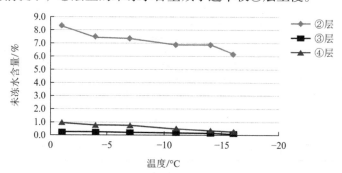

图 13-39　三种土质相同温度条件下未冻水含量对比

图 13-40 为②层土三种形态水的比例与温度关系，可以看出：随着温度的降低，固态水越来越多，结合水和自由水减少。因此，固态水/自由水（A_1/A_2）、固态水/结合水（A_1/A_0）逐渐增大。自由水与结合水之间的关系变化量较小，且结合水/自由水（A_0/A_2）比值增大的原因为自由水减小的速率比结合水快。

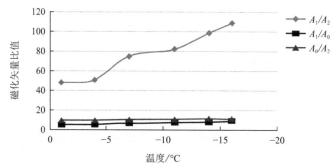

A_1—固态水的磁化矢量；A_0—结合水的磁化矢量；A_2—液态水的磁化矢量

图 13-40　②层土三种形态水的比例与温度关系

13.3.4　试验场地冻土温度

为研究场地冻土温度的变化情况，埋设了场地测温装置，测温孔孔深 20m，测温点间距布置方案 10m 以上间距为 0.5m，10m 以下间距为 1.0m。现场埋设地温监测设备见图 13-41，地温监测采用中铁西北科学研究院有限公司生产的 MF51-3000 型热敏电阻进行数据采集，冻土地温监测每天进行一次，在冻结及融化快速发展期加大观测频率，平稳期可适当减小观测频率。4 月中旬至 5 月初的各深度土层的温度见表 13-11，冻土地温随时间和深度变化曲线见图 13-42。

图 13-41　现场埋设的测温设备

场地各深度土层温度（℃）　　　　　　　　　　　　　　表 13-11

时间	①层		②层		③层					④层			
	0m	0.67m	1.33m	2m	4m	6m	8m	10m	12m	14m	16m	18m	20m
2010-04-17	−4.563	−5.554	−5.721	−5.552	−4.407	−3.59	−2.165	−1.673	−1.651	−1.724	−1.794	−1.817	−1.778
2010-04-18	−2.438	−5.149	−5.577	−5.483	−4.375	−3.594	−2.187	−1.683	−1.653	−1.724	−1.791	−1.813	−1.777
2010-04-21	−0.189	−3.75	−5.012	−5.25	−4.313	−3.599	−2.247	−1.713	−1.662	−1.726	−1.795	−1.817	−1.782
2010-04-26	−0.051	−2.768	−4.182	−4.713	−4.175	−3.553	−2.3	−1.746	−1.681	−1.729	−1.793	−1.816	−1.772
2010-04-27	−1.404	−3.308	−4.349	−4.657	−3.993	−3.373	−2.203	−1.733	−1.685	−1.740	−1.797	−1.817	−1.780
2010-04-28	−1.400	−3.203	−4.275	−4.562	−3.955	−3.357	−2.206	−1.736	−1.684	−1.737	−1.795	−1.813	−1.774
2010-04-29	−1.276	−3.116	−4.126	−4.471	−3.921	−3.345	−2.213	−1.742	−1.687	−1.738	−1.796	−1.812	−1.776
2010-04-30	0.129	−0.143	−2.277	−3.577	−3.863	−3.333	−2.22	−1.75	−1.684	−1.736	−1.794	−1.811	−1.773
2010-05-01	0.059	−1.636	−3.298	−4.047	−3.855	−3.334	−2.236	−1.76	−1.693	−1.74	−1.795	−1.815	−1.779
2010-05-02	−0.608	−2.308	−3.488	−4.053	−3.83	−3.327	−2.251	−1.769	−1.697	−1.742	−1.796	−1.816	−1.778

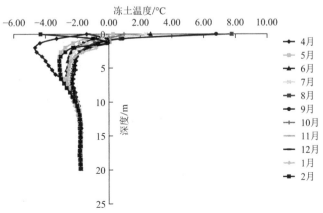

图 13-42　试验场地地温测试曲线

由图 13-42 可以看出，随着冻土深度增加，地温缓慢升高，当深度大于 10m 后，地温在 −1.8℃左右趋于稳定。随着时间增加，从 4 月到 10 月，地表面至 8m 之间的冻土温度随之升高，这是由于地表受到了大气环境温度的影响，到 11 月和 12 月，随着气温降至零下，地表冻土温度也随之降低，但 10m 以下的冻土温度受到外界环境气温的影响非常小，几乎没有变化趋势。次年 1 月、2 月，地表面至 8m 之间的冻土温度升高，但 10m 以下的冻土温度没有变化。通过地温测试，冻土地温在−2.4〜−1.77℃，确定场地的平均地温为−2.0℃。

13.3.5　灌注桩基础原型试验

灌注桩基础试验设计埋深 11.0m，露出地面高度 0.5m，桩身直径 1.0m。桩基施工采用人工挖孔工艺，负温早强混凝土灌注，混凝土强度等级为 C25，桩身主筋为 HRB335，其他钢筋为 HPB235。施工于 2010 年 5 月开始，2010 年 6 月中旬全部完成。试验场地位于沼泽地区域，桩施工结束后，随着夏季的来临，试验场地冻土季节融化层融化，地表大量积水。由于试验设备重量较大，运输车辆无法通行，给设备的运输及安装带来极大困难，试验不得不在冬季地表冻结后进行。试验设备运输采用履带式拖拉机运输（图 13-43），桩基载荷试验（图 13-44）共进行竖向抗压静载荷试验 4 根，竖向抗拔静载荷试验 6 根，水平静载荷试验 6 根。

图 13-43　试验设备的运输

图 13-44　竖向抗压加载系统

（1）竖向抗压静载荷试验

单桩竖向抗压静载荷试验数据汇总见表 13-12，试验 Q-s 曲线见图 13-45〜图 13-48。从试验结果可以看出，在相同的地质条件下，随着试验荷载的增大，试验桩身沉降量增大，但桩身总沉降量数值很小，远未达到沉降量破坏的标准，说明冻土回冻后桩的抗压承载力较大，并随着桩周冻土温度的降低，桩的承载能力进一步提高。

单桩竖向抗压静载荷试验数据汇总表　　　　　　　　　　表 13-12

试桩编号	最大竖向抗压加载/kN	最大加载对应的沉降量/mm	试验时间
5	2000	2.30	2010 年 11 月
6	2800	4.06	2010 年 11 月
7	2400	3.10	2010 年 11 月
16	4200	2.21	2011 年 2 月

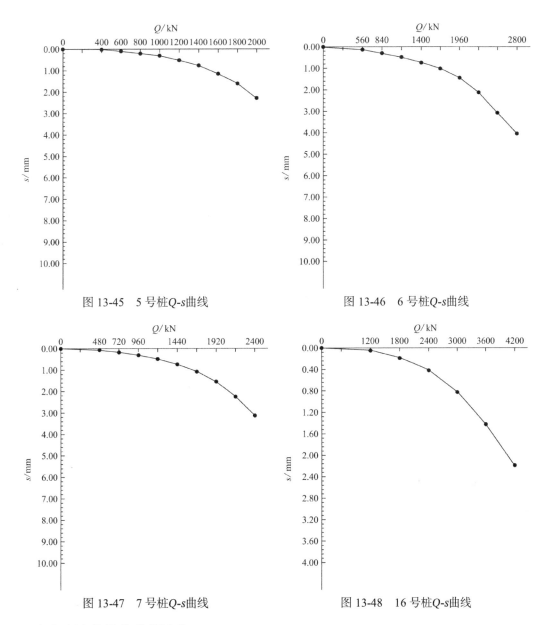

图 13-45　5 号桩 Q-s 曲线　　　　　图 13-46　6 号桩 Q-s 曲线

图 13-47　7 号桩 Q-s 曲线　　　　　图 13-48　16 号桩 Q-s 曲线

（2）竖向抗拔静载荷试验

单桩竖向抗拔静载荷试验数据汇总见表 13-13。从试验结果可以看出，在相同的地质条件下，随着试验荷载的增大，试验桩身上拔量增大，但桩身总上拔量数值很小，远未达到上拔量破坏的标准，说明冻土回冻后桩具有较好的抗拔能力。图 13-49、图 13-50 分别为 8 号桩不同测试时间进行的竖向抗拔静载试验 U-δ 曲线，说明随着冻土温度的降低，冻土和桩之间的冻结力提高。

单桩竖向抗拔静载荷试验数据汇总表　　　　　　　　　　　表 13-13

试桩编号	最大竖向抗拔加载/kN	最大加载对应的上拔量/mm	试验时间
2	900	2.81	2010 年 11 月

试桩编号	最大竖向抗拔加载/kN	最大加载对应的上拔量/mm	试验时间
4	800	2.36	2010 年 11 月
8	1000	3.62	2010 年 11 月
2	1350	0.98	2011 年 2 月
8	1350	1.46	2011 年 2 月
9	1350	0.88	2011 年 2 月

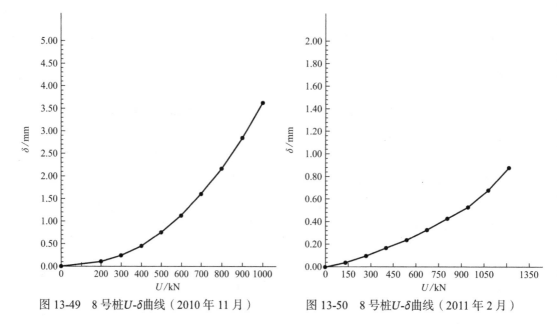

图 13-49　8 号桩 U-δ 曲线（2010 年 11 月）　　　　图 13-50　8 号桩 U-δ 曲线（2011 年 2 月）

（3）水平静载荷试验

水平静载荷试验结果见表 13-14。

单桩水平静载荷试验数据汇总表　　　　表 13-14

试桩编号	最大水平静载荷试验加载/kN	最大加载对应的位移/mm	试验时间
9	600	1.45	2010 年 11 月
12	700	2.61	2010 年 11 月
10	500	1.54	2010 年 11 月
3	700	2.68	2011 年 2 月
12	700	2.15	2011 年 2 月
19	700	2.05	2011 年 2 月

13.3.6　桩周冻土及桩侧负摩阻力模型试验

桩周冻土模型试验内容查阅本书第 4.6.3 节。桩侧负摩阻力模型试验采用场地②$_1$层土，物理力学性质见表 13-15。

②₁层主要物理力学参数　　　　　　　　　　　　　　　表 13-15

含水率/%	密度/（g/cm³）	−2℃导热系数	−2℃抗压强度/MPa	冻胀系数	融沉系数	起始冻结温度/℃
52.23	1.949	1.683	3.043	15.81	16.357	−0.27157

　　试验容器为高 55cm，直径 55cm，壁厚 15mm 的有机玻璃圆筒。试验所采用模型试验桩外径 10cm，壁厚 5mm，埋入土体的桩长 50cm，桩体材料为有机玻璃，为模拟混凝土桩外表面，在有机玻璃外侧粘贴上 3mm 水泥砂浆。试验中土样分层压实，间距 10cm 沿高度均等放置 5 个温度传感器，测量试验中土体温度的变化；在桩体内侧同一水平高度处沿桩壁内侧贴 4 个应变片，以求该高度处平均应变，在桩体长度方向间距 10cm 放置 5 层应变片，并在相应应变片处放置温度传感器。得到桩体受力产生的应变后，进而得到桩周受力大小；沿土样埋深方向均等放置 5 个沉降标，测量土体冻胀融沉时位移数值；在桩体底端放置土压力盒，测量试验中桩端压力。当 50cm 厚土体全部融沉稳定后，利用桩端土压力盒测量千斤顶上顶桩体时的数据，以得到 50cm 厚融土与桩之间的摩阻力数值。试验装置图见图 13-51、图 13-52。

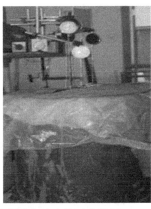

图 13-51　桩侧负摩阻力测定试验装置实体图

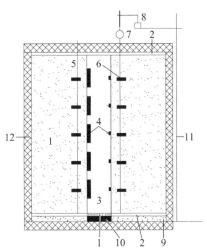

1—土样；2—冻结管；3—混凝土桩；4—应变片；5—温度传感器；6—沉降标；7—百分表；
8—磁性表座；9—细砂；10—土压力盒；11—钢架；12—保温板

图 13-52　桩侧负摩阻力模型试验示意图

　　试验过程中土体由正温冷却至负温（-18~-5℃），土体全部冻结后停止制冷，取消保温层，在正温条件下土体全部融化至 20℃，说明桩周土体完成了冻融循环（图 13-53）。土体位移随时间的变化见图 13-54，当土体开始融化后，产生向下位移，随着融化深度的增加位移增大，在全部融化时土体发生陡降，位移产生台阶式跳跃，融沉稳定后曲线达到渐近线的位置。图 13-55 为负摩阻力与土体融沉随时间的变化，随融沉量的增加负摩阻力增大，当融沉量稳定时负摩阻力达到最大值。由试验得出土层不同含水率桩侧负摩阻力见表 13-16。

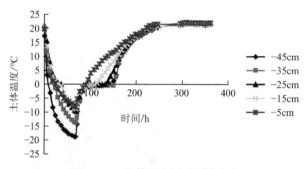

图 13-53　土体温度随时间的变化

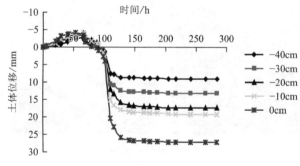

图 13-54　土体位移随时间的变化

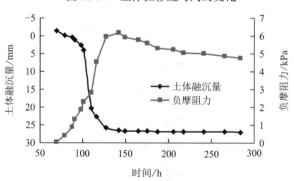

图 13-55　负摩阻力与土体融沉量随时间的变化

土层不同含水率桩侧负摩阻力　　　　　　表 13-16

含水率/%	26	29	32	35	37	40
负摩阻力/kPa	9.9	8.6	7.4	6.2	5	5.18

通过模型试验可以得出以下结论：

（1）土体温度在整个冻结与融化过程中，其规律与标准的黏性土冻融温度变化规律相似，在融化过程，土体温度变化随时间分 3 个阶段，直线上升段，相变稳定段和曲线回升段。由于土中水的存在，使得不同含水率土样的热传导系数、比热容和相变潜热不同，进而土样冻结融化时间不同，含水率越大，冻结融化时间越长。

（2）冻土土体融沉分 3 个阶段：曲线下降段、直线下降段和稳定固结段；在相变温度（−0.7～−0.2℃）处，土体急剧下沉；含水率为 26%、40% 土样净融沉量分别为 17.85mm 与 39.33mm，土体含水率越大，土体融沉量越大。

（3）负摩阻力伴随着土体融沉产生，对应土体融沉，桩侧负摩阻力发展同样存在 3 个阶段：平稳递增段、急剧增大段和缓慢减小段；土体含水率越大，桩侧负摩阻力有下降的趋势。

（4）根据桩侧冻土融沉负摩阻力试验，冻土的融沉位移在 3%～8%，随着冻土含水率的增加而增大。实测融沉产生的负摩阻力在 5～10kPa，随着冻土含水率的增大而减小。这是因为，冻土含水率大，土中孔隙率较大，融化后沉降压缩变形较大；而含水率大，土与桩之间由于水的润滑作用，使其摩擦力降低，故融沉负摩阻力减小。考虑安全系数后，工程设计中融沉负摩阻力按 20kPa 取值。

13.3.7　混凝土水化热对多年冻土的影响

由于灌注桩内的混凝土水化热无法向外界扩散，几乎都由桩周的多年冻土吸收，使冻土温度升高而融化。使用负温早强混凝土可减少混凝土水化热，是降低对多年冻土扰动的有效途径。为研究混凝土水化热对冻土的影响程度，在 5 号试桩中埋设了测温装置，对混凝土中的温度进行了监测，测温装置埋设位置为：

（1）桩端截面中心、混凝土表面；

（2）距桩端 3m 处截面中心、截面半径中点、桩表面；

（3）距地面 3m 处截面中心、截面半径中点、桩表面。

桩端混凝土测温如图 13-56 所示，距桩端 3m 处混凝土测温如图 13-57 所示，距地面 3m 处混凝土测温如图 13-58 所示。

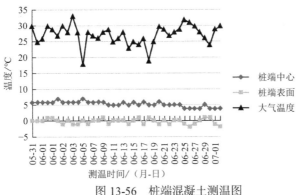

图 13-56　桩端混凝土测温图

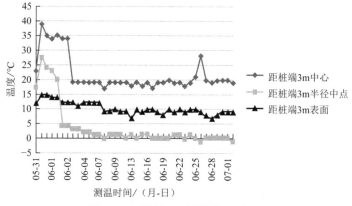

图 13-57　桩端 3m 处混凝土测温图

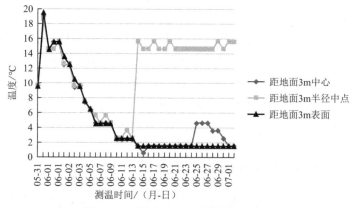

图 13-58　距地面 3m 处混凝土测温图

地温监测结果表明，桩施工后 4 个月左右，桩周土开始回冻，而在桩端 1/3 桩长范围，桩周土在施工后一个多月时间即开始回冻，即在混凝土强度增加的同时，桩周土温度降到起始冻结温度以下，为桩提供了较好的承载能力，尤其是桩端，冻土温度恢复较快，接近于施工前的水平。当然，桩周土要完全回到施工前的负温需要比较长的时间，在此期间，虽然桩周土开始回冻，但未冻水含量还比较高，土的力学指标相比初始状态的低温条件还比较低，然而相对于完全融化状态，其承载力还是较高的。

在 5、16 号桩周边冻土中埋设测温装置，对桩周冻土温度进行监测查阅本书第 4.6.4 节。

13.3.8　负温早强混凝土内部温度场监测

试验场地 16 号桩于 2010 年 5 月 12 日 10 时开始浇筑，16 时浇筑完成。混凝土入模温度达到 12～13℃，16 号桩各测温点温度变化规律如图 13-59 所示。

（1）A 点为混凝土灌注桩底部中心温度，入模后混凝土温度为 12～13℃，24h 后，随着水泥水化速率的加快，混凝土温度升高至 15℃，但从 3d 后，混凝土内部的热量逐渐向下部冻土内散失，随着龄期的延长，至 30d 以后，温度已逐渐降至 5℃，随后呈现稳定状态，温度降低的速率也非常缓慢。

（2）B 点为混凝土灌注桩底部外侧表面温度，由于水平和垂直两维方向均与冻土层直接接触，混凝土浇筑后，其热量迅速散失，初期温度均在 5℃以下。虽然其后随着水泥水化热量的释放，其在 1～3d 间也呈现温度曲线峰值在 3～4℃，但随后其内部温度逐渐降低至 1～2℃，在 21d 之后，与冻土温度基本接近，保持稳定在 0～1℃。

（3）C、D、E 点为混凝土灌注桩距桩底 3m 处中心、次中心、外侧的测温点，此部分混凝土入模后温度在 10～14℃，24h 后升至 20℃，3～4d 后温度逐渐降低，到龄期 20d 左右，温度降低至 1℃左右，随后此温度长时间保持稳定。

（4）F、G、H 点为混凝土灌注桩距桩顶 3m 处中心、次中心、外侧的测温点，此部分入模后混凝土在 10～16℃，2～4d 时到温度峰值，其中 F 点（中心点）最高温度达到 20℃；3d 后，F、G、H 各点的温度均逐渐下降，至 21d 时，基本稳定在 1～2℃。

（5）由图 13-59 可以看出，所有测点的温度曲线都在 2～4d 间出现温度峰值，随后温度呈现下降趋势，20～21d 期间保持温度的相对稳定在 0～2℃。

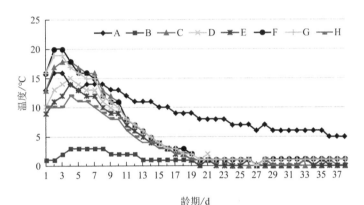

图 13-59　16 号桩各测温点温度变化规律曲线

13.4　岩土工程勘测

2008 年 12 月黑龙江省电力设计院开展塔河变—漠河变线路工程可行性研究工作，2009 年 1～2 月开展初步设计阶段工作。可行性研究勘测采取现场踏勘、实地调查和搜资等方法进行，主要搜集漠北公路呼玛河大桥、蒙克山林场、长缨林场、盘古贮木场、阿木尔林业局、图强林业局及嫩林线樟岭站等段的冻土地质及地温资料。线路工程原则上是沿着嫩林线塔河至古莲的铁路、漠北公路加格达奇至北极村段布置，除避开各种金属和非金属矿产资源及种子林保护区外，沿线自然地理环境、地形地貌、冻土工程地质条件、分布范围、不良冻土现象等也都限制线路路径的选择。本工程岩土工程勘测结合 220kV 输变电环网工程申报了国家电网公司科学技术项目，研究多年冻土对输电线路杆塔基础的影响，查明了路径方案的冻土工程地质条件、冻土分布范围和主要冻土工程地质问题，为路径方案比选提供了基础资料。

为满足中俄石油管道 2010 年 7 月投产的需要，在国家电网公司和黑龙江公司的大力支持下，2010 年提前启动了塔河变—漠河变 220kV 输变电工程施工图勘测设计工作。在勘测过程中采取适于低温高寒山区的勘测手段，结合科学技术项目的研究，开展了"冻土物理力学性质研究"、"桩周侧摩阻力室内模型试验研究"、"桩周侧负摩阻力"、"多年冻土区桩基原型试验研究"、"多年冻土桩基模型试验研究"、"负温早强混凝土研究"以及"多年冻土地区灌注桩基础施工技术研究"等子课题，通过研究成果，解决了高纬度多年冻土的工程地质问题，通过对地温变化规律的认识，有效指导了设计及施工。

在调查了解冻土地区自然环境条件、多年冻土特性及植被覆盖率等基础上，现场钻探工作于 8～10 月进行，钻进采取无冲洗液干钻钻探工艺，开孔直径 194mm，终孔直径 150mm，满足试验所需冻土试样最小直径要求。钻进过程中，为避免高速旋转摩擦所产生的热量导致冻土融化，采用低速、少钻、勤提钻进方式。在碎石混黏性土或黏性土混碎石组成的少冰多年冻土地层中钻进时，旋转摩擦产生的热量将使冻土融化，钻探人员与编录人员密切配合，重点观察岩芯中的"冻芯"和粗颗粒表面的冰晶体。

13.5　基础设计

塔河变—漠河变线路工程直线型塔的型号为 ZM5，铁塔呼称高约 42m，铁塔作用力设计值如表 13-17 所示，铁塔结构示意图如图 13-60 所示。多年冻土地基的基础设计一般情况下按保持冻结状态设计考虑。

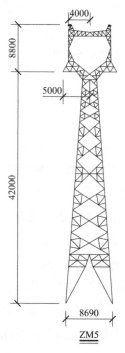

图 13-60　铁塔结构示意图

ZM5 直线塔基础荷载 表 13-17

塔型	铁塔呼称高/m	基础上拔力/kN			基础下压力/kN		
		H_x	H_y	T	H_x	H_y	N
ZM5	42.0	−72.30	−59.28	458.55	−75.07	−73.70	−546.14

从铁塔作用力看，铁塔的垂直压力较小，影响铁塔稳定的主要因素是上拔力和水平力。根据地温监测数据，冻土桩端承载力按−1.72℃取值，冻土与基础间的冻结强度设计值按−1.80℃取值，考虑季节融化层的融沉负摩阻，则直径1m、长11m桩的竖向承载力设计值为3740.6kN，抗拔承载力设计值为2566.6kN。根据对观测的地温数据分析，桩端1/3桩长范围内，桩周土在成桩一个多月开始回冻，冻土桩端承载力按−0.5℃取值，冻土与基础间的冻结强度设计值按−0.2℃取值，得到桩的竖向承载力设计值为1359.4kN，抗拔承载力设计值为836.9kN，桩基础满足铁塔上部施工的需要。当桩型优化为直径0.8m、桩长9m时，在上述地温条件下的竖向承载力设计值为837.4kN，抗拔承载力设计值为488.6kN，也可满足施工期间荷载要求。各工况下桩基承载力结果见表13-18。

根据以上分析论证，本工程采用人工挖孔桩基础，桩长11m，桩径1m，桩端持力层为③层、④层地基土。

各工况下桩基承载力计算结果 表 13-18

序号	使用工况	桩径/m	桩长/m	桩端承载力		冻土与基础间冻结强度		桩竖向承载力设计值/kN	桩抗拔承载力设计值/kN	桩基设计荷载		桩基抗力系数	
				计算温度/℃	承载力值/kPa	计算温度/℃	冻结强度/kPa			下压力/kN	上拔力/kN	抗压	抗拔
1	正常使用	1	11	−1.72	844.00	−1.80	110	3740.6	2566.6	−546.1	458.6	6.85	5.60
2	初始回冻	1	11	−0.5	550	−0.2	36	1359.4	836.9	−546.1	458.6	2.49	1.83
3	优化后正常使用	0.8	9	−1.72	844.00	−1.80	110	2331.5	1498.3	−546.1	458.6	4.27	3.27
4	优化后初始回冻	0.8	9	−0.5	550	−0.2	36	837.4	488.6	−546.1	458.6	1.53	1.07

13.6 主要成果贡献和技术创新

依托塔河变—漠河变线路工程，首次在东北高纬度多年冻土区开展了灌注桩基础的综合性研究，对多年冻土的物理力学性质、未冻水含量影响因素、场地地温监测、至桩身不同距离和不同深度桩周土地温监测、灌注桩基础设计方法、灌注桩基础施工对多年冻土的影响、水化热控制、负温早强混凝土研制、桩基检测等一系列内容进行研究，获得了大量试验数据，取得了丰硕的科研成果，形成了高纬度多年冻土的岩土工程勘测评价和设计方法，在工程中得到推广应用和实践检验。

1）主要成果贡献

（1）获得了大兴安岭地区多年冻土物理力学性质指标，首次得出多年冻土未冻水含量与冻土温度之间的关系、多年冻土单轴抗压强度及桩侧冻结强度与冻土温度和含水率之间的关系，提出了多年冻土季节融化层融沉负摩阻力数值，为桩端持力层的确定及承载力计算提供了设计依据。

（2）实测了高纬度多年冻土的地温分布规律，监测了灌注桩混凝土水化热对地温的影响范围及影响程度，得到了混凝土水化热对地温的影响范围为 0.7m，融化范围小于 0.3m，多年冻土回冻时间 1.5 个月的结论。

（3）提出了高纬度多年冻土区混凝土灌注桩基础设计原则和方法及灌注桩施工工艺和控制措施。

（4）科研成果应用于工程设计，减少了单桩混凝土量 47.13%，节约了工程直接费 1400 多万元，降低了工程造价，加快了工程进度，取得了良好的经济效益和社会效益。

（5）科研成果对高纬度多年冻土区的灌注桩基础设计与施工具有显著的实用价值和工程指导意义，达到了国际先进水平。

2）技术创新

（1）建立了漠河地区高纬度多年冻土各物理量之间的关系。

（2）量化了冻土地温在输电工程影响下未冻水含量、单轴抗压强度及冻结强度时空变异特征，揭示了地温对外界环境和冻土稳定性动态的响应机制，为高纬度地区输变电项目建设和运行提供理论支撑。

（3）确定了融沉负摩阻力对桩基的影响程度，提出了桩侧摩阻力设计取值建议，验证了工程设计的可靠性。

（4）得出了混凝土灌注桩对桩周冻土地温影响范围，得到了多年冻土回冻时间。

（5）研发了负温早强混凝土。

第14章

伊春变—新青变线路多年冻土岩土工程

14.1 工程概况

220kV 伊春变—新青变输电线路新建工程（简称伊春变—新青变线路工程）是国家电网公司新成果、新技术示范工程，工程的建设对加快黑龙江电网建设发展，满足黑龙江省伊春市地方经济和社会中长期发展电力负荷增长的需求，实现国网电力向小兴安岭腹地延伸，转变伊春市电网落后现状，提高电网的整体供电可靠性及供电电压质量，更好地为林区经济发展提供清洁、优质、高效的电力保障，具有十分重要的意义。

伊春市位于黑龙江省东北部，地处小兴安岭腹地。小兴安岭以低山丘陵为主，山脉呈西北—东南走向，北低南高，南坡山势浑圆平缓；北坡陡峭，呈阶梯状，北部多丘陵台地，地表水较丰富。伊春市属寒温带大陆性季风气候，夏季湿热多雨，冬季严寒漫长，年平均气温 1℃，最低气温−47℃，是我国高纬度多年冻土南界的东部边缘地区。

伊春变—新青变线路工程始于黑龙江省伊春市伊春纺织厂南侧已建伊春一次变电站，止于黑龙江省伊春市新青区南约 2km 拟建新青变电站，路径全长 112.5km（图 14-1），其中通过岛状多年冻土区总长度 23.8km，连续多年冻土长度 13.2km 段，如图 14-2 所示。工程于 2007 年 7 月开始可行性研究阶段工作，2008 年 10 月开展初步设计阶段勘测工作，2009年 4～6 月进行施工图设计阶段勘测工作，2009 年 7 月开工建设，2010 年 9 月投产运营。

图 14-1　伊春变—新青变线路工程
地理位置示意图

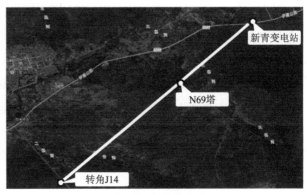

图 14-2　伊春变—新青变线路工程
岛状多年冻土段

14.2　岩土工程条件简介

线路路径方案自西南向东北沿北东向的小兴安岭山脉布置，地貌单元类型主要为低山丘陵，沿线地质地貌单元及其冻土分布情况见表 14-1。

线路沿线冻土分布情况　　　　　　　　　　　表 14-1

地貌单元	塔位号	冻土类型
低山丘陵	N1～N42	季节冻土
丘陵、山前坡地及山间河谷	N43～N153	零星岛状多年冻土
低山	N154～AN20	零星岛状多年冻土
丘陵台地	AN21～AN84	岛状多年冻土

线路沿线主要地貌单元自西南向东北岩土工程条件概述如下：

低山丘陵（N1～N42）：自伊春一次变电站至 N42 塔段，属于季节冻土区，植被发育。在 6.0m 勘探深度范围内，上覆岩性主要由第四系腐殖土、粉质黏土、粗砂、圆砾、角砾及碎石和卵石组成，下伏为砂岩、华力西期花岗岩、新生代玄武岩等。

丘陵、山前坡地及山间河谷（N43～N153）：属于季节冻土区中的零星岛状多年冻土，冻土类型属高温冻土，植被发育。在 10.0m 深度范围内，上覆岩性主要由第四系全新统腐殖土、粉质黏土、粗砂、圆砾、角砾和碎石组成，下伏为下白垩统板子房子组凝灰岩、砂岩、华力西期花岗岩、新生代玄武岩等组成。多年冻土上限 1.5～2.0m，下限受地形、地貌、地表植被及基岩起伏等因素影响，下限范围为 6～10m，年平均地温 -0.5～0℃。

低山（N154～AN20）：在季节冻土区中零星发育的岛状多年冻土，冻土类型属高温冻土，植被发育。在 7.0m 深度范围内，上覆岩性主要由第四系腐殖土、粉质黏土、粗砂、圆砾及角砾和碎石组成，下伏为华力西期花岗岩、新生代玄武岩、下白垩统板子房子组和淘淇河组石灰岩、凝灰岩等。多年冻土上限 0.60m，下限 3.60m，年平均地温 -0.5～0℃。

丘陵台地（AN21～AN84）：自 AN21 塔至新青变电站段，属岛状多年冻土，地貌类型为丘陵台地及平地沼泽区，植被发育。在 9.5m 深度范围内，上覆岩性主要由第四系腐殖土、粉质黏土、中砂、圆砾及角砾等组成，下伏为上白垩统太平林场组泥岩、砂岩等，多年冻土上限 0.70～1.40m，下限 6.0～8.6m，年平均地温 0～0.5℃。

线路沿线主要冻土现象有冻胀丘、冻土沼泽湿地等。

14.3　岩土工程勘测

伊春变—新青变线路工程位于森林覆盖率高、植被发育的小兴安岭腹地。林区线路设计原则上少占林地，除避开军事设施、种子林保护区、国家地质公园、民航净空管制范围及各种金属和非金属矿产资源外，还受到沿线自然地理环境、地形地貌、冻土工程地质条件、分布范围、不良冻土现象等限制。线路沿线多年冻土类型主要有岛状多年冻土、零星岛状多年冻土和季节性冻土。

14.3.1　可行性研究阶段岩土工程勘测

伊春变—新青变线路工程是国家电网公司"两型一化（资源节约型、环境友好型、工业化）"试点工程，受黑龙江省电力有限公司委托，2007 年 7 月黑龙江省电力设计院开展220kV 伊春—新青输变电工程的可行性研究工作，工作中主要采取现场踏勘和搜集资料等方法进行勘测。

本工程路径方案从伊春一次变电站出线后，在伊春市区除满足伊春机场民航部门净空要求外，其他大部分线路设计方案基本上是沿着伊嘉公路伊春至新青区段布置。可行性研究勘测主要搜集伊春林业勘察设计院的林区建筑和道路的勘察设计资料、伊嘉公路多年冻土试验段的资料，伊春森工五营林业局、红星林业局、新青林业局等下属林场和贮木场的冻土资料和建筑经验。初步查明路径方案涉及的冻土地质条件、冻土分布范围、冻害类型和解决冻土地质问题的方案和措施，为路径方案优化比选提供依据。

14.3.2　初步设计阶段岩土工程勘测

2008 年 10 月开展伊春变—新青变线路工程的初步设计阶段工作，路径设计分为东方案和西方案，由于东方案沿线存在矿产开采区，并且沿线分布较多种子林，因此，本阶段岩土工程勘测工作，主要以西方案为主要分析、评价对象，东方案作为路径比选方案。

初步设计阶段勘测除进行常规的岩土工程勘测工作外，重点对可行性研究阶段路径设计方案中多年冻土发育地段逐一采取工程地质调查、现场踏勘，搜集资料和走访林区经验丰富的老同志等方法进行勘测，通过对路径途径的锦绣农场、五营林业局、红星林业局及新青林业局等重点区段进行现场踏勘，初步查明了植被稀疏、苔藓发育、塔头草茂密、覆盖层较薄的"U"形河谷、沼泽化洼地及低山丘陵间洼地、山谷洼地、丘陵台地等地段多年冻土发育规模、分布范围及冻土类型。在现场踏勘过程中发现植被发育茂盛的落叶林和丛桦地段，受地表低矮苔草、草炭和腐殖土等覆盖保温作用的保护，多年冻土也特别发育。

根据本阶段冻土的勘测成果，配合设计专业对路径方案进行了优化，推荐了经济合理、造价较低的多年冻土区路径方案，提出了下一阶段需解决的冻土工程问题和初步的处理方案。

14.3.3　施工图设计阶段岩土工程勘测及施工服务

根据黑龙江省电力公司 2009 年度开工计划，2009 年 4～6 月进行了施工图设计阶段的岩土工程勘测工作。

（1）线路路径方案所经地貌类型为低山丘陵区，山体浑圆，丘陵平缓坡度中等，植被发育。线路沿线上部地层在丘陵间丘间洼地及"U"形河谷区以第四系冲积、洪积的粉质黏土、砂土、碎石土为主；丘陵上部为残、坡积粉质黏土，丘陵区下部及低山区的沉积岩以上白垩统砂岩、石灰岩及凝灰岩为主；岩浆岩以华力西期花岗岩、新生代玄武岩为主。

（2）多年冻土勘测主要以钻探、坑探及工程地质调查与测绘方法为主，勘探工作量的布置以控制地形及地貌单元为主，对简单地段 3～5 塔基布设一个勘探点，中等复杂地段1～3 塔基布设一个勘探点，跨越河流及复杂地段逐基钻探。勘探采用钻探、螺纹钻及坑探的方法，多年冻土区钻探量占总塔基的 35%左右（含查明多年冻土边界的勘探点）。钻探采取无冲洗液干钻工艺，开孔直径 150mm，终孔直径不小于 110mm，满足试验所需冻土试样最小直径要求。钻进过程中，为避免高速旋转摩擦所产生的热量导致冻土融化，采用低转速、少钻、勤提的钻进方式。

冻土区植被（落叶松和丛桦）发育情况如图 14-3 所示，线路沿线冻土区沼泽地如图 14-4所示，塔位现场勘探如图 14-5 所示。

（3）小兴安岭地区的岛状多年冻土属高纬度-高温型多年冻土，地温在−0.5～0℃，多年冻土上限 0.6～2.0m，下限受地形地貌、地表植被、坡向及基岩起伏影响，下限为 5～23m。本工程岛状多年冻土主要分布于 N44～N113 及 N240～AN84 塔段，主要为少冰冻土—饱冰冻土。岛状多年冻土区（消退型）空间展布不均匀，受地表植被发育和覆盖的影响较大。塔位基坑开挖揭露层状冰如图 14-6 所示，高含冰率冻土的纯冰层如图 14-7 所示。

(a) 夏季

(b) 冬季

图 14-3　冻土区植被（落叶松和丛桦）

图 14-4　冻土区的沼泽地

图 14-5　现场勘探工作

图 14-6　基坑开挖揭露层状冰　　　　图 14-7　高含冰率冻土的纯冰层

（4）钻探采取冻土试样进行了颗粒分析试验、含水率试验和密度试验及融沉试验，试验成果及融沉类别见表 14-2。N67-3 多年冻土试样颗粒分析试验曲线如图 14-8 所示，N68-3 多年冻土试样颗粒分析试验曲线如图 14-9 所示，N67-3 多年冻土试样融沉试验曲线如图 14-10 所示，AN68-3 多年冻土试样融沉试验曲线如图 14-11 所示。根据冻土的试验结果，融化下沉系数为 10.32%～48.7%，多年冻土融沉类别为强融沉—融陷。

冻土试验成果及融沉类别汇总表　　　　　　　表 14-2

试样编号	试样深度/m	含水率ω/%	密度ρ/ （g/cm³）	干密度ρ_d/ （g/cm³）	融化下沉系数δ₀/%	融沉类别
AN67-3	3.35～3.55	50.18	1.59	1.06	48.7	融陷
AN67-4	5.00～6.25	69.71	1.41	0.83	20.4	融陷
AN68-3	4.20～4.30	24.34	2.03	1.63	10.32	强融沉
AN69-2	4.00～4.30	31.82	1.74	1.32	22.7	强融沉
AN69-3	5.60～6.00	56.65	1.49	0.95	33.52	融陷

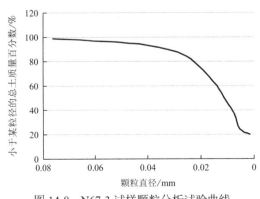
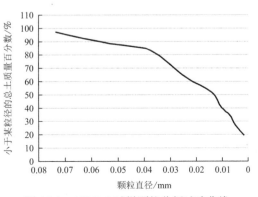

图 14-8　N67-3 试样颗粒分析试验曲线　　　图 14-9　AN68-3 试样颗粒分析试验曲线

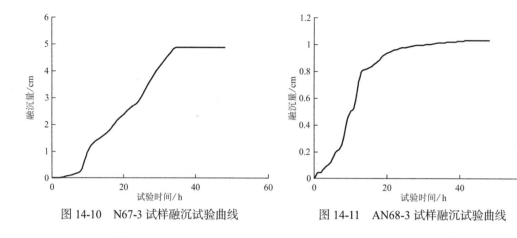

图 14-10　N67-3 试样融沉试验曲线　　　　图 14-11　AN68-3 试样融沉试验曲线

14.4　基础设计

本工程多年冻土属高温型岛状多年冻土，主要发育于丘陵台地、沟谷、平缓坡地等地带，植被发育，融沉类别属强融沉—融陷，冻土类型为少冰冻土—饱冰冻土。

冻土地区架空输电线路基础荷载类型除了下压、上拔荷载外，还承受冻胀力的作用，以上拔荷载为主。本工程地处植被茂密的林区，落叶松和丛桦的地表生长着苔草、塔头草等低矮植物，多年冻土之上覆盖着具有天然保温作用的草炭和腐殖土等保温层。结合线路沿线冻土工程地质条件、冻土类型、地温、冻土现象以及小兴安岭气象条件对不同季节施工进行分析，若夏季施工，一方面不稳定的高温型多年冻土易受环境影响，致使稳定性急剧变化，融沉量增加，对基础造成破坏，另一方面冻土中的冰晶体或冰层融化将导致基坑或掏挖基础塌方，造成质量和安全事故。冬期施工时，冻土地基始终处于冻结状态，既可以避免施工过程中对冻土造成的扰动，又可防止冻土中冰晶体或冰层融化导致基坑坍塌和积水等问题，因此，建议多年冻土区杆塔基础采用保持冻结状态进行设计。

对多年冻土采用按保持冻结状态进行设计时，可选择开挖类基础（锥柱基础）、掏挖基础和桩基础等，工程中基础方案分析如下：

（1）开挖基础底板埋置于季节融化深度以下，既可有效避免垂直法向冻胀力，同时也能减小冻土与基础主柱的切向冻胀力，锥柱开挖基础如图 14-12 所示。国内外工程界进行的试验研究成果及工程实践的结果表明，锥柱基础侧面适宜的坡度为大于等于 1∶7，这是克服作用于杆塔基础上切向冻胀力的一个可靠、经济、方便的方法之一。由于锥柱基础可以通过改变自身的结构形式消除切向冻胀力，因此，在季节性冻土和多年冻土地区被广泛应用。2006 年，黑龙江省嫩江—加格达奇—塔河—呼玛—黑河 220kV 环网工程（环网全线长度 1800 余千米）的多年冻土及特强冻胀地基大量采用锥柱基础，目前已安全运行 14 年，取得了良好效果。在高海拔多年冻土地区青海省已建 110kV 线路以及西藏自治区已建 220kV 线路都曾大量使用过这种截面形式的锥柱基础，通过这些年的运行情况看，基本上都是很稳定、可靠的。

（2）多年冻土的季节融化层每年都发生季节性反复循环冻融，并伴随发生各种不良冻土现象。由于环境温度引起冻土周期性冻融变化，影响多年冻土区地基的强度和稳定，根据冻土工程地质条件可采用钻孔灌注桩或预制桩基础，以减小或消除土的切向与法向冻胀力。

（3）掏挖基础充分利用了原状土承载力高、变形小的特性，"以土代模"，土石方开挖量小、弃土少、施工方便，节省材料，同时消除了回填土质量不可靠带来的安全隐患，半掏挖基础如图 14-13 所示。

经过对三种基础方案进行技术经济综合对比后，本工程岛状多年冻土区采用锥形主柱台阶式基础和半掏挖基础作为基础设计方案。

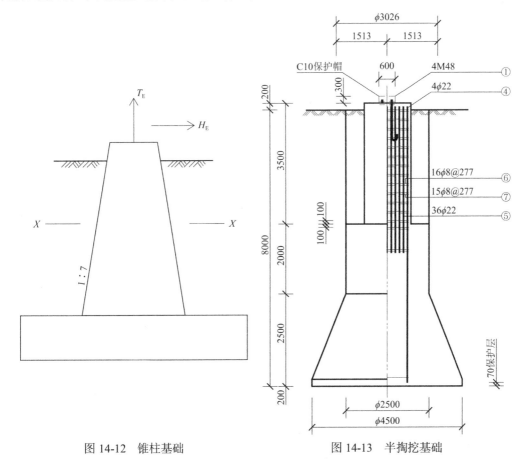

图 14-12 锥柱基础　　　　　图 14-13 半掏挖基础

14.5　主要成果贡献

（1）小兴安岭林区自 20 世纪 50 年代开发建设，积累了一些林区道路的多年冻土工程经验。本工程勘测期为暖季，勘测工作主要采用搜集公路（林区道路）资料、工程地质调查与测绘、钻探及室内试验等手段和方法，根据地形地貌、植被发育情况、植被种类和覆盖情况、低矮植物的分布等条件，调查了沿线冻土现象，划分了工程全线多年冻土和季节冻土区段及多年冻土与季节冻土的界限，查明了多年冻土的分布范围和冻土类型，推荐了合理的路径设计方案和适宜的基础形式，提出了施工期植被恢复建议、生态环境保护措施及运行期的巡查重点，为本工程安全可靠运行奠定了基础。

（2）通过现场勘测和多年冻土试验成果，提出了即使全球气候变暖但小兴安岭林区植被生长茂密的落叶松地带仍发育衔接性多年冻土（少冰冻土—饱冰冻土）的结论，证明了在未受人类活动影响的生态环境条件下多年冻土退化速率缓慢或基本未退化，指导了多年冻土基础设计按采用保持冻结状态进行设计。

（3）通过十余年安全运行的工程实践检验，小兴安岭不稳定高温型多年冻土勘测的分析评价结论及设计方案是安全、可靠的。

第 15 章
漠河变电站多年冻土试验与岩土工程

15.1　工程概况

漠河 220kV 变电站新建工程（简称漠河变电站工程）是中俄石油管道漠河—大庆段兴安首站供电工程 220kV 塔河—漠河、漠河—兴安、兴安—塔河三角环网工程的一部分。中俄石油管道项目是中俄两国能源合作的重大项目。

漠河县地处大兴安岭山脉北麓，气候寒冷，是我国高纬度多年冻土发育主要地区之一，属欧亚大陆冻土区的南部地带，向北进入俄罗斯境内冻土厚度超过 200m。漠河地区属寒温带大陆性气候，冬季漫长寒冷，夏季短暂炎热，年平均气温为 $-5.5℃$，冬季平均气温 $-28.8℃$，最低气温为 $-52.3℃$，最高气温为 $38.0℃$。

漠河变电站工程是建设于我国最北部寒区和大片连续多年冻土区的变电工程，站址位于黑龙江省漠河县东南约 5km，工程建设规模为 220kV/120MVA。工程于 2008 年 3 月开展可行性研究阶段的勘测工作，2009 年 10 月开工建设，2010 年 7 月 30 日达标投产，满足了中俄石油管道运营的用电需求。

15.2　岩土工程条件简介

站址位于大兴安岭的低山丘陵区，海拔高程一般为 460～500m，山体脊峰宽缓，呈近南北向带状延伸，山坡呈凸形的缓坡，地貌单元属剥蚀丘陵区的坡地，工程场地原始地貌如图 15-1 所示。工程场地地层岩性由第四系全新统腐殖土、黏性土混角砾及碎石、残积土及中生界侏罗系砾岩、砂岩、砂砾岩及凝灰角砾岩等构成。

多年冻土类型属衔接性多年冻土，多年冻土上限 1.60～2.90m，下限 15～25m，年平均地温 $-0.5～-0.326℃$，季节融化深度 0.70～2.70m，最大季节融化深度 3.50m。拟建场地地表植被发育，分带较明显，生长着樟子松、落叶松、白桦树、丛桦，场地内局部地段及西侧大部分地段生长着越橘、杜鹃、红月菊、黑月菊、苔草等低矮的冻土区植物群。

图 15-1　工程场地原始地貌

15.3　冻土工程特性研究

15.3.1　研究的背景与目的

建设在多年冻土上的建（构）筑物，对工程影响最大、最易导致工程事故的是土体温度在零度上下反复波动，土体随时处于"冻"与"融"、"胀"与"沉"的边缘，即反复的冻结与融化这种不稳定的状态，此时，土中水剧烈相变，土体极易发生过大的冻胀或融沉，其结果是直接导致建于其上的建（构）筑物的损伤。

2004 年漠河县投资建造新的公路客运站，距离漠河变电站工程站址 4.5km。设计采用直径 400mm 的长螺旋钻孔灌注桩基础，投运后不足一年，由于使用过程中室内采暖的热量导入地下，地基土发生了严重的融沉变形，导致上部结构的严重损坏，见图 15-2。经专家、检测单位的检测鉴定，成为必须报废的建筑物。漠河县公路客运站只能在已报废的新客运站旁边（距离原址 20～30m 的位置），搭建临时简易板房运营。

图 15-2　漠河县客运站遭受冻融破坏情况

为解决多年冻土区冻胀、融沉破坏效应及基础设计方案选择，结合漠河变电站工程开展了多年冻土物理力学性质研究及冻土地基基础设计的试验研究，包括拟建场地岩土工程勘测、多年冻土物理力学性质试验、多年冻土基础设计等。工程中进行了冻土物理指标、冻土强度指标、融化下沉系数、融土体积压缩系数及热物理指标的导热系数、导温系数等室内试验，实测了站址冻土地温原始数据。根据变电站的冻土物理力学、热物理指标及地温等冻土工程地质条件，结合变电站建（构）筑物结构的特点开展了基础设计方案的分析论证，提出了适合高纬度高温多年冻土的变电站架空通风基础设计形式，如图 15-3 所示，变电站已安全运营 12 年。

图 15-3　主控制楼的架空通风基础

15.3.2　冻土室内试验

室内土工试验除进行基本的密度、总含水率、相对密度、界限含水率、颗粒分析等试验外，还进行了多年冻土的物理指标、热物理指标、强度指标和融化的变形指标等试验。冻土试样保存于实验室温度−10～−5℃的冰箱中，在专门低温恒温取土室中开土，按不同试验项目制备所需试样，将试样保存在各自专门冰箱中备用，低温、恒温取土室如图 15-4 所示，试验工作量统计见表 15-1。

1）未冻水含量试验

将稳定负温的冻土试样放入正温量热水中，经过一定时间的热交换，试样温度与量热水温度达到平衡。根据能量守恒定律，即试样所吸收的热量等于量热水和量热装置放出的热量，计算出冻土中所含冰的质量，从而计算出未冻水含量。为研究未冻水含量随温度的变化规律，对 S9-1 试样进行了−0.58℃、−2.58℃、−5.59℃和−10.66℃左右负温条件下的量热试验。对其他试样进行了−2.5℃负温条件下的量热试验，未冻水含量试验结果见表 15-2。

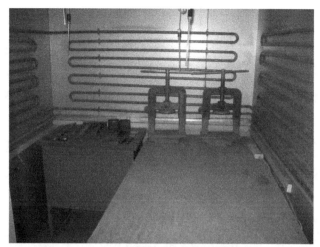

图 15-4 低温、恒温取土室

冻土试验工作量 表 15-1

基本物理指标试验/件	未冻水含量/件	冻土力学指标/件		融沉压缩试验/件	冻土热学指标/件			
		球形压模试验	冻结强度试验		导温系数	骨架比热	体积热容（计算）	导热系数（计算）
40	15	10	4	24	11	12	12	11

未冻水含量试验结果表 表 15-2

试样编号	含水率 $w/\%$	塑限 $w_p/\%$	塑性指数 I_P	含泥量 $C/\%$	试样温度 $T/℃$	未冻水含量 $W_u/\%$	相对含冰率 $i/\%$
S9-1	21.86	17.0	11.0		−0.58	13.61	37.8
					−2.58	9.60	47.3
					−5.59	5.86	73.2
					−10.66	1.47	93.2
S5-3	11.91	12.2	11.8		−2.58	1.51	91.1
S10-2	28.86	24.5	17.3		−2.72	8.80	69.5
S10-1	24.77	20.5	20.5		−2.61	12.59	49.2
S16-1	19.78	20.8	18.2		−2.58	4.20	78.8
S7-1	20.43	16.9	14.1		−2.59	5.53	72.9
S15-1	20.42	16.0	13.0		−2.56	9.02	55.8
S16-2	17.60	12.4	14.1		−2.67	8.71	50.5
S18-1	12.03			3.0	−2.76	2.15	82.1
S4-1	10.07	12.1	7.9	16.8	−2.77	4.46	55.7
S5-2	10.01			17.0	−2.67	4.36	56.4
S7-2	9.57			23.9	−2.49	4.88	49.1

通过不同温度下的未冻水含量试验数据，绘制出未冻水含量与温度的关系曲线如图 15-5 所示，分析比较后得出如下规律：

（1）随温度降低，未冻水含量减少；

（2）通过−2.5℃左右未冻水含量试验结果可看出，随颗粒变粗，未冻水含量减少；

（3）初始含水率的大小对未冻水含量的影响比较大。

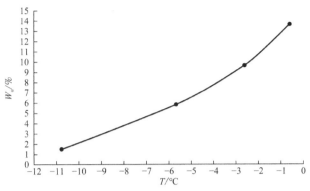

图 15-5　未冻水含量与温度关系曲线

2）球形压模试验

球形压模试验如图 15-6 所示，由立柱、悬臂板、套筒、百分表、荷载块、传力杆、止动螺丝、钢球（球形压模）和试样环等组成。试验在大低温室里边的小低温恒温室内进行，大低温室起到温度缓冲作用，增加小低温室的恒温效果。球形压模试验成果见表 15-3。

图 15-6　球形压模试验

球形压模试验成果　　　　　　　　　　表 15-3

试样编号	含水率 w/%	湿密度 ρ/（g/cm³）	干密度 ρ_d/（g/cm³）	黏聚力 $C_{瞬时}$/kPa	黏聚力 C_8/kPa	黏聚力 $C_{长期}$/kPa	抗压强度 R^H/kPa
S9-7	13.71	2.187	1.923	189.1	27.4	20.6	117.42
S10-3	9.22	2.193	2.008	180.3	41.2	31.4	178.98
S6-9	11.04	2.158	1.943	162.7	80.4	60.8	346.56
S24-2	15.25	2.123	1.842	292.0	58.8	44.1	251.37

试样编号	含水率 w/%	湿密度 ρ/（g/cm³）	干密度 ρ_d/（g/cm³）	黏聚力 $C_{瞬时}$/kPa	黏聚力 C_8/kPa	黏聚力 $C_{长期}$/kPa	抗压强度 R^H/kPa
S11-4	14.09	1.874	1.643	208.7	58.8	44.1	251.37
S9-1	16.54	2.088	1.792	176.4	59.8	45.1	257.07
S5-3	10.06	2.104	1.912	175.4	115.6	87.2	497.04
S10-2	28.74	1.769	1.374	126.4	59.8	45.1	257.07
S7-1	21.94	1.933	1.586	108.8	64.7	49.0	279.30
S2-6	11.21	2.087	1.877	143.1	26.5	19.6	111.72

注：试样及环境温度为$-1.5℃$。

3）冻结强度试验

冻结强度受岩土类别、冻土温度、桩基类型、桩身材料及粗糙度等因素影响，随时间变化，有短期强度和长期强度之分。

（1）冻结强度试验试样的物理指标见表15-4。

冻结强度试验试样物理指标 表15-4

试样编号	风干含水率 w/%	液限 10mm w_L/%	塑限 2mm w_P/%	塑性指数 I_P	土粒相对密度 G_S	粒　径　大　小/mm									分类名称
						>40	20~40	10~20	5~10	2~5	0.5~2	0.25~0.5	0.075~0.25	<0.075	
1	1.29	31.0	16.2	14.8	2.67										粉质黏土
2	0.71				2.66			12.4%	8.73%	7.56%	16.97%	14.43%	26.15%	13.35%	含细粒土砾砂

（2）根据试样含水率和干密度的平均值，确定试验样品的控制含水率和控制干密度。1号试验样品控制含水率为22.25%和干密度为1.593g/cm³，2号试验样品控制含水率为12.15%和干密度为1.995g/cm³。

（3）对两种试样在前述控制含水率和干密度条件下，分别在$-1.0℃$和$-2.0℃$温度时进行了试样短期冻结强度试验。4个试样温度变幅平均为$0.09℃$，控温精度高。

（4）根据4个试样试验数据绘制的剪应力与位移曲线如图15-7～图15-10所示。

（5）从图15-7～图15-10可以得出，粗粒土出现峰值强度比细粒土要早；在$-2℃$左右时，粉质黏土试验的短期峰值强度比含细粒土砾砂大很多；粉质黏土试验在从$-2℃$左右变到$-1℃$左右时，其峰值强度大幅降低。两种土残余强度分别为峰值强度的1/5和1/3左右。

4）冻土融化压缩试验

试验在大低温恒温室中进行，主要由制冷装置、电热、电风扇、保温室和温控器组成。使用内径94.5mm，高50mm的大环刀，先使试样在$-1℃$室温环境和1kPa接触荷载条件下上部受热融化稳定，以求得融沉系数；然后分级施加50kPa、100kPa、200kPa荷载，得到各级压力下单位沉降量，计算体积压缩系数。在融化试验过程中使试样满足自上而下单向融化条件。冻土融化压缩单位沉降量与荷载关系如图15-11所示，冻土融沉压缩试验成果见表15-5。

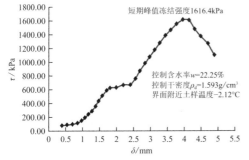

图 15-7　1-1 号试样剪应力与位移关系曲线

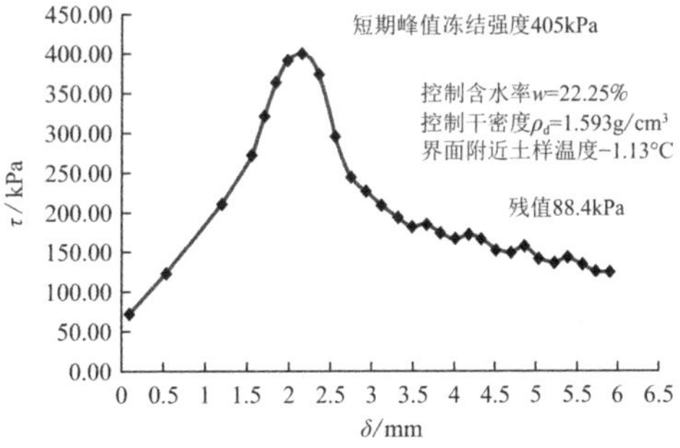

图 15-8　1-2 号试样剪应力与位移关系曲线

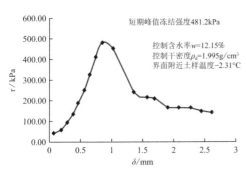

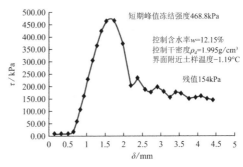

图 15-9　2-1 号试样剪应力与位移关系曲线

图 15-10　2-2 号试样剪应力与位移关系曲线

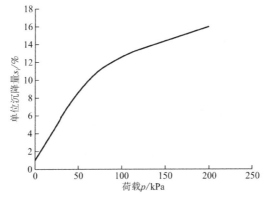

图 15-11　冻土融化压缩单位沉降量与荷载关系曲线

冻土融沉压缩试验成果表　　　　　　　　　　　　　　　　　表 15-5

试样编号	含水率w/%	塑限w_P/%	干密度ρ_d/（g/cm³）	融沉系数a_0/%	单位沉降量s_i/% 体积压缩系数m_v		
					50kPa	100kPa	200kPa
S4-8	9.95		2.08	0.63	2.89	3.56	4.45
					0.453	0.134	0.089
S5-4	10.03		1.94	0.34	2.76	3.61	4.65
					0.483	0.170	0.104
S6-6	12.28		1.87	0.30	3.08	3.62	4.68
					0.556	0.109	0.105
S10-4	8.22		2.04	0.26	2.89	4.25	5.01
					0.527	0.272	0.076
S19-4	13.25	13.5	2.04	0.89	1.93	2.55	2.87
					0.208	0.124	0.032

试样编号	含水率w/%	塑限w_P/%	干密度ρ_d/(g/cm^3)	融沉系数a_0/%	单位沉降量s_i/% 体积压缩系数m_v		
					50kPa	100kPa	200kPa
S4-6	13.04		2.08	2.83	6.74	9.44	9.84
					0.782	0.540	0.040
S3-2	8.20		2.12	1.33	3.37	5.18	6.30
					0.407	0.363	0.224
S15-5	12.69		2.01	2.11	2.62	4.51	5.57
					0.102	0.378	0.106
S4-3	13.48		1.76	0.26	2.76	4.06	6.29
					0.500	0.260	0.223
S4-7	9.81		1.95	0.73	3.92	4.54	5.55
					0.639	0.124	0.101
S6-9	12.02		2.00	0.06	3.26	3.90	5.07
					0.640	0.128	0.117
S16-12	13.68		1.93	1.47	4.41	6.34	7.60
					0.578	0.386	0.126
S11-3	11.80		2.08	1.35	3.27	4.42	5.05
					0.383	0.230	0.063
S6-2	14.17		1.85	−0.38	1.43	3.80	5.19
					0.362	0.474	0.139
S10-3	10.18		2.14	0.52	2.62	4.41	5.45
					0.421	0.358	0.104
S18-8	10.16		1.97	0.25	2.02	3.37	3.96
					0.354	0.270	0.059
S18-3	11.21		2.07	0.26	2.35	2.92	4.02
					0.418	0.114	0.110

5）冻土导温系数试验

采用正规状态法测定导温系数试验结果见表15-6，可以看出，砂砾石导温系数比黏性土大。

导温系数试验结果 表 15-6

试样编号	含水率w/%	干密度ρ_d/(g/cm^3)	塑性指数I_P/%	粗粒土含泥量C/%	导温系数α/($\times 10^3 m^2/h$)
S9-1	20.4	1.60	11.0		1.648
S10-2	31.3	1.35	17.3		1.417
S10-1	23.3	1.61	20.5		1.512
S16-1	22.7	1.60	18.2		1.800
S7-1	23.3	1.56	14.1		1.759
S15-1	19.0	1.65	13.0		1.683
S16-2	17.2	1.78	14.1		1.712
S18-1	11.1	1.98		3.0	2.279
S4-1	8.7	2.08	7.9	16.8	2.068
S5-2	10.4	1.97		17.0	1.674
S7-2	8.1	2.00		23.9	2.076

15.3.3 冻土地温

站址地温观测数据见表15-7，各月地温与深度变化关系曲线如图15-12所示。站址年平均地温为−0.326℃，属高温冻土，为极不稳定冻土带。

表 15-7

冻土地温观测表

深度/m	1月5日	1月27日	2月5日	2月25日	3月5日	4月5日	4月25日	5月7日	6月8日	6月26日	7月5日	7月25日	8月6日	8月26日	9月4日	9月27日	10月5日	11月6日	11月26日	12月5日	12月24日
0	−10.9	−13.4	−13	−12.6	−9.42	−1.76	−0.54	−0.13	8.66	16.5	16.25	19.77	15.76	13.92	11.58	4.85	4.71	1.03	0.17	−1.05	−4.65
0.5	−7.91	−10.9	−10.3	−10.6	−8.78	−2.53	−1.04	−0.53	4.89	11.79	13.26	15.85	14.11	13.78	11.56	5.88	5.30	1.54	0.68	0.17	−1.66
1.0	−5.41	−7.72	−7.86	−8.24	−7.37	−2.89	−1.39	−0.93	1.11	6.46	8.61	11.18	11.47	12.13	10.61	6.60	5.56	2.10	1.21	0.73	0.03
1.5	−0.70	−3.13	−3.76	−4.71	−4.72	−2.52	−1.41	−1.05	−0.29	0.40	1.96	5.11	6.63	8.34	7.97	6.37	5.38	2.69	1.77	1.33	0.69
2.0	0.40	−0.20	−0.51	−1.53	−1.87	−1.47	−0.96	−0.77	−0.38	−0.27	−0.18	0.62	2.07	4.25	4.71	5.17	4.69	2.92	2.09	1.68	1.09
2.5	0.78	0.23	0.11	−0.08	−0.27	−0.33	−0.29	−0.28	−0.17	−0.15	−0.14	−0.08	0.02	0.60	1.23	3.65	3.66	2.80	2.10	1.75	1.24
3.0	0.87	0.35	0.23	0.05	0.01	−0.03	−0.02	−0.03	−0.03	−0.03	−0.03	−0.03	−0.03	−0.01	0.02	2.60	2.87	2.52	1.89	1.58	1.17
3.5	0.73	0.32	0.22	0.06	0.03	−0.02	−0.02	−0.02	−0.02	−0.02	−0.02	−0.02	−0.02	−0.01	−0.01	1.86	2.20	2.15	1.44	1.22	0.94
4.0	0.41	0.19	0.14	0.04	0.02	−0.01	0	−0.01	0	0	0	0	0	0	0	1.31	1.49	1.40	0.87	0.75	0.6
5.0	0.05	0.03	0.02	0	0.01	0	0	0	0	0	0	0	0	0	0	0.23	0.32	0.45	0.29	0.27	0.22
6.0	−0.09	−0.09	−0.08	−0.08	−0.08	−0.07	−0.07	−0.07	−0.06	−0.06	−0.06	−0.06	−0.06	−0.06	−0.06	−0.05	−0.05	−0.05	−0.04	−0.04	−0.04
8.0	−0.13	−0.13	−0.13	−0.12	−0.12	−0.12	−0.12	−0.12	−0.11	−0.11	−0.11	−0.11	−0.11	−0.10	−0.10	−0.11	−0.10	−0.10	−0.10	−0.10	−0.10
10.0	−0.13	−0.14	−0.13	−0.13	−0.13	−0.17	−0.12	−0.13	−0.13	−0.12	−0.12	−0.13	−0.12	−0.12	−0.12	−0.11	−0.12	−0.11	−0.11	−0.11	−0.12
11.8	−0.14	−0.14	−0.14	−0.14	−0.14	−0.14	−0.14	−0.14	−0.14	−0.14	−0.14	−0.14	−0.14	−0.14	−0.13	−0.13	−0.13	−0.14	−0.12	−0.13	−0.13

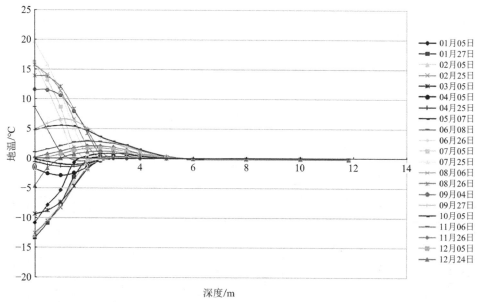

图 15-12　各月地温与深度变化关系曲线

15.4　岩土工程勘测

漠河变电站工程位于黑龙江省漠河县东南部约 4.5km 的丘陵坡地上，丘陵脊峰宽缓，呈近南北向带状延伸，宽度 800～1000m，山坡呈凸形的缓坡，地貌形态简单。站址海拔高程 471～477m，东西两侧为相对低洼的坡地，地表植被茂密，地表植被分带较明显，生长着苔草、小桦树等低矮的冻土区植物群。

岩土工程勘测对站址多年冻土区的自然地理环境、地形地貌、工程地质条件、不良冻土现象发育特征、冻土工程地质问题以及地表植被发育情况和植被种类等条件进行分析，采取搜集漠河地区冻土资料、现场踏勘、工程地质调查与测绘、冻土勘探、地温测试、室内冻土土工试验等手段研究评价。综合比选后，推荐最优的站址方案。

1）冻土勘察及试样采集

站址布置各类勘探点 24 个，由于拟建场地属多年冻土发育区，勘探点类型中控制性钻孔的数量较多，钻探深度 6～13m，采用钻探与取样，并结合冻土室内土工试验等勘测手段，站址勘探点平面布置如图 15-13 所示。

钻探设备主要采用四台 XY-100 型号的工程钻机，配备 1 台 J50 型拖拉机，钻探工艺采用无冲洗液回转取芯钻探工艺，全断面取芯，终孔直径大于 130mm，试样在岩芯管内采取，取出土样经现场检验为 Ⅱ 级以上合格者及时密封保存，现场和运输中采取了防振、防热、防晒和及时的保温冷冻措施，送至吉林大学建设工程学院冻土物理与工程实验室进行专门冻土试验。

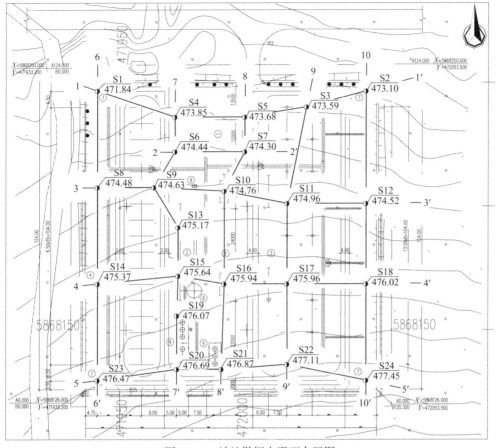

图 15-13　站址勘探点平面布置图

2）地层岩性与分布

现场勘测揭露的地层上覆为第四系全新统植物层（Q_4^{pd}）、坡积层（Q_4^{dl}）、残积层（Q_4^{el}），岩性主要有腐殖土、黏性土混角砾及碎石、残积土等；下伏为侏罗系下统栖林吉组（J_2q）的一套湖相沉积地层，岩性主要为砾岩、砂岩、砂砾岩，地层总体走向北东，倾向西北，倾角18°～35°。根据工程所在区域地层的地质年代、岩土的类别，结合地基（岩）土的成因、岩土的工程特性，揭露的地层由地表至下分为5大层：

①层腐殖土：黑色、灰黑色为主，松散，很湿，主要由植物根系等有机质、黏性土组成，混角砾及碎石。层厚一般为0.25～0.50m，该层在勘察区内分布较广泛。

②层粉质黏土混角砾（含碎石）：黄褐色为主，冻结，层状构造，微层状产状，局部可见少量冰晶体，含砂，混角砾及卵石，冻土状态（融化后呈可塑状态，湿，干强度、韧性中等，稍有光滑，无摇振反应）。其中角砾、碎石主要由风化后砾岩形成，粒径2～5mm，最大粒径大于20cm，角砾均为棱角与次棱角状，碎石为亚圆状。层厚一般为0.50～3.35m，该层在勘察区内分布广泛、较稳定。

③层角砾（含碎石）混黏性土：褐黄、灰黄色，冻结，层状构造，微层状产状，角砾、碎石表面可见少量冰晶体（融化后呈可塑状态，湿—很湿，干强度、韧性低，稍有光滑，

无摇振反应）。含砂及大量黏性土，混碎石，最大粒径达 28cm。其中角砾、碎石主要为风化后砾岩形成，角砾均为棱角与次棱角状，碎石为亚圆、次圆状。该层层厚一般为 0.40～1.70m，该层在勘察区内分布较稳定。

④层残积土：黄褐、褐黄、灰黄等色，冻结，层状构造、整体构造，微层状产状，可见少量冰晶体（融化后稍密—中密，湿—很湿）。呈砂、黏性土、角砾、卵石等状，主要由砾岩风化残积物组成。层厚一般为 0.50～2.60m，该层在勘察区内分布较稳定。

⑤层砾岩：褐灰、浅黄、暗黄等色，强风化，冻结，层状构造、整体构造，阳光下有析水现象。风化后呈块状，水平层理发育，层理之间充填 20% 左右的碎石、粉质黏土等，岩体较破碎，节理裂隙发育，岩体结构类型为碎裂体结构。在勘测深度内，该层未被揭穿，最大揭露厚度 4.40m。

⑥₁层砾岩：黄褐、褐黄色，全风化，冻结，阳光下可见少量微小冰晶体（融化后稍密—中密，稍湿—湿）。风化后呈黏性土、砂、砾、卵石等状，节理裂隙很发育，节理之间充填黏性土等，岩体破碎，岩体结构类型为散体结构。层厚一般为 1.20～6.10m，该层在勘察区内分布广泛且稳定。

站址工程地质剖面如图 15-14 所示。

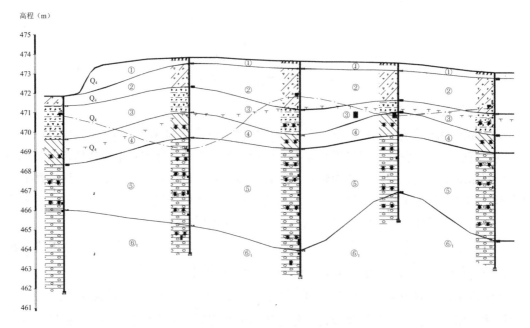

图 15-14　站址区工程地质剖面图

3）多年冻土分区

漠河变电站工程场地位于大兴安岭高纬度大片多年冻土区中，属衔接性多年冻土，冻土类型为少冰冻土—多冰冻土。通过冻害调查、冻土工程地质调查与测绘等工作方法，综合冻害调查、地形地貌、森林植物群落调查、地表植被分布范围、发育情况和程度，樟子松、落叶松及小桦树等植被覆盖和发育情况，杜鹃、红月菊、黑月菊、苔草等低矮的冻土区植物群分布范围以及人类工程建设活动等因素，按多年冻土融沉类别对变电站区域及附近的多年冻土进行了分区，如图 15-15 所示，各分区的特征如下：

（1）Ⅰ不融沉区，原始地表植被已完全遭到人类工程建设活动破坏，该区曾作为漠河机场及京漠公路建筑材料取土场地，已废弃。

（2）Ⅱ弱融沉区，地表原始自然生态环境未受人类工程建设活动影响，仍为自然环境状态，地表植被茂密，植物群落主要以樟子松为主，少部分为落叶松及小桦树等。

（3）Ⅲ融沉区，地表原始自然生态环境未受人类工程建设活动影响，地表植被稀疏，地表植被分带较明显，植物群落主要为苔草、小桦树等低矮的冻土植物群。

（4）Ⅳ强融沉及融陷区，地表原始自然生态环境未受人类活动影响，但冻胀丘及冰锥等冻土现象发育，地表植被分带明显，植物群落主要以杜鹃、红月菊、黑月菊、苔草等低矮的冻土植物群为主。

经过综合分析比较，建议站址布置于（平移至）冻土地质条件相对较好的Ⅱ弱融沉区。

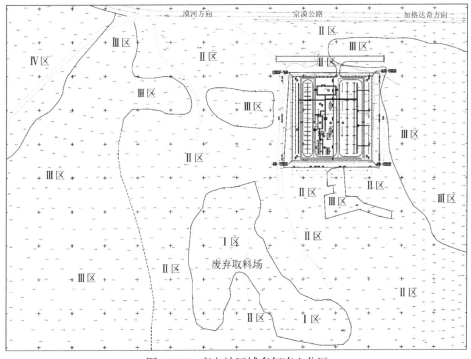

图 15-15　变电站区域多年冻土分区

15.5　基础设计

1）地基基础方案的选择

漠河变电站工程地基（岩）土主要由腐殖土、黏性土混角砾（碎石）、残积土及砾岩、砂岩、砂砾岩及凝灰角砾岩等组成，多年冻土类型为少冰冻土—多冰冻土。漠河地区多年冻土年平均地温−1.0～−0.5℃，变电站拟建场地年平均地温−0.326℃，土中冰易发生相变成水，属于极不稳定、极易发生融化的多年冻土。在季节融化深度范围内，地基土平均冻胀率约 10%左右，冻胀类别属强冻胀，冻胀等级Ⅳ级。工程场地内地下水稳定水位埋深0.60～4.70m，地下水对混凝土结构具有弱腐蚀性，对钢筋混凝土中的钢筋具有微腐蚀性，对钢结构具有弱腐蚀性。

漠河变电站工程场地年平均地温高，多年冻土作为建筑地基是按照逐渐融化状态进行设计，基础设计主要考虑的因素为：

（1）多年冻土地温受气候、地质条件及地理环境等多因素综合影响，是决定多年冻土热稳定性的主要指标。冻土地温对冻土承载力、冻结强度和蠕变速率等都有直接影响，在年平均地温高于−1.0～−0.5℃的高温冻土区，力学强度、热稳定性都较差，极易受气候、自然环境、人类建设活动等热作用影响。

（2）严寒地区，一定深度内的地基土每年都要产生冻结（冻胀）和融化（融沉）过程，反复循环的冻融过程使建筑物丧失稳定性而出现破坏。

（3）多年冻土区地基中的粗颗粒中往往含有较多的粉粒、黏粒，在冻结过程中常产生聚冰现象，具有较大的冻胀性和冻胀力。

（4）地基防冻胀设计时，虽然考虑建筑物荷载对地基土冻胀性的抑制和削减作用，但冻胀速率随地基上荷载的增大而减小。减小地基土冻胀量和冻胀力，不能仅靠基础上部的荷载，应该是荷载与地基处理综合效应。

2）基础形式选择

从环境地质角度分析，即使在采取措施尽量保持场地的多年冻土不融化、按保护冻结环境不变化的原则进行设计，但场地内多年冻土属高温型冻土，属极不稳定冻土，无论冻土地基在施工过程中增加荷载，还是变电站运行过程中的冬季室内采暖释放的热量，乃至基坑施工开挖或桩基础成孔过程中，均会导致自然状态下的高温冻土随着人类活动、地表植被的破坏及工程建设将发生融化。

漠河变电站工程基础设计时，综合分析场地的冻土工程地质条件、工程建设施工、变电站各建（构）筑物的结构设计特点、实际运行工况等各方面因素，根据各建（构）筑物的建筑结构特点分别采取不同的基础设计方案，针对地基土冻结—融化过程对建（构）筑物产生的变形及造成破坏，采取措施消除或削弱变形与破坏的影响。所有建（构）筑物基础底面的地基土预先彻底消除融沉，结构类型及基础形式为：

（1）对于荷载较大、承载力要求较高的建（构）筑物采用适用于高温冻土的桩基础设计方案；对于上部荷载较小的构支架、围墙、避雷针及站用变压器等户外场地上的建（构）筑物采用天然地基上的浅基础方案，建（构）筑物结构类型及基础形式见表15-8。

建（构）筑物结构类型及基础形式一览表　　　　表 15-8

序号	建（构）筑物	结构形式/基础形式	备注
1	主控制室	2 层钢筋混凝土框架结构，桩基础	荷载大，室内有采暖，对沉降要求高
2	10kV 屋内配电装置室	1 层钢筋混凝土框架结构，桩基础	荷载小，室内无采暖，对沉降要求小
3	屋外配电装置构支架	A 型柱，钢管梁，地下独立基础	户外，基础荷载大，需要考虑上拔作用
4	主变压器	设备基础，钢筋混凝土板式基础	户外，荷载大，对沉降量要求高
5	独立避雷针	30m 钢管杆结构，钢筋混凝土独立基础	户外，基础荷载大，需要考虑上拔作用
6	事故油池	地下钢筋混凝土结构，地下箱形基础	户外，基础荷载较大
7	站用变、电抗器	设备基础，地下独立基础	户外，基础荷载较小
8	围墙	砖砌围墙，毛石挡墙基础	户外，荷载较小

（2）采暖建筑物，冻土地基融化深度取决于建筑物的室内温度。主控室及 10kV 配电装置室采用架空通风基础（图 15-16、图 15-17）。

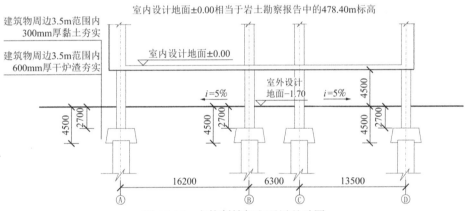

图 15-16　主控制楼架空通风基础图

图 15-17　采用架空通风基础的主控制楼外观

（3）采用桩柱式基础设计时，不仅要考虑季节融化层的冻胀力，还要考虑多年冻土的热稳定性、强度变化和蠕变特性。除主要建筑物外，户外配电装置及设备基础需要特殊处理，采用钢筋混凝土斜面基础。

（4）对浅基础侧表面及基础底面采用非冻胀的粗颗粒土进行换填等防冻胀措施，使建筑物满足安全使用功能的要求。

（5）为消除地基土的冻胀及融沉影响，采用人工挖孔扩底灌注桩施工方案，桩径700mm，持力层为⑤层强风化砾岩。

（6）变压器基础、站用变压器基础、断路器基础采用正梯形的斜面基础，其宽高比不应小于1∶7，如图15-18～图15-20所示。

（7）围墙基础采用毛石混凝土基础。

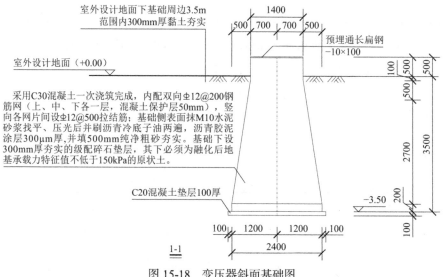

图 15-18　变压器斜面基础图

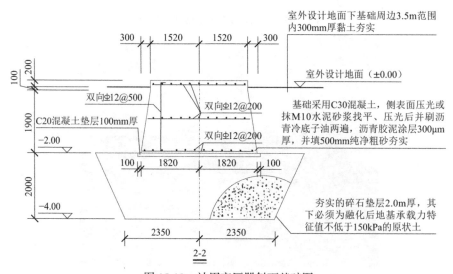

图 15-19　站用变压器斜面基础图

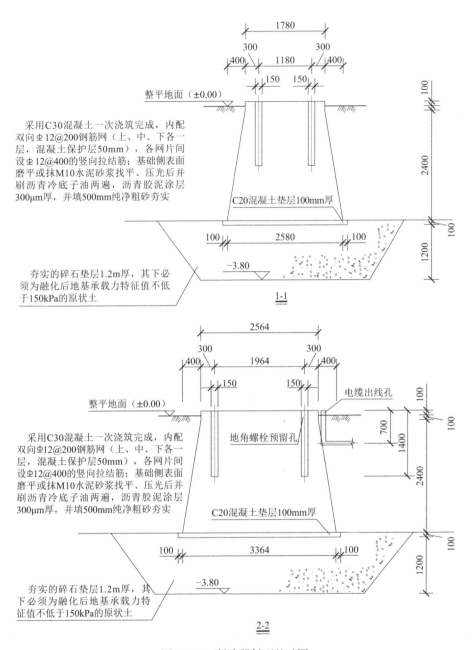

图 15-20　断路器斜面基础图

15.6　施工情况

中俄石油管道建设单位要求漠河变电站工程 2010 年 7 月之前投产运行，工程设计、施工时充分利用冬期施工可以保护站址周边冻土的自然生态环境，避免施工对高温冻土的融化破坏，充分发挥冻土承载力高的作用等有利条件进行施工。主控制楼人工挖孔桩施工如图 15-21 所示，斜面基础浇筑混凝土如图 15-22～图 15-24 所示。

图 15-21　主控制楼人工挖孔桩施工

图 15-22　220kV 构支架斜面基础浇筑混凝土

图 15-23　66kV 构支架斜面基础混凝土施工

图 15-24　独立避雷针斜面基础浇筑混凝土

15.7　主要成果贡献

漠河地区是严寒、大片、连续、多年冻土区，工程地质条件极其复杂，在工程前期的勘测、规划设计前召开了多次研讨会，在规划选址阶段请从事林区开发建设的工程技术人员和经验丰富的林业老工人参加现场踏勘和研讨。由于漠河变电站工程在勘察、设计、施工等方面没有成熟经验可借鉴，面临很多工程难题，为解决多年冻土的工程问题，开展了多年冻土物理力学性质研究及冻土地基基础设计方案论证，经过多阶段勘察、分析、评价，推荐了最优的站址方案。

（1）在植被发育的大片连续多年冻土区，规划选址阶段应首选植被茂盛的樟子松或落叶松生长地带（该地带冻土发育不强烈），次选稀疏丛桦、小桦树生长地带（该地带冻土发育较强烈），避开发育生长低矮倾斜的"老头树"（典型冻土的植被标志）、杜鹃、红月菊、黑月菊、苔草等低矮植物群地带（该地带冻土发育强烈）。

（2）根据冻害调查、地形地貌、工程地质调查与测绘、冻土工程地质条件、植物物种调查、地表植被分布和发育生长情况以及人类工程建设活动等因素，绘制了站址区及周边多年冻土融沉类别分区图，为站址方案比选和优化调整提供了翔实的基础资料。

（3）通过多年冻土物理力学性质研究，获得了多年冻土的物理指标、热物理指标、强度指标和融化的变形指标等试验数据，揭示了高温型多年冻土的力学特性与外界环境的关系，确定了冻土类型，实测了站址冻土地温，根据年平均地温得出了站址冻土属极不稳定高温型多年冻土的结论，加深了对冻胀和融沉破坏过程认识，评价了多冰冻土的工程地质特性，为地基基础设计方案的选择提供了依据。

（4）高温型冻土物理力学性质研究属于国际前沿课题。高温型多年冻土对自然条件和人为活动引起的生态环境变化特别敏感，即使采取强有力的保护措施也难以达到保护冻土不融化、不退化的目的。为保证冻土强度的稳定性，经反复的分析论证，多年冻土作为建筑地基的设计原则按照逐渐融化状态设计，考虑到变电站在设计及施工时环境的热侵蚀作用对冻土特性的破坏，提出了建筑物架空通风基础方案，为抑制和削减地基土的切向冻胀力，采用了斜面基础形式。

（5）通过十余年的安全稳定运行实践，检验了多年冻土勘测研究成果的准确性，指导了高纬度多年冻土区的工程建设。高纬度多年冻土区的勘测技术、试验方法、研究思路和设计理念已在大兴安岭输变电工程得到推广和应用。

第16章

兴安变电站多年冻土岩土工程

16.1 工程概况

220kV 兴安变电站工程（简称兴安变工程）是中俄原油管道漠河—大庆段兴安首站供电环网工程的变电工程，为中俄两国重大能源合作项目。中俄原油管道工程规划规模为220kV/2×63MVA。黑龙江省漠河县兴安镇位于县城东北部黑龙江右岸的沿江低山丘陵区，兴安镇北隔黑龙江与俄罗斯接壤。站址位于兴安镇西约 5km 的丘陵坡地上，是我国最北部寒区和大片连续多年冻土区的变电工程。兴安变电站及主控制室如图 16-1 所示。

图 16-1　兴安变电站及主控制室

兴安变工程分别于 2008 年 7 月和 2009 年 8 月先后两次进行岩土工程勘察工作，工程 2009 年 10 月开工建设，2010 年 7 月 30 日投产。

16.2 岩土工程条件与评价

16.2.1 场地概况

黑龙江省漠河县兴安镇地处大兴安岭北麓东坡，属寒温带季风气候，冬季寒冷漫长，夏季炎热短暂，年平均气温−4.9℃，极端最低气温−52℃，兴安镇境内多年冻土和岛状多年冻土发育，属欧亚大陆冻土区的南部地带，向北进入俄罗斯境内冻土厚度超过 200m。境内地表水为黑龙江及其支流额木尔河，黑龙江河谷宽阔，黑龙江右岸的丘陵区发育大片多年冻土，向东约 5km 中俄界河的黑龙江河谷存在河流融区，如图 16-2 所示。

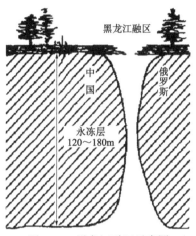

图 16-2　黑龙江融区示意图

兴安变电站工程位于大兴安岭北麓低山丘陵区，海拔高程一般为 270～460m，山体宽缓，近西南至东北向呈带状延伸，地貌单元属寒冻剥蚀丘陵区的坡地，地形呈起伏较缓的低山漫岗。工程场地地表植被发育，分带明显，主要为白桦树、丛桦及低矮灌木和苔草等，周围植被环境如图 16-3 所示。

图 16-3　兴安变电站周围植被环境

16.2.2　地层岩性

勘测采用工程地质测绘与调查方法和钻探手段，站址布置勘探点 18 个，钻探深度 10m。钻探设备为 XY 150 型工程勘察钻机，采用无冲洗液回转取芯钻进工艺。工程场地上覆地层为第四系全新统腐殖质层（Q_4^{pd}）、中更新统坡积层（Q_4^{dl}）和残积层（Q_4^{el}），岩性主要有腐殖土、粉质黏土、砂土及碎石等；下伏为中生界侏罗系（J_2em）砂岩、粉砂岩等。根据工程所在区域的地质年代、岩土类别、地基（岩）土的成因及工程特性，将揭露的地层由地表至下分为 4 大层：

①腐殖土：黑色，松散，稍湿，由含大量植物根系的黏性土组成，该层层厚 0.20m，勘察期间未冻结。

②粉质黏土：褐黄色，硬塑—坚硬，无摇振反应，稍有光泽，干强度中等，韧性中等，冻结状态。该层层厚 0.50～2.20m，土质较均匀，含大量岩石碎屑，碎屑粒径 2～4mm，为基岩残积风化形成。多年冻土受地表植被覆盖影响上限为 1.00～1.50m，最大季节融化深度 1.50m。

②₁ 粉质黏土：为②层粉质黏土的亚层，褐黄色，冻结状态，冻土成分为细颗粒土，冰层厚度 0.5mm，呈微层状，该层层厚 0.90～2.80m。

②₂ 中砂：褐黄色，由基岩风化形成的堆积物组成，冻结状态，该层层厚 0.50～1.40m。

③碎石：以褐黄色为主，冻结状态，混黏性土及粗砂，颗粒一般粒径 5cm，最大粒径 15cm，颗粒形状呈棱角状、片状，颗粒间充填黏性土，该层层厚 3.00～5.90m。

④砂岩：灰黄色，强风化，块状构造，粒状结构，泥质胶结，岩石破碎，该层层厚 0.90～4.40m。

站址工程地质剖面如图 16-4 所示。

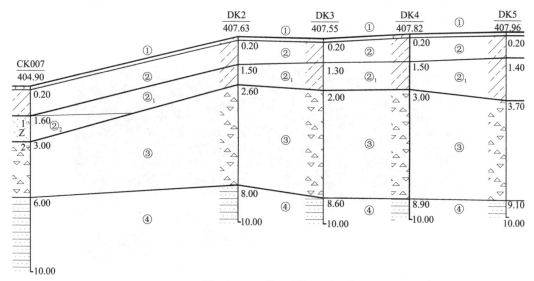

图 16-4 工程地质剖面图

兴安变电站工程位于低山丘陵区的缓坡地段。拟建场地及附近无地表水，拟建场地内地下水类型为松散岩类孔隙水和基岩裂隙水，在勘探深度内未发现地下水。

16.2.3 冻土工程评价

工程场地多年冻土上限 1.00～1.50m，根据当地多年冻土地温观测资料，年平均地温 −1.75℃，最大季节融化深度 3.60m。

场地②粉质黏土层天然含水率平均值为 22.24%，平均冻胀率为 $3.5 < \eta \leqslant 6$，地基土冻胀类别属胀冻，冻胀等级为Ⅲ级。②₁粉质黏土层平均融沉系数为 $3 < \delta_0 \leqslant 10$，融沉等级为Ⅲ级，融沉类别为融沉，冻土类型为多冰冻土—富冰冻土。③碎石层平均融沉系数为 $1 < \delta_0 \leqslant 3$，融沉等级为Ⅱ级，融沉类别为弱融沉，冻土类型为多冰冻土。④强风化砂岩层不考虑冻土冻胀和融沉问题，可作为桩基础桩端持力层。

16.3　基础设计

16.3.1　地基基础方案选择

根据岩土工程勘察报告，场地上部为粉质黏土，层厚 3.80m，属多年冻土，冻土类型为多冰冻土—富冰冻土，融沉等级为Ⅲ级，融沉类别为融沉。考虑受全球气候变暖及人类活动的影响，冻土融化深度会增加，因此，变电站建（构）筑物基础不宜埋置于粉质黏土层中。碎石层融沉等级为Ⅱ级，融沉类别为弱融沉，冻胀类别为弱胀冻，变电站建（构）筑物基础可埋置于碎石层中。

根据场地的岩土工程条件，冻土区基础设计重点是解决地基土的冻胀和融沉问题，基础方案分析如下：

（1）主控制室、10kV 高压室采用框架结构，由于基底埋置较深，若采用柱下钢筋混凝土独立基础，其土方量大，且浇筑混凝土产生的水化热会使冻土融化，导致建（构）筑物破坏。

（2）预制桩基础形式。预制桩基础施工包括机械成孔和人工挖孔两种。人工挖孔桩桩径较大，不受地层岩性限制，挖孔过程中可采取凿岩机及气泵等辅助施工措施，且拟建场地内无地下水，适合干作业施工。综合分析后，建筑物基础形式采用人工挖孔预制桩基础。

基础地梁下预留相当于地表冻胀量的空隙，侧面用立砖围挡，防止灰土填满，立砖外侧回填炉渣。房屋地面下换填厚度 1m 的级配碎石，碎石下铺厚度 80mm 的苯板。

（3）变电站建筑物应在冬季之前达到暖封闭的施工要求，以减少地基土冻胀力对基础的影响。

16.3.2　桩基础设计

人工挖孔预制桩选择④层强风化砂岩层作为桩端持力层，桩端承载力设计值 1700kPa，人工挖孔成孔直径比桩径大 200mm，桩端进入持力层深度不小于 600mm，成孔深度大于桩底埋深 500mm，清底后回填粒径 20～50mm 级配良好的碎石，插入预制桩后，桩周围回填粒径 20～50mm 级配良好的碎石。

设计的预制桩桩径 800～1200mm，桩长 4.5～8.0m，桩身涂刷沥青，计算单桩承载力时不考虑桩周土的冻结强度及桩周土侧阻力，仅考虑桩端阻力，单桩承载力设计值 850kN，设计总桩数 318 根，预制桩基础桩身详图见图 16-5。

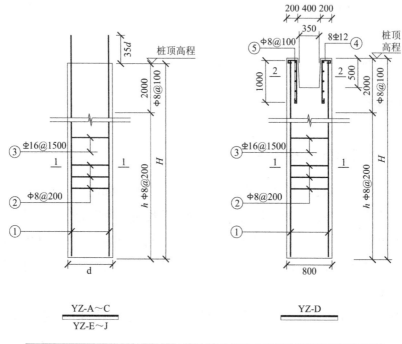

$$YZ\text{-}A\sim C$$
$$YZ\text{-}E\sim J$$

$$YZ\text{-}D$$

桩号	桩型尺寸（mm）		纵向钢筋①	根数	桩顶高程	备注
	H	d				
YZ-A	6000	800	10Φ22	72	−1.100	相对于室内高程±0.000
YZ-B	8000	1000	24Φ25	22	−1.250	相对于场地整平高程
YZ-Ba	8000	1000	24Φ25	4	408.306	绝对高程
YZ-Bb	8000	1000	24Φ25	4	407.994	
YZ-C	8000	1200	26Φ25	9	−1.450	相对于场地整平高程
YZ-D	5500	800	10Φ22	71	−0.300	
YZ-E	6000	800	14Φ25	48	−1.100	
YZ-F	4500	800	10Φ22	18	−1.100	
YZ-G	4500	800	10Φ22	21	−0.100	
YZ-H	6000	800	10Φ22	30	−0.100	
YZ-J	6000	800	10Φ22	19	−0.350	

图 16-5　预制桩基础桩身详图

16.4　施工及运行情况

16.4.1　桩基施工

兴安变电站工程于 2009 年 10 月开工建设，土建部分施工从 2009 年 10 月一直持续到 2010 年 1 月。为保护冻土，满足冬期施工的需要，采用人工挖孔预制桩的基础形式，暖季制桩，施工时将混凝土预制桩吊至人工挖孔的孔内稳桩验收。人工挖孔施工现场如图 16-6 所示，起吊预制桩施工如图 16-7 所示。

图 16-6 桩基础人工挖孔施工现场

图 16-7 起吊预制桩

16.4.2 运行情况

兴安变电站于 2010 年 7 月投产运行，2011 年 10 月变电站在运行过程中部分地段的桩基础突然出现了桩身下沉的现象，最大沉降变形 16cm，导致变电站部分建（构）筑物及电气设备损坏或无法操作，主控制楼墙体及地面与墙体交接处裂缝如图 16-8 所示，主控制楼地砖地面裂缝及破坏情况如图 16-9 所示，受沉降变形影响隔离开关和断路器无法正常操作（图 16-10），围墙墙体出现裂缝（图 16-11）。

图 16-8 主控制楼与墙体交接处裂缝

图 16-9 主控制楼地砖地面裂缝及破坏情况

图 16-10 隔离开关和断路器沉降变形

图 16-11 围墙裂缝

16.4.3 原因分析与处理

每年 9 月至 10 月大兴安岭多年冻土融化达到最大深度，根据兴安变电站两年的实际运行情况及部分建（构）筑物出现的不同程度沉降问题，2011 年 10 月对站址进行了补充勘察，布置 4 个勘探点（编号 BK1～BK4），勘探深度 10.00～10.20m。钻探结果显示，在勘探深度内 BK1、BK3 钻孔未见地下水，BK2 钻孔初见水位 5.80m，稳定地下水位埋深 4.40mm，BK4 钻孔初见水位 8.50m，稳定地下水位埋深 7.50m，地下水水量较小，具有微承压性，表明四个钻孔间的岩石裂隙连通性差，地下水空间分布不均匀。站址内地下水稳定水位埋深 4.40～7.50m，说明 10 月份地下水以液态方式存在于岩土中，未冻结。

1）桩身下沉原因分析

（1）大兴安岭多年冻土区的地基（岩）土曾经是冻结状态，但由于开发和工程建设施工破坏了地表原始植被状态，冻土区的自然环境条件遭到破坏，多年冻土逐渐融化，层状和网状冷生构造的冻土融化过程中产生沉降，导致建筑物的桩基础在自重和上部荷载作用下产生下沉。

（2）冬季随着气温的逐渐降低，季节性冻土自地表向地下重新冻结，随着冻结时间和深度的增加产生一定程度的冻胀，对于桩基础而言冻胀影响主要表现为切向冻胀力，当切向冻胀力小于桩身自重与上部结构荷载时，不产生冻胀变形，反之，则桩身出现冻拔现象。

（3）人工挖孔桩在成孔清除桩端残土验收后，方可向孔内插入、稳放预制桩，但吊车在卸桩、起吊及孔内稳桩过程中，桩体刮碰到地面及孔壁突出的岩块，岩石碎屑掉入孔底，导致桩端存在少量残土。

（4）人工挖孔施工现场的照片显示（图 16-12、图 16-13），人工挖孔施工的孔口堆积较多的冰块，是孔内积水冻结形成的冰（桩基础部分人工挖孔中存在地下水）。分析桩身下沉的原因，可能由于孔内积水没有及时排除，积水冻结成冰（当时施工期室外温度是−40℃），孔底冻结的冰经过冻融期逐渐融化，但桩基础的侧阻力仍发挥着一部分承载能力，桩身与桩周土保持相对稳定的状态。由于 2011 年丰水期漠河地区降雨量大，在大气降水的径流渗透作用下，桩身自重及上部荷载超过桩基础侧阻力，产生了桩身突然下沉的现象。

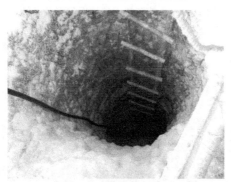

图 16-12 人工挖孔成孔工艺

图 16-13 孔内积水冻结形成的
冰块（气温−40℃）

（5）按设计要求人工挖孔直径大于桩径，若人工挖孔与桩身之间间隙比较小或人工挖孔孔壁垂直度出现偏差时，桩端没有安置于孔底，桩身仅靠侧阻力支撑或少部分处于"悬空"状态，桩端没有完全坐落在孔底，在大气降水的径流、渗透作用下，桩身出现了少量下沉，下沉后才趋于稳定。

（6）设计要求人工挖孔成孔深度大于桩底埋深 500mm，清底后回填粒径 20～50mm 级配良好的碎石，若桩端存在残土或回填厚度 500mm 的粒径 20～50mm 级配良好的碎石振捣不密实，也会导致桩基础出现下沉问题。

2）地面下沉原因分析

（1）主控制室及蓄电池室室内地面局部下沉（主控制室建筑未发生不均匀沉降）的原因是由于主控制室位于站址填方区，填土高度 2.10～3.20m，填土材料为挖方区未采取措施处理的冻土，松散的冻土孔隙大，达不到原状土的密实程度，暖季及冬季室内采暖传递的热量使冻结状态的填土融化导致室内地面沉降。

（2）主控制室地面下沉的原因分析。按照《220kV～500kV 变电所设计技术规程》DL/T 5218—2012 技术规定，变电所的主控室、计算机室、继电器室、通信机房及其他工艺设备要求房间宜设置空调。空调房间的室内温度、湿度应满足工艺要求，工艺无特殊要求时，夏季设计温度为 26～28℃，冬季设计温度 18～20℃，相对湿度不宜高于 70%。

主控制室内二次设备屏柜上设置液晶屏，当室内温度低于−5℃时，液晶屏无法完整显示数值，按照规范和设备运维单位要求室内需要采暖。

室内屏柜下设置电缆沟，电缆沟内敷设的电力电缆长时间运行会产生热量，热量通过混凝土沟壁传导至室内回填土（室内回填土与细石混凝土地面之间、室内回填土与电缆沟沟壁之间均未设置隔热保温层），回填土吸收热量会传导至冻土层，致使冻土地温升高、冻结层融化变形，导致地面下沉。

（3）10kV 配电装置室内地面下沉原因分析。分析下沉原因应与主控制室地面下沉类似，是由于 10kV 配电装置下设电缆沟内电缆发热将热量传导至室内回填土（室内回填土与电缆沟沟壁之间未设置隔热保温层），回填土吸收的热量也会传导至冻土层，致使冻土地温升高及冻结层融化变形，导致地面下沉。

在分析、总结变电站建筑物室内地面下沉的原因时，发现 10kV 配电装置室内地面下沉较主控制室要小。分析其原因可能是 10kV 配电装置室内不采暖，室内配置轴流风机和百叶窗用于通风，室内热源较主控制室少，主要热源仅为电缆沟内电缆运行时释放的热量。

3）站址内设备基础沉降分析

现场设备支架基础周边直径 800mm 范围内均无积雪，设备基础周边积雪融化情况如图 16-14 所示，这一现象在整个设备场区普遍存在。分析其原因可能是由于设备钢管杆支架的热传导系数较大所致。设备钢管杆支架将吸收的

图 16-14　设备基础周边积雪融化情况

太阳辐射热量传递至场地表面碎石，场地碎石又将热量传导至基础周边积雪，使得积雪融化，融化雪水沿人工挖孔桩基础周边回填碎石的空隙流入桩底部，使得冻土层温度升高，土体中的冻结层发生融沉变形，导致基础下沉。

4）下沉问题的处理

桩身下沉及地面沉降过程在两个冻融期后基本趋于稳定。预测今后变电站地基土的融沉变形比较小，基础下沉的趋势逐渐减缓直至稳定，但仍存在一定冻胀危害。

（1）在主控建筑、10kV配电装置室地面以下基础顶面以上设置通风层，地下通风层布置如图16-15所示，地下通风层断面如图16-16所示，使室内全部热量通过通风层地下排走，利用对流换热、传热-导热等原理，把地基土表面的热量带出，将冷量传入和滞留在地基表面，保持和冷却地基土冻结状态。

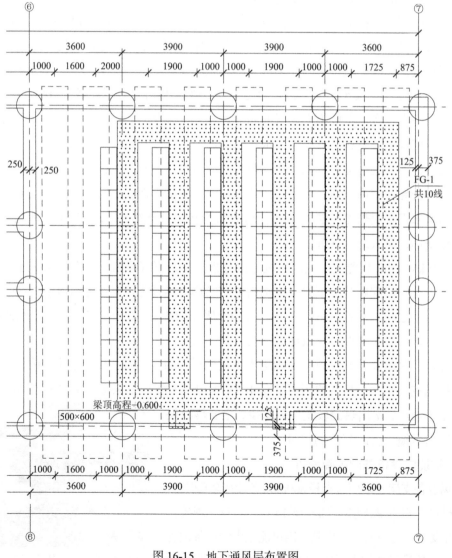

图 16-15　地下通风层布置图

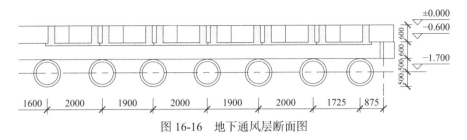

图 16-16　地下通风层断面图

（2）在室内做基础隔热保温层，重新做室内地面。隔热保温法是在建筑物基础底部或四周铺设隔热保温材料，增大热阻，削减外界热量侵入冻土地基，保持多年冻土上限不变和冻土地基稳定性。

（3）对于站内设备基础的沉降处理，采取清除场地导热系数较大的碎石及垫层，做厚度 100mm 的三七灰土垫层，其上做保温隔热层、防水层，铺设腐殖土、草坪，场地做排水沟。为防止设备钢管杆支架向下传导热量，在设备支架底部周围设置玻璃钢遮阳通风板，设备基础遮阳通风板如图 16-17 所示。

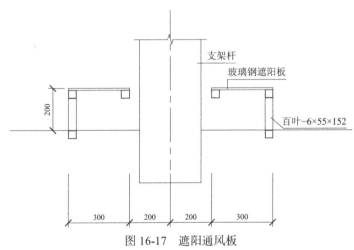

图 16-17　遮阳通风板

16.5　总结和启示

（1）多年冻土区岩土工程勘测应根据各个阶段的技术规定和勘测深度要求分阶段开展工作。对于冻土研究程度低、缺少勘测资料和研究成果的地区，应开展地温监测工作，地温观测点应结合建（构）筑物总平面布置便于长期观测确定（观测周期应大于等于 3 年），避免施工阶段观测点被破坏。

（2）采用多年冻土作为建筑地基时，可采取隔热冷却地基和基础结构类型相结合的综合设计方法和措施进行设计。

冷却地基可采用以下三种措施：

①通风冷却地基。借助于自然的通风，排除结构物的热量向下传递，冷却地基土表面

温度，达到地基土中释放的热量大于吸收的热量，使地基土有足够的冷储量保持地基土处于冻结状态。

②隔热保温。使用隔热保温层、高填土地基等方法，使建筑物内的热量不传递到地基中，保持地温和冻结层不变。

③增大基础埋置深度。根据建筑物温度影响的最大融化深度，将桩基础或独立式基础的底面置于多年冻土中一定深度，使地基保持冻结状态。

保持地基冻结状态的基础形式及设计：

①建筑物底层架空通风，抛填块石或碎石、通风管等通风基础。

②在建筑物基础底部或四周铺设隔热保温材料，减少外界热量传入冻土地基，保持多年冻土上限不变和地基稳定性。

（3）实践证明，桩基础是多年冻土区保持建筑物稳定的重要基础形式。在不受地下水影响的情况下，可优先考虑人工挖孔桩基础，施工中注意加强成孔和沉桩关键环节质量控制。对于多年冻土区的采暖建筑物来说，桩基设计应该考虑采取防止室内的热量（如高温发电厂的锅炉、室内采暖的建筑物等）传入冻土地基的措施。采用桩基架空通风地下室基础，建筑物底层与桩连接处应设置绝热垫层，防止建筑物热量通过桩基传导至多年冻土中。

（4）建筑物设计时考虑建筑室内环境与室外环境的关系，在建筑物及基础中间设置架空层作为通风层，避免室内热源传导至冻土层，使得冻土层受热扰动而破坏其承载力，导致建筑物地面及基础沉降。

（5）变电站室外区域布置导热系数小的草坪，尽量不使用导热系数大的碎石地面，草坪下设置绝热层、防水层，站址做好排水设计。

第 **17** 章

五道梁变电站多年冻土岩土工程

17.1　工程概况

110kV 五道梁变电站属于青藏铁路配套供电工程，肩负着青藏铁路沿线、五道梁、沱沱河地区供电的重任。变电站位于五道梁镇，五道梁兵站东侧，青藏铁路西侧，距五道梁火车站 2.0km 左右，距青藏公路 500m 左右。

五道梁镇位于青藏高原和西部高山地区，地高天寒，四季皆冬。年平均气温为−5.6℃，夏季平均最高气温为 12.2℃，冬季平均最低气温为−23.8℃，五道梁山区段属于大片连续多年冻土区，多年冻土较为发育。

变电站占地面积约 70m×80m，主体建筑为一层轻型钢结构组合全户内配电室，工程于 2005 年投运。

17.2　岩土工程条件与评价

17.2.1　场地概况

五道梁变电站位于楚玛尔河高平原南缘，属可可西里中低山区低矮丘陵地貌，场地地形较为平坦，海拔约为 4610m。站址区域地质稳定，附近无影响场地稳定性的活动性地质构造和断裂带通过，除分布多年冻土外，未见不良地质作用发育，适宜工程建设。

17.2.2　地层岩性

施工图勘测于 2004 年 9 月进行，在充分收集和利用青藏公路、青藏铁路勘察资料基础上，勘测工作以钻探为主要手段，辅以现场和室内试验开展。场地布置钻孔 12 个，其中控制性钻孔 6 个，最大深度 20m；一般性勘孔 6 个，最大深度 15m；总进尺 210.0m。在 20m 勘探深度内，地基土主要由砾砂、粉质黏土夹含土冰层组成，岩性特征自上而下分述如下：

砾砂：青灰色、稍密—中密、稍湿—饱和，骨架颗粒矿物成分主要有石英、长石、钙质物等，粒径大于 0.075mm 的颗粒占全质量的 50%～60%，混少量角砾，最大可见粒径约

2～4mm，黏性土充填，可见多量的冰颗粒。该层厚度为 1.7～4.6m，分布于整个场地上部。其中，0.5m 以下地基土呈冻结状（4 月底钻探揭露冻土埋深），为尚未融化的季节性冻土和多年冻土。

粉质黏土夹含土冰层：棕褐色、青灰色交替出现，冻结，层状冻土构造，含多量冰晶体颗粒，含冰率一般可达 40%，为饱冰冻土，局部夹厚 0.2～0.5m 的含土冰层。粉质黏土融化后呈可塑—硬塑，黏粒含量较高，含土冰层融化后呈泥水状。该层分布在整个场地的砂砾层下，钻探最大揭露深度 20m，厚度约 18m。

17.2.3　地基土物理力学指标

施工图勘测采取 I 级土试样 58 件，IV 级土试样 58 件，水样 2 件，现场进行天然密度、含水率试验，室内进行颗粒分析、易溶盐分析、水质分析等试验。土工试验结果表明，场地内砾砂层的天然含水率为 14.6%～64.1%，平均值为 27.0%；天然密度为 1.67～2.50g/cm³，平均值为 1.99g/cm³。粉质黏土夹含土冰层的天然含水率为 7.5%～84.8%，平均值为 34.4%；天然密度为 1.75～2.55g/cm³，平均值为 1.82g/cm³。

17.2.4　地下水及水土化学分析

场地 2.2m 深度发现地下水，属冻结层上水。根据现场钻孔所取 2 组水样的化学分析报告表明，地下水水质差，矿化度较高。水中 SO_4^{2-} 含量为 2089.3～2521.6mg/L，Cl^- 含量为 9607.0～9801.9mg/L，阳离子总量为 6306～6321mg/L，阴离子总量为 12547.6～12777.6mg/L，固形物为 18526.3～18774.6mg/L，pH 值为 6.1～6.4。地下水对混凝土结构及钢筋混凝土结构中的钢筋具有强腐蚀性。

根据对场地 0.3～0.5m 深度所取的 4 件土样的易溶盐分析结果，地基土易溶盐含量均小于 0.3%，属非盐渍土。土中 SO_4^{2-} 含量为 528.3～720.4mg/kg，Cl^- 含量为 152.4～166.6mg/kg，pH 值为 7.7～8.3。地基土对混凝土结构及钢筋混凝土结构中的钢筋具有弱腐蚀性。

17.2.5　冻土工程评价

为了解和查明多年冻土的特殊工程地质特性，解决该工程地基基础设计问题，青海省电力设计院联合中国科学院寒区旱区环境与工程研究所开展了"青藏铁路多年冻土地区110kV 输变电工程地基基础研究"。对该工程多年冻土进行了详细、深入研究和评价，基本查明了多年冻土的特殊工程地质特性，提出了地基基础设计建议。

1）冻土工程区划

五道梁区多年冻土上限一般为 1.5～2.5m，空间变化也比较大，特别是在可可西里山区附近，多年冻土上限为 1.0～1.5m。多年冻土年平均地温较低，一般在 −2.0～−1.0℃，属于低温基本稳定型多年冻土，见图 17-1（图中，年平均地温，Ⅰ区，> -0.5℃；Ⅱ区，-1～-0.5℃；Ⅲ区，-2～-1℃）。地下冰空间变化较大，冻土类型有多冰冻土、富冰冻土、饱冰冻土和含土冰层，见图 17-2（图中，D 为多冰冻土、F 为富冰冻土、B 为饱冰冻土、H 为含土冰层、R 为融区）。不良冻土现象主要发育有热融滑塌、冰锥等。在可可西里山区，由于厚层地下冰发育，受人类工程活动影响，热融滑塌、热融洼地等在斜坡地段特别发育。

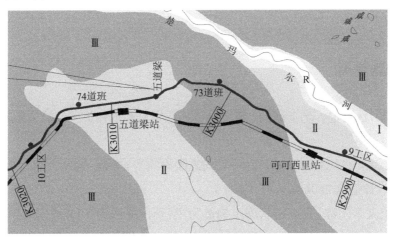

图 17-1　地温分区图

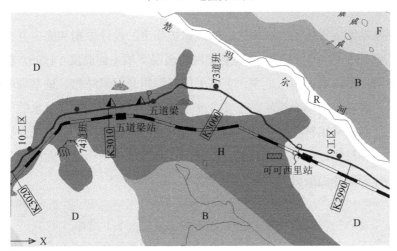

图 17-2　冻土类型分区图

2）场地冻土特性和地温特征

根据钻探、变电站冻土课题研究成果和以往资料显示，站址区处在连续多年冻土区内，据气象站附近深孔地温长期观测和本场地地温观测资料（表 17-1），该区多年冻土下限为 36.5m，年平均地温为 -1.2℃，多年冻土天然上限 2.2m 左右。多年冻土上限以下各层普遍有含土冰层发育，厚度变化大（0.3～2.25m），体积含冰率多数为 60%～80%，个别段为纯冰层。站址区内，由于受人类活动和邻近建筑物的影响，多年冻土上限普遍下降，其幅度因影响程度不同而有较大差别，下降深度 0.5～1.5m，故确定场地季节融化深度为 3.5m。

五道梁地温观测资料　　　　　　　　　　　　表 17-1

深度/m	1.5	2.0	2.5	3.0	4.0	5.0	7.0	10.0	15.0
地温/℃	1.15	−0.63	−0.94	−1.1	−1.36	−1.48	−1.45	−1.30	−1.22

3）冻胀性和融沉性

工程场地砾砂及粉质黏土夹含土冰层冻胀等级为Ⅳ级，冻胀类别为强冻胀；融沉等级为Ⅳ级，融沉类别为强融沉。

17.3　地基基础

根据现场岩性鉴定、土工试验、冻土课题成果资料和以往工程经验，确定地基土承载力为：

砾砂层：冻结时以整体状构造为主，切向冻胀力约为 40kPa，冻结力约为 50kPa（−0.5℃时），承载力设计值取 260kPa（−1.0℃时）。

粉质黏土夹含土冰层：以层状冻土构造为主，切向冻胀力 100kPa，冻结力 40～60kPa（−0.5℃时），承载力设计值取 200kPa（−1.0℃时），桩端冻土承载力设计值取 800kPa（−1.0℃时）。

五道梁变电站区多年冻土含冰率大，按照保护冻土的设计原则和施工方法，采用架空自然通风桩基础（图 17-3）。架空高度（底梁底面至层下填土面高度）1.5m。在房屋底层设隔热保温层，防止室内温度传入地面，上部采用轻型组合保温结构。桩基础埋置深度在天然地面 7m 以下，基础底部为粉质黏土夹含冰土层。为了避免冻结层上水的干扰，保证地基的冻结状态，基础采用钻孔灌注桩。冻土上限以上的基础侧面采取了减少切向冻胀力的措施（涂刷渣油和桩侧回填 0.2m 油砂混合料等），基础外表均刷涂防腐涂料。变电站出线杆塔采取了热棒辅助降温措施，如图 17-4 所示。

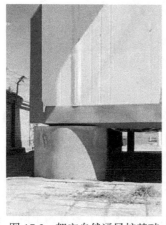

图 17-3　架空自然通风桩基础　　　　图 17-4　杆塔热棒辅助降温措施

参考文献

[1] 周幼吾, 郭东信, 邱国庆, 等. 中国冻土[M]. 北京: 科学出版社, 2000.

[2] 赵林, 盛煜. 青藏高原多年冻土及变化[M]. 北京: 科学出版社, 2019.

[3] 国网青藏交直流联网工程课题组. 美国阿拉斯加、加拿大魁北克多年冻土区输电线路工程技术调研报告[R]. 拉萨, 2011.

[4] 丁靖康, 韩龙武, 徐兵魁, 等. 多年冻土与铁路工程[M]. 北京: 中国铁道出版社, 2011.

[5] 吴青柏, 童长江. 寒区冻土工程[M]. 兰州: 兰州大学出版社, 2019.

[6] 中国电机工程学会. 中国电机工程学会专题技术报告(2021)[M]. 北京: 中国电力出版社, 2022.

[7] 武憼民, 汪双杰, 章金钊. 多年冻土地区公路工程[M]. 北京: 人民交通出版社, 2005.

[8] 中华人民共和国住房和城乡建设部. 冻土工程地质勘察规范: GB 50324—2014[S]. 北京: 中国计划出版社, 2015.

[9] 中华人民共和国住房和城乡建设部. 冻土地区建筑地基基础设计规范: JGJ 118—2011[S]. 北京: 中国建筑工业出版社, 2012.

[10] 国家能源局. 冻土地区架空输电线路基础设计技术规程: DL/T 5501—2015[S]. 北京: 中国计划出版社, 2015.

[11] 国家能源局. 冻土地区架空输电线路岩土工程勘测技术规程: DL/T 5577—2020[S]. 北京: 中国计划出版社, 2020.

[12] 国家电网公司. 高海拔多年冻土地区输电线路杆塔基础施工工艺导则: Q/GDW 525—2010[S]. 北京: 中国电力出版社, 2011.

[13] 国家电网公司. 多年冻土地区输电线路杆塔基础施工工艺导则: Q/GDW 1833—2012[S]. 北京: 国家电网公司, 2013.

[14] 中国电力工程顾问集团有限公司. 多年冻土区架空输电线路岩土勘测导则: Q/DG 1—G005—2015[S]. 北京, 2015.

[15] 青藏公路科研组. 青藏公路沿线高含冰量冻土分布规律[C]//第二届全国冻土学术会议论文选集. 兰州: 甘肃人民出版社, 1983.

[16] 高峰, 陈兴冲, 严松宏. 季节性冻土和多年冻土对场地地震反应的影响[J]. 岩石力学与工程学报, 2006(8): 1639-1644.

[17] 朱东鹏. 青藏公路多年冻土路基病害预警系统研究[D]. 西安: 长安大学, 2009.

[18] 祁长青, 吴青柏, 施斌, 等. BP 神经网络在冻土路基变形预测中的应用[J]. 水文地质工程地质, 2007, 2(4): 27-30.

[19] 魏占元. 青藏铁路多年冻土地区110kV输变电工程地基基础设计有关问题的探讨[J]. 武汉大学学报(工学版), 2007(S1): 262-264.

[20] 刘厚健, 范崇宾, 程东幸, 等. 青藏直流联网线路冻土区的选线、选位与选型[J]. 电力勘测设计, 2008 (2): 12-17.

[21] 刘厚健, 程东幸, 俞祁浩, 等. 高海拔输电线路的冻土工程问题及对策研究[J]. 工程勘察, 2009, 39(4): 32-36.

[22] 俞祁浩, 刘厚健, 钱进, 等. 青藏直流联网工程±500kV输电线路的工程问题分析[J]. 工程地球物理学报, 2009, 6(6): 806-812.

[23] 俞祁浩, 温智, 丁燕生, 等. 青藏直流线路冻土地基监测研究[J]. 冰川冻土, 2012, 34(5): 1165-1172.

[24] 王国尚, 俞祁浩, 郭磊, 等. 多年冻土区输电线路冻融灾害防控研究[J]. 冰川冻土, 2014, 36(1): 137-142.

[25] 严福章, 李鹏, 程东幸, 等. 高海拔多年冻土区基础工程主要工程问题及对策[J]. 中国电力, 2012, 45(12): 34-41.

[26] 余绍水, 潘卫东, 史聪慧, 等. 青藏铁路沿线主要次生不良冻土现象的调查与机理分析[J]. 岩石力学与工程学报, 2005, 24(6): 1082-1085.

[27] 潘卫东, 朱元林, 吴亚平, 等. 青藏高原多年冻土地区不良冻土现象对铁路建设的影响[J]. 兰州大学学报(自然科学版), 2002, 38(1): 127-131.

[28] 刘志伟, 刘厚健, 程东幸, 等. 青藏直流联网线路岩土工程勘测与冻土研究实录[C]//岩土工程实录——第七届全国岩土工程实录交流会. 北京: 中国建筑工业出版社, 2015.

[29] 于雪飞, 熊治文, 魏永良, 等. 冰川作用区输电线路塔基的选址及处理[J]. 中国科技论文, 2016, 13(11): 1551-1554.

[30] 周楠, 程峰, 徐玉波, 等. 输电线路冰川与寒冻风化区地质条件模糊评价[J]. 技术研发, 2017, 24(11): 39-42.

[31] 程峰, 李俊, 李洋, 等. 输电线路寒冻风化区地质工程问题探讨[J]. 科技创新与应用, 2017(30): 187-188.

[32] 马巍, 苏永奇. 青藏工程走廊多年冻土场地地震安全性研究进展[J]. 防灾减灾工程学报, 2021(4): 723-733.

[33] 郭鹏飞. 论祁连山多年冻土区的地下水分类[J]. 冰川冻土, 1984(1): 79-84.

[34] 王绍令, 陈肖柏, 张志忠. 祁连山东段宁张公路达坂山垭口段的冻土分布[J]. 冰川冻土, 1995(2): 184-188.

[35] 吴吉春, 盛煜, 于晖, 等. 祁连山中东部的冻土特征(Ⅰ): 多年冻土分布[J]. 冰川冻土, 2007(3): 418-425.

[36] 吴吉春, 盛煜, 于晖, 等. 祁连山中东部的冻土特征(Ⅱ): 多年冻土特征[J]. 冰川冻土, 2007(3): 426-432.

[37] 尹鸿远. 祁连山北麓多年冻土特征及工程处理措施[J]. 铁道工程学报, 2015, 32(4): 21-26.

[38] 王洪波, 张必超, 高轶夫, 等. 置换法在涩宁兰复线多年冻土治理中的应用[J]. 工程勘察, 2016(S1):

184-193.

[39] 刘志伟, 岳英民, 吕文军, 等. 青海拉脊山输电工程沿线多年冻土问题与对策[J]. 电力勘测设计, 2020(2): 45-50.

[40] 苏怀智, 谢威. 寒区水工混凝土冻融损伤及其防控研究进展[J]. 硅酸盐通报, 2021, 40(4): 1053-1071.

[41] 李孝臣, 季节冻土区高压输电杆塔斜面基础研究[D]. 哈尔滨: 哈尔滨工业大学, 2008.

[42] 李明轩. 格尔木至拉萨多年冻土区输电线路塔基基础上拔性能研究[D]. 哈尔滨: 哈尔滨工业大学, 2014.

[43] 中国电力工程顾问集团西北电力设计院有限公司, 中国科学院寒区旱区环境与工程研究所. 高寒多年冻土区输电线路岩土工程关键技术研究与应用综合成果报告[R]. 兰州, 2017.

[44] 中国电力工程顾问集团西北电力设计院有限公司, 中国科学院西北生态环境资源研究院. 物探技术在多年冻土勘察中的深化应用研究[R]. 西安, 2020.

[45] 中国电力工程顾问集团西北电力设计院有限公司, 中国科学院寒区旱区环境与工程研究所. 青藏直流联网工程冻土分布及物理力学特性研究综合成果报告[R]. 西安, 2008.

[46] 中国电力工程顾问集团西北电力设计院有限公司, 中国科学院寒区旱区环境与工程研究所. 青海—西藏±400kV 直流联网工程塔基稳定性全寿命周期分析报告[R]. 西安, 2012.

[47] 中国电力科学研究院. 青藏交直流联网工程冻土地基杆塔基础真型试验情况汇报[R]. 北京, 2010.

[48] 青藏交直流联网工程建设总指挥部. ±400kV 青藏直流联网工程冻土基础工程总结报告[R]. 西宁, 2011.

[49] 中国科学院国家科学图书馆兰州分馆. 青藏交直流联网工程多年冻土区输电线路工程勘察、设计、施工和运营全过程科技文献调研[R]. 兰州, 2011.

[50] 青藏直流联网工程线路工程施工科研课题研究组. 青海—西藏±400kV 直流联网线路工程高海拔、多年冻土地区铁塔基础施工技术研究报告[R]. 2008.

[51] 青海送变电工程公司、中国葛洲坝集团电力有限责任公司. 永冻土灌注桩施工技术研究与应用[R]. 西宁, 2017.

[52] 中国科学院寒区旱区环境与工程研究所, 国网青海省电力公司电力科学研究院. 青藏直流冻土基础大比例变形观测研究[R]. 兰州, 2018.

[53] 中国电力工程顾问集团西北电力设计院有限公司. 750kV 伊犁—库车线路工程(穿越天山段)冻土、冰川与寒冻作用专题研究报告[R]. 西安, 2014.

[54] 中国科学院寒区旱区环境与工程研究所, 中国电力工程顾问集团西北电力设计院有限公司. 750kV 伊犁—库车输电线路穿越天山段雪崩危害与防治措施研究[R]. 兰州, 2017.

[55] 中国电力工程顾问集团西北电力设计院有限公司. 玉树与青海主网 330kV 联网工程冻土特性及勘测评价应用研究综合成果报告[R]. 西安, 2012.

[56] 中国电力工程顾问集团西北电力设计院有限公司. 玉树与青海主网 330kV 联网工程玛多—玉树330kV 送电线施工图设计阶段岩土工程勘察报告[R]. 西安, 2012.

[57] 中国电力工程顾问集团西北电力设计院有限公司. 青海与玉树主网 330kV 联网工程冻土区长期监测系统及塔基稳定性研究报告[R]. 西安, 2012.

[58] 中国电力工程顾问集团西北电力设计院有限公司.330kV 玛多—玉树输电线路震后塔基地质灾害调查评估报告[R]. 西安, 2021.

[59] 黑龙江省电力勘察设计研究院, 哈尔滨工业大学, 黑龙江省寒地建筑科学研究院. 冻土地基钻孔灌注桩杆塔基础研究[R]. 哈尔滨, 2011.

[60] 黑龙江省电力勘察设计研究院, 哈尔滨工业大学. 多年冻土物理力学性质研究报告[R]. 哈尔滨, 2010.

[61] 黑龙江省电力勘察设计研究院, 哈尔滨工业大学. 多年冻土桩基模型试验研究报告[R]. 哈尔滨, 2010.

[62] 黑龙江省电力勘察设计研究院, 黑龙江省寒地建筑科学研究院. 多年冻土区桩基原型试验研究报告[R]. 哈尔滨, 2011.

[63] 黑龙江省电力勘察设计研究院. 塔河变—漠河变 220kV 送电线路新建工程岩土工程勘测报告[R]. 哈尔滨, 2009.

[64] 黑龙江省电力勘察设计研究院.220kV伊春变—新青变送电线路新建工程岩土工程勘测报告[R]. 哈尔滨, 2009.

[65] 哈尔滨工业大学. 伊新送电线路新建工程原状冻土试验报告[R]. 哈尔滨, 2010.

[66] 黑龙江省电力勘察设计研究院. 伊新送电线路新建工程施工图设计阶段送电结构部分第 3 卷第 1、2 册[R]. 哈尔滨, 2009.

[67] 黑龙江省电力勘察设计研究院. 漠河 220kV 变电站新建工程岩土工程勘测报告[R]. 哈尔滨, 2009.

[68] 吉林大学. 黑龙江省漠河变电站工程多年冻土试验研究报告[R]. 长春, 2009.

[69] 黑龙江省电力勘察设计研究院, 漠河 220kV 变电站新建工程施工图设计阶段结构部分第 3 卷第 1、2 册[R]. 哈尔滨, 2010.

[70] 黑龙江省佳木斯地质工程勘察院.220kV 兴安镇变电所新建工程岩土工程勘察报告[R]. 佳木斯, 2009.

[71] 牡丹江电力设计院.220kV 兴安变电所新建工程施工图设计阶段土建结构设计第 1 卷第 1 册、第 2 卷第 1 册[R]. 牡丹江, 2009.

[72] 黑龙江省电力设计院有限公司. 国网黑龙江大兴安岭供电公司 220kV 兴安变主控建筑防沉降大修工程施工图设计阶段变电结构部分第 1 卷第 1 册[R]. 哈尔滨, 2019.

[73] 青海省电力设计院.110kV 五道梁变电所施工图设计阶段岩土工程勘察报告[R]. 西宁, 2004.

[74] BARRY B L, Conmie J G. constructional aspects of the ±450kV DC Nelson River transmission line[C]//In Prceedings, Manitoba power conference EHV-DC Winnipeg, Canada, 1971, 459-492.

[75] JOHNSTON L P. Guyed tower anchor research. Paper presented at Meeting of Canadian Electrical Assoc., Transmission Section, Toronto. 1968, 17.

[76] PEINART I. Nelson river HVDC transmission line foundation design aspects[C]//In Prceedings, Manitoba power conference EHV-DC Winnipeg, Canada, 1971, 422-444.

[77] JCF TEDROW. Second International Conference on Permafrost-North American Contribution[C]//Washington,

1973.

[78] V S GRIGOR'EV, V G OL'SHANSKII, A D STAROSTENKOV, N K KHROMYSHEV, K P SHEVTSOV. Experience in 110～500 kV overhead transmission line construction and renovation projects in the Northern Regions of Western Siberia[J]. Power Technology and Engineering, 2012, 46 (4): 317-320.

[79] A L LYAZGIN, V S LYASHENKO, S V OSTROBORODOV, V G OL'SHANSKII, R M BAYASAN, K P SHEVTSOV & G. P. Pustovoit. Experience in the Prevention of Frost Heave of Pile Foundations of Transmission Towers under Northern Conditions[J]. Power Technology and Engineering, 2004 (38): 124-126.

[80] GREGORY E. WYMAN. Transmission line construction in sub-Arctic Alaska case study: Golden Valley Electric Association's 230kV Northern Intertie[J]. Proceedings of Electrical Transmission and Substation Structures 2009, Fort Worth, TX, 329-341.

[81] LINELL K A. Design and construction of foundations in areas of deep seasonal frost and permafrost[R]. US Army Cold Regions Research and Engineering Laboratory, 1980.